# 华中宏程序

## ——编程技巧与实例精解

杜 军　龚水平　编著

QINGSONG ZHANGWO HUAZHONG HONGCHENGXU
BIANCHENG JIQIAO YU SHILI JINGJIE

化学工业出版社

·北京·

这是一本让你轻松实现从入门到精通华中数控宏程序编程的书。

本书是实用性非常强的数控技术用书，详细介绍了华中数控系统宏程序的基础知识、数控车削加工宏程序编程和数控铣削加工宏程序编程相关知识。全书内容采用"实例法"，由浅入深，由易到难，采用循序渐进的模块化方式编写，共分 56 个模块，先介绍相关入门基础知识导入学习，然后精选 70 余道典型例题详细讲解以期重难点突破，最后精心设计了 180 余道针对性思考练习题供强化练习巩固提高（附参考答案），完全符合科学的学习模式。

本书可供数控行业的工程技术人员、从事数控加工编程及操作的人员使用，也可供各类大中专院校或培训学校的数控相关专业师生使用，还可作为各类数控竞赛和国家职业技能鉴定数控高级工、数控技师、高级技师的参考书。

**图书在版编目（CIP）数据**

轻松掌握华中宏程序——编程技巧与实例精解 / 杜军，龚水平编著. —北京：化学工业出版社，2012.2
ISBN 978-7-122-13260-4

Ⅰ. 轻…　Ⅱ. ①杜…　②龚…　Ⅲ. 数控机床–数控系统　Ⅳ. TG659

中国版本图书馆 CIP 数据核字（2012）第 004188 号

---

责任编辑：张兴辉　　　　　　　　　文字编辑：陈　喆
责任校对：洪雅姝　　　　　　　　　装帧设计：王晓宇

---

出版发行：化学工业出版社（北京市东城区青年湖南街 13 号　邮政编码 100011）
印　　装：三河市延风印装厂
787mm×1092mm　1/16　印张 18¼　字数 450 千字　　2012 年 4 月北京第 1 版第 1 次印刷

---

购书咨询：010-64518888（传真：010-64519686）　　售后服务：010-64518899
网　　址：http://www.cip.com.cn
凡购买本书，如有缺损质量问题，本社销售中心负责调换。

---

定　　价：49.00 元

# 前言 FOREWORD

这是一本让你轻松实现从入门到精通华中数控宏程序编程的书。

你是数控编程学习人员，你是数控加工从业人员，那你懂宏程序吗？…不懂？…你会用宏程序吗？…不会？太难？…你对宏程序的应用了解全面吗？…了解一部分，不全面？…你 OUT（落伍）了！

### ❓ 什么是宏程序？

先看下面的例题：某光轴零件，其尺寸在图 1 中用 "$\phi 30 \times 40$" 表示，这是常量形式，如图 2 所示是用符号 "$D \times L$" 表示，图 3 则是用数控机床认识的符号 "$\#1 \times \#2$" 表示，不难理解，其实仅是用不同的表示符号进行了置换而已。

设工件坐标原点在工件右端面与轴线的交点上，数控车削精加工路线为 $A \rightarrow B$，可编制加工程序分别为 "G01 X30 Z-40"、"G01 X[D] Z[-L]" 和 "G01 X[#1] Z[-#2]"，其中 "G01 X[#1] Z[-#2]" 就是一个宏程序语句，符号 "#1"、"#2" 就是变量！

定义有了：含有 "$\#i$"（变量）符号的程序就叫宏程序！很简单的！

比较一下，"G01 X30 Z-40" 只能加工出 "$\phi 30 \times 40$" 的圆柱面；"G01 X[D] Z[-L]" 数控机床无法识别；而 "G01 X[#1] Z[-#2]"，若令#1=30、#2=40，可加工出 "$\phi 30 \times 40$" 的圆柱面，若令#1=12、#2=10，则可加工出 "$\phi 12 \times 10$" 的圆柱面……仅改变变量的值即可加工出不同直径和长度的外圆柱面！

图1　　　　　　　　　　图2　　　　　　　　　　图3

## 宏程序给你带来什么?

宏程序的典型应用:

(1)定制专属固定循环指令

重复出现的相同结构、形状相似、尺寸不同的系列产品,还有如大平面铣削等典型的循环动作均可轻松实现一条指令调用宏程序完成期望动作,将重复或复杂的问题简单化,还可设为专用 G 指令方便调用。

(2)实现曲线插补

一般数控系统仅提供了直线插补和圆弧插补,运用宏程序可实现公式曲线的插补功能,椭圆、双曲线、抛物线、正弦曲线等非圆曲线尽在掌握,可大大拓展数控系统插补指令。

关于宏程序能给你带来的改变,也许从下图能有所了解。

### "简易"
使用简便:一条指令调用宏程序即可完成期望动作。
内容简练:与自动编程相比,自动编程产生的程序基本由G00、G01、G02/G03等简单指令组成,数据大部分是离散的小数点数据,难以分析、判别和查找错误,程序长度要比宏程序长几十倍甚至几百倍,占用宝贵的存储空间不说,加工时间也要长得多。

### "变易"
执行 "#1=20" 程序段之后变量 "#1" 的值为 "20",如果执行 "#1=#1-2" 程序段之后, "#1" 的值是 "18",接着执行程序 "IF#1GT5;#1=72;ENDIF" 后变量 "#1" 的值又会变成 "72"。这就是宏程序的神奇之处:变量可万变!

### "学易"
正如我们熟知的《易经》所讲:有变必有不变。
虽然宏程序编程思路和方法不尽相同,但事实上还是有一定的规律可循:如本书分析有变量处理表,编程提供编程模板,即使变量万变,宏程序内容也无需改变,正所谓"万变不离其宗"。

## 本书为你提供什么?

(1)教练式教学,学习轻松简单

好的教学方式等于成功的一半。

本书章节布局合理,全部采用模块化编写,可从头至尾、从易到难、由浅入深地学习,也可单独学习研究某一章节。

每一小节按"基础知识"、"例题讲解"、"思考练习"三部曲方式安排,完全符合科学有效的教练式教学模式。先精细化介绍基础知识,对所涉知识了然于胸,然后精选具有代表性的题目作为例题详细讲解,作为示范以例导学,最后安排大量练习题,采用一课多练的方式,检验并强化巩固所学知识。

(2)活学活用,从入门到精通

"熟读唐诗三百首,不会作诗也会吟。"

本书打造了"一图一表"(一幅几何参数模型图、一张变量处理表)的特色例题讲解模式,生动形象,大大提高学习效率,入门从此变得轻松简单。同时提供海量针对性的习题,在不断练习的过程中逐渐学以致用、举一反三,俗话说"曲不离口、拳不离手",熟才能生巧,只有大量地强化练习方能真正将知识纳为己用,精通则不再遥远。

（3）现学现用，不懂也能用

"临阵磨枪，不快也光。"

本书亦可作为宏程序编程手册式工具书，章节模块化可单独查询学习，使用方便；每节例题采用模板式编写，可以"拿来主义"不求甚解直接套用。

君不见各种数控竞赛中宏程序大显身手，这是它高贵的一面；君不见它能像固定循环一样使编程和加工工作变得简单快捷，这是它普通的一面。驾驭它，你就能"高人一等"！毋庸置疑，宏程序是数控加工编程的高级内容，有人称它为"数控编程金字塔的塔尖"，以形容它的高度与难度，通过本书的学习，它将高度犹存，难度不在。

还等什么？Let's go！

编著者

# CONTENTS

# 目录

# 参考答案　　　　　　　　　　　　　　Page 182

# 附录　　　　　　　　　　　　　　　Page 252

# 参考文献　　　　　　　　　　　　　　Page 282

# 第1章 宏程序基础

## 1.1 概述

**（1）用户宏程序概念**

　　在一般的程序编制中，程序字为常量，一个程序只能描述一个几何形状，当工件形状没有发生改变、但是尺寸发生改变时，只能重新编程，灵活性和适用性差。另外，在编制如椭圆等没有插补指令的公式曲线加工程序时，需要逐点算出曲线上的点，然后用直线或圆弧段逼近，如果零件表面粗糙度要求很高，则需要计算很多点，程序庞大且不利于修改。利用数控系统提供的宏程序功能，当所要加工的零件形状不变、只是尺寸发生了一定变化的情况时，只需要在程序中给要发生变化的尺寸加上几个变量和必要的计算式，当加工的是椭圆等非圆曲线时，只需要在程序中利用数学关系来表达曲线，然后实际加工时，尺寸一旦发生变化，只要改变这几个变量的赋值参数就可以了。这种具有变量，并利用对变量的赋值和表达式来进行对程序编辑的程序叫宏程序。

　　数控系统供应商提供的宏程序称为系统宏程序，用户不能修改、只能使用，比如循环指令G71、G81等。用户自行编制的宏程序称为用户宏程序，可以修改、存储等。平常说的宏程序就是指用户宏程序。

　　宏程序可以较大地简化编程，扩展应用范围。宏程序适合图形类似、只是尺寸不同的系列零件的编程，适合刀具轨迹相同、只是位置参数不同的系列零件的编程，也适合抛物线、椭圆、双曲线等没有插补指令的曲线编程。

**（2）宏程序编程的基本特征**

　　普通编程只能使用常量，常量之间不能运算，程序只能顺序执行，不能跳转。宏程序编程与普通程序编制相比有以下特征。

　　① 使用变量　可以在宏程序中使用变量，使得程序更具有通用性，当同类零件的尺寸发生变化时，只需要更改宏程序主体中变量的值就可以了，而不需要重新编制程序。

　　② 可对变量赋值　可以在宏程序调用指令中对变量进行赋值或在参数设置中对变量赋值，使用者只需要按照要求使用，而不必去理解整个宏程序内部的结构。

　　③ 变量间可进行演算　在宏程序中可以进行变量的四则运算和算术逻辑运算，从而可以加工出非圆曲线轮廓和一些简单的曲面。

　　④ 程序运行可以跳转　在宏程序中可以改变控制执行顺序。

**（3）宏子程序与子程序的比较**

　　① 相同之处　类似于子程序存储后在主程序中调用的宏程序称为宏子程序。宏子程序是提高数控机床性能的一种特殊功能，使用中通常把能完成某一功能的一系列指令像子

程序一样存入存储器，然后用一个总指令代表它们，使用时只需给出这个总指令就能执行该功能。

子程序是将零件中常出现的几何形状和完全相同的加工轨迹，编制成有固定顺序和重复模式的程序段，通常在几个程序中都会使用它。

宏子程序的调用和子程序完全一样。

② 不同之处　虽然子程序对编制相同加工操作的程序非常有用，但宏子程序由于允许使用变量进行算术或逻辑运算及条件转移，使得编制相同甚至类似加工操作的程序更方便、更容易，如发展成打包好的自定义的固定循环。加工程序可利用一条简单的指令来调用宏子程序，就像使用子程序一样，但是宏程序在调用指令中可对变量进行赋值。

**（4）宏程序的优点**

① 长远性　数控系统中随机携带有各种固定循环指令，这些指令是以宏程序为基础开发的通用的固定循环指令。通用循环指令有时对于工厂实际加工中某一类特点的加工零件并不一定能满足加工要求，对此可以根据加工零件的具体特点，量身定制出适合这类零件特征的专用宏程序，并固化在数控系统内部。这种专用的宏程序像使用普通固定循环指令一样调用，使数控系统增加了专用的固定循环指令，只要这一类零件继续生产，这种专用固定循环指令就一直存在并长期应用，因此，数控系统的功能得到增强和扩大。

② 共享性　宏程序的编制确实存在相当的难度，要想编制出一个加工效率高、程序简洁、功能完善的宏程序更是难上加难，但是这并不影响宏程序的使用。正如设计一台电视机要涉及多方面的知识，考虑多方面的因素，是复杂的事情，但使用电视机却是一件相对简单的事情，使用者只要熟悉它的操作与使用，并不需要注重其内部构造和结构原理。宏程序的使用也是一样，使用者只需懂其功能、各参数的具体含义和使用限制注意事项即可，不必了解其设计过程、原理、具体程序内容。使用宏程序者不是必须要懂宏程序，当然懂宏程序可以更好地应用宏程序。

③ 多功能性　宏程序的功能包含以下几个方面。

a. 相似系列零件的加工。同一类相同特征、不同尺寸的零件，给定不同的参数，使用同一个宏程序就可以加工，编程得到大幅度简化。

b. 非圆曲线的拟合处理加工。对于椭圆、双曲线、抛物线、螺旋线、正（余）弦曲线等可以用数学公式描述的非圆曲线的加工，数控系统一般没有这样的插补功能，但是应用宏程序功能，可以将这样的非圆曲线用非常微小的直线段或圆弧段拟合加工，得到满足精度要求的非圆曲线。

c. 曲线交点的计算功能。在复杂零件结构中，许多节点的坐标是需要计算才能得到的，例如，直线与圆弧的交点、切点，直线与直线的交点，圆弧与圆弧的交点、切点等，不用人工计算并输入，只要输入已知的条件，节点坐标可以由宏程序计算完成并直接编程加工，在很大程度上增强了数控系统的计算功能，降低了编程的难度。

d. 人机界面及功能设计。数控系统一般针对通用机床开发，但也可用于专用机床，为适应专用机床的特点，数控系统显示的人机界面可用宏程序改变，但这需要厂家的技术支持。

④ 简练性与智能性　宏程序是数控加工程序编制的高级阶段，程序编制的质量与编程人员的素质息息相关。高素质的编程人员在宏程序的编制过程中可以融入积累的工艺经验技巧，考虑轮廓要素之间的数学关系，应用适当的编程技巧，使程序非常精练，并且加工效果好。宏程序是由人工编制的，必然包含人的智能因素，程序中应考虑到各种因素对

加工过程及精度的影响。

在质量上，自动编程生成的加工程序基本由 G00、G01、G02/G03 等简单指令组成，数据大部分是离散的小数点数据，难以分析、判别和查找错误，程序长度要比宏程序长几十倍甚至几百倍，不仅占用宝贵的存储空间，加工时间也要长得多。

**（5）编制宏程序的基础要求**

宏程序的功能强大，但学会编制宏程序有相当的难度，要求有多方面的基础知识。

① 数学基础知识　编制宏程序必须有良好的数学基础，数学知识的作用有多方面：计算轮廓节点坐标需要频繁的数学运算；在加工规律曲线、曲面时，必须熟悉其数学公式并根据公式编制相应的宏程序拟合加工，如椭圆的加工；更重要的是，良好的数学基础可以使人的思维敏捷，具有条理性，这正是编制宏程序所需要的。

② 计算机编程基础知识　宏程序是一类特殊的、实用性极强的专用计算机控制程序，其中许多基本概念、编程规则都是从通用计算机语言编程中移植过来的，所以学习 C 语言、BSAIC、FORTAN 等高级编程语言的知识，有助于快速理解并掌握宏程序。

③ 一定的英语基础　在宏程序编制过程中需要用到许多英文单词或单词的缩写，掌握一定的英语基础可以正确理解其含义，增强分析程序和编制程序的能力；再者，数控系统面板按键及显示屏幕中也有为数不少的英语单词，良好的英语基础有利于熟练操作数控系统。

④ 耐心与毅力　相对于普通程序，宏程序显得枯燥而难懂。编制宏程序过程中需要灵活的逻辑思维能力，调试宏程序需要付出更多的努力，发现并修正其中的错误需要耐心与细致，更要有毅力从一次次失败中汲取经验教训并最终取得成功。

**（6）用户宏程序的使用**

宏程序语句（简称宏指令）既可以在主程序中使用，也可以当作子程序来调用。

① 放在主程序体中：

```
…
#100=30
#101=20
G01 X[#100] Y[#101] F150
…
```

② 当作子程序调用：

主程序：

```
%1001                              （主程序号）
…
…
M98 P1002 A10 B22                  （调用 1002 号宏程序，将值传递给变量#0 和#1）
…
…
M30                                （主程序结束）
```

宏子程序：

```
%1002                              （宏程序号）
#3=#1+#2                           （赋值语句）
IF#3GT360                          （条件判断语句）
```

```
#3=#1-#2                （重新赋值）
ENDIF                   （条件结束）
G00 G91 X[#3]           （快速点定位）
M99                     （宏子程序结束并返回主程序）
```

  **思考练习**

1. 宏程序编程与普通程序编制相比有哪四大特征？
2. 用户宏程序有哪些优点？它可以用于哪些方面的数控编程？
3. 用户宏程序的用法有哪几种？

# 1.2　宏程序入门

图 1-1　矩形外轮廓数控铣削加工

为了让读者对宏程序有一个比较简单的认识，本节先介绍两个宏程序入门例题，它们分别属于将宏指令放在主程序中和当作子程序来调用两种不同的应用方式。

【**例 1-1**】 数控铣削精加工如图 1-1 所示矩形外轮廓，要求采用宏程序指令编制加工程序。

解：假定起刀点在 $O$ 点，如图 1-1 所示，按 $O \rightarrow 1 \rightarrow 2 \rightarrow 3 \rightarrow 4 \rightarrow 1 \rightarrow O$ 的走刀轨迹加工（不考虑刀具补偿等问题），则部分加工程序如下：

```
N10 G00 X[A] Y[B]       （从 O 点快速点定位至 1 点）
N20 G01 X[C] F100       （直线插补至 2 点）
N30 Y[I]                （直线插补至 3 点）
N40 X[A]                （直线插补至 4 点）
N50 Y[B]                （直线插补至 1 点）
N60 G00 X0 Y0           （返回 O 点）
```

将程序中变量 A、B、C、I 用宏程序中的变量#$i$ 来代替，设字母与#$i$ 的对应关系为（即将 A、B、C、I 分别赋值给#1、#2、#3 和#4）：

```
#1=A
#2=B
#3=C
#4=I
```

则编制宏程序如下：

```
N10 #1=A                （将 A 值赋给#1）
N20 #2=B                （将 B 值赋给#2）
N30 #3=C                （将 C 值赋给#3）
N40 #4=I                （将 I 值赋给#4）
N50 G00 X[#1] Y[#2]     （从 O 点快速点定位至 1 点）
N60 G01 X[#3] F100      （直线插补至 2 点）
```

```
N70 Y[#4]                    (直线插补至 3 点)
N80 X[#1]                    (直线插补至 4 点)
N90 Y[#2]                    (直线插补至 1 点)
N100 G00 X0 Y0               (返回 O 点)
```

当加工同一类尺寸不同的零件时，只需改变宏指令的数值即可，而不必针对每一个零件都编一个程序。当然，实际使用时一般还需要在上述程序中加上坐标系设定、刀具半径补偿和 F、S、T 等指令。

【例 1-2】 调用宏程序完成数控车削加工如图 1-2 所示的台阶轴零件。

图 1-2　台阶轴零件数控车削加工

解：图中标注 A 的轴肩通常有不同长度，采用宏程序编程可以满足加工不同 A 尺寸工件的需要。加工该零件时，主程序仍然按照普通格式编制，在主程序中通常是刀具到达准备开始加工位置时有一程序段调用宏子程序，宏子程序执行结束后返回主程序中继续执行。编制加工程序如下。

主程序：
```
%1010                        (主程序号)
N10 T0101 S550 M03 F120      (加工参数设定)
N20 G00 X150 Z50             (刀具进给到起刀点)
N30 G00 X20 Z2               (刀具快速到达切削起始点)
N40 M98 P1011 A15            (调用 1011 号用户宏程序，将轴肩长度 15 赋值给变量#0)
N50 G01 X30                  (车削轴肩)
N60 G00 X150 Z50             (快速返回刀具起始点)
N70 M05                      (主轴停转)
N80 M30                      (程序结束)
```
宏子程序：
```
%1011                        (宏子程序号)
G01 Z[-#0]                   (车削外圆，可获得任意轴肩长度)
M99                          (子程序结束并返回主程序)
```
在主程序中，N40 程序段用 M98 指令调用 1011 号宏子程序，A15 表示将轴肩的长度 15mm 赋值给变量#0。车削轴端外圆并保证所需长度尺寸是通过宏子程序中下面程序段实现的：
```
G01 Z[-#0]
```
如果用一般程序加工轴肩长度为 15 的外圆，输入的是下面的程序段：

```
G01 Z-15
```

然而，这只能加工这种长度的工件。宏程序允许用户加工任意所需长度的工件，可以通过改变 M98 指令中地址 A 后的数值来实现。

轴肩的长度加工完成后，执行 M99 返回到主程序，加工轴肩端面并获得所需直径。如果轴肩直径（图 1-2 中 B 尺寸）也需要变化，也可以通过宏程序实现。为此，在主程序中还需要加入地址 B，程序可修改如下。

主程序：

| | |
|---|---|
| %1012 | （主程序号） |
| N10 T0101 S550 M03 F120 | （加工参数设定） |
| N20 G00 X150 Z50 | （刀具快进到起刀点） |
| N30 G00 X20 Z2 | （刀具快速到达切削起始点） |
| N40 G65 P1013 A15 B30 | （调用用户宏程序，将轴肩长度 15 和轴肩直径 30 分别赋值给变量#0 和#1） |
| N50 G00 X150 Z50 | （快速返回刀具起始点） |
| N60 M05 | （主轴停转） |
| N70 M30 | （程序结束） |

宏程序：

| | |
|---|---|
| %1013 | （宏程序号） |
| G01 Z[-#0] | （车削外圆，可获得任意轴肩长度） |
| X[#1] | （车削轴肩可得到任意直径） |
| M99 | （返回主程序） |

该程序中通过地址 B 把直径值 30mm 赋值给变量#1，只需要修改 N40 程序段中的 A、B 值即可加工不同轴肩长度直径的工件。

从以上例子可以看出，用户宏程序中可以用变量代替具体数值，因而在加工同一类型工件时，只需对变量赋不同的值，而不必对每一个零件都编一个程序。

**思考练习**

1. 编制精加工图 1-3（a）所示直径为 $D$、长度为 $L$ 的外圆柱面部分加工程序段，请完成填空并回答问题。

（a）　　　　　（b）　　　　　（c）

图 1-3　圆柱面加工

如图 1-3（b）所示，建立工件坐标原点于工件右端面与轴线的交点上，按 $O \to A \to B \to C$ 的路线加工（设 $A$ 点距离工件右端面 2mm，$C$ 点距离工件外圆面 5mm），编制部分加工程序如下。

$O \to A$：G00 X[D] Z2

*A*→*B*: G01 X[D] Z[-L]

*B*→*C*: G00 X[D+10] Z＿＿

如图 1-3（c）所示，若用#1 替代直径 D，用#2 替代长度 L，则将上述程序修改为：

*O*→*A*: G00 X[#1] Z2

*A*→*B*: G01 X＿＿Z[-#2]

*B*→*C*: G00 X[#1+10] Z[-#2]

若要求精加工 *φ*40×25 的外圆柱面，执行如下程序即可：

#1=40

#2=25

G00 X[#1] Z2

G01 X[#1] Z[-#2]

G00 X[#1+10] Z[-#2]

请问若要求精加工 *φ*32×20 的外圆柱面，程序应如何修改？

2. 试简述采用常量编程（普通程序）和用变量编程（宏程序）各有何特点。

# 1.3 变量

## （1）变量的定义

值不发生改变的量称为常量，如"G01 X100 Y200 F300"程序段中的"100"、"200"、"300"就是常量（常数），而其数值可变的量称为变量，在宏程序中使用变量来代替地址后面的具体数值，如"G01 X[#4] Y[#5] F[#6]"程序段中的"#4"、"#5"、"#6"就是变量。变量可以在程序中对其进行赋值。变量的使用可以使宏程序具有通用性，并且在宏程序中可以使用多个变量，彼此之间用变量号码进行识别。

## （2）变量的表示形式

变量的表示形式为：#*i*，其中，"#"为变量符号，"*i*"为变量号，变量号可用 1、2、3 等 1~4 位数字表示，也可以用表达式来指定变量号，但其表达式必须全部写入方括号"[]"中，例如#1 和#[#1+#2+10]均表示变量，当变量#1=10、变量#2=100 时，变量#[#1+#2+10]表示#120。

表达式是指用方括号"[]"括起来的变量与运算符的结果。表达式有算术表达式和条件表达式两种。算术表达式是使用变量、算术运算符或者函数来确定的一个数值，如[10+20]、[#10*#30]、[#10+42]和[1+SIN[30*PI/180]]都是算术表达式，它们的结果均为一个具体的数值。条件表达式的结果是零（假）（FALSE）或者任何非零值（真）（TRUE），如[10GT5]表示一个"10 大于 5"的条件表达式，其结果为真。

## （3）变量的引用

将跟随在地址符后的数值用变量来代替的过程称为引用变量。同样，引用变量也可以采用表达式。在程序中引用（使用）变量时，其格式为在指令字地址后面跟变量号。无论是用数字还是用表达式表示变量号时，变量均应包含在一对方括号内，如："G01 X[#1+#2] F[#3]"。

变量可以用来代替程序中的数据，如尺寸、刀补号、G 指令编号等。变量的使用，给程序的设计带来了极大的灵活性。

使用变量前，变量必须带有正确的值。如：

```
#1=25              （#1 的初始值为 25）
G01 X[#1]          （表示 G01 X25）
#1=-10             （运行过程中可以随时改变#1 的值）
G01 X[#1]          （表示 G01 X-10）
```

用变量不仅可以表示坐标，还可以表示 G、M、F、D、H、M、X、Y 等各种代码后的数字。如：

```
#2=3               （#2 赋值）
G[#2] X30          （表示 G03 X30）
```

变量引用的注意事项：

① 要使被引用的变量值反号，在"#"前加前缀"-"即可，如："G00 X[-#1]"。

② 当引用未定义（赋值）的变量时，这样的变量称为"空"变量，其值为"0"，如：#1=0，#2="空"（未赋值），执行程序段"G00 X[#1] Y[#2]"的结果为"G00 X0 Y0"。

③ 变量引用有限制，变量不能用于程序号"O"、程序段号"N"、任选段跳跃号"/"，例如如下变量使用形式均是错误的。

```
O[#1]
/[#2] G00 X100
N[#3] Y200
```

**（4）变量的赋值**

把一个常数或表达式的值赋给一个宏变量称为赋值。变量的赋值方式有直接赋值和自变量赋值两种。

① 直接赋值 变量可以在操作面板上用 MDI 方式直接赋值，也可在程序中以等式方式赋值，但等号左边不能用表达式。变量的直接赋值种类及格式如表 1-1 所示。

表 1-1 变量的直接赋值种类及格式

| 种　　类 | 格　　式 |
|---------|---------|
| 常量赋值 | #i=（具体数值） |
| 变量赋值 | #i=#j 或#i=（表达式） |

例如，"#1=100"中"#1"表示变量，"="表示赋值符号，起语句定义作用，"100"就是给变量#1 赋的值。

"#100=30+20"中将表达式"30+20"赋值给变量#100，即#100=50。

直接赋值相关注意事项：

a. 赋值符号（＝）两边内容不能随意互换，左边只能是变量，右边可以是数值、表达式或者变量。

b. 一个赋值语句只能给一个变量赋值。

c. 可以多次给一个变量赋值，但新的变量值将取代旧的变量值，即最后赋的值有效。

d. 赋值语句在其形式为"变量=表达式"时具有运算功能。在运算中，表达式可以是数值之间的四则运算，也可以是变量自身与其他数据的运算结果，如："#1=#1+1"表示新的#1 的值等于原来的#1 的值加 1，这点与数学等式是不同的。

需要强调的是："#1=#1+1"形式的表达式可以说是宏程序运行的"原动力"，任何宏程序几乎都离不开这种类型的赋值运算，而它偏偏与人们头脑中根深蒂固的数学上的等式概念严重偏离，因此对于初学者往往造成很大的困扰，但是如果对计算机编程语言（例如

C 语言）有一定了解的话，对此应该更易理解。

e. 赋值表达式的运算顺序与数学运算的顺序相同。

② 自变量赋值　宏程序以子程序方式出现时，所用的变量可在宏程序调用时赋值。例如，程序段"M98 P1020 X100 Y30 Z20 F100"，该处的 X、Y、Z 不代表坐标字，F 也不代表进给字，而是对应于宏程序中的局部变量号，变量的具体数值由自变量后的数值决定。

**（5）变量的类型**

① 局部变量　#0～#49 变量是局部变量。局部变量的作用范围是当前程序（在同一个程序号内），如果在主程序或不同子程序里出现了相同名称（变量号）的变量，它们不会相互干扰，值也可以不同。

例如：

```
%100            （主程序号）
N10 #3=30       （主程序中#3 为 30）
M98 P101        （进入子程序后#3 不受影响）
#4=#3           （#3 仍为 30，所以#4=30）
M30             （主程序结束）
%101            （宏子程序号）
#4=#3           （这里的#3 不是主程序中的#3，由于#3 在子程序内没有定义，所以
                  #3=0，则#4=0）
#3=18           （这里使#3 的值为 18，不会影响主程序中的#3）
M99             （子程序结束）
```

② 全局变量　编号#50～#199 的变量是全局变量（注：其中#100～#199 也是刀补变量）。全局变量的作用范围是整个零件程序，不管是主程序还是子程序，只要名称（变量号）相同就是同一个变量，带有相同的值，在某个地方修改它的值，所有其他地方都受影响。

例如：

```
%100            （主程序号）
#50=30          （先使#50 的值为 30）
M98 P101        （进入子程序）
#4=#50          （#50 变为 18，所以#4=18）
M30             （程序结束）
%101            （宏子程序号）
#4=#50          （#50 的值在子程序里也有效，所以#4=30）
#50=18          （这里使#50=18，然后返回）
M99             （子程序结束）
```

如果只有全局变量，由于变量名不能重复，就可能造成变量名不够用；全局变量在任何地方都可以改变它的值，这是它的优点，也是它的缺点。说是优点，是因为参数传递很方便；说是缺点，是因为当一个程序较复杂的时候，一不小心就可能在某个地方用了相同的变量名或者改变了它的值，造成程序混乱。局部变量的使用，解决了同名变量冲突的问题，编写子程序时，不需要考虑其他地方是否用过某个变量名。

在一般情况下，应优先考虑选用局部变量。局部变量在不同的子程序里，可以重复使用，不会互相干扰。如果一个数据在主程序和子程序里都要用到，就要考虑用全局变量。

用全局变量来保存数据，可以在不同子程序间传递、共享和反复利用。

变量#100～#199可以作为刀补变量，这些变量里存放的数据可以作为刀具半径或长度补偿值来使用。例如：

#100=8　　　（将8赋给#100）

G41 D100　　（D100就是指加载#100的值8作为刀具半径补偿值）

注意上面的程序中，如果把D100写成了D[#100]，则相当于D8，即调用8号刀补，而不再是刀具半径补偿值为"8"。

③ 系统变量　#300以上的变量是系统变量。系统变量是具有特殊意义的变量，它们是数控系统内部定义的，不允许改变它们的用途。有时候需要判断系统的某个状态，以便程序作相应的处理，就要用到系统变量。系统变量是全局变量，使用时可以直接调用。

变量#0～#599是可读写的，#600以上的变量是只读的，不能直接修改。

系统变量中#300～#599是子程序局部变量缓存区。这些变量在一般情况下，不用关心它的存在，也不推荐使用它们。要注意同一个子程序，被调用的层级不同时，对应的系统变量也是不同的，#600～#899是与刀具相关的系统变量，#1000～#1039是与坐标相关的系统变量，#1040～#1143是与参考点相关的系统变量，#1144～#1194是与系统状态相关的系统变量。

④ 宏常量　PI表示圆周率，TRUE条件成立（真），FALSE条件不成立（假）。

【例1-3】 下面是一个使用了变量的宏子程序。

%1000　　　　　　　（主程序号）

#50=20　　　　　　 （先给变量赋值）

M98 P1001　　　　　（然后调用子程序）

#50=350　　　　　　（重新赋值）

M98 P1001　　　　　（再调用子程序）

M30　　　　　　　　（主程序结束）

%1001　　　　　　　（宏子程序号）

G91 G01 X[#50]　　 （同样一段程序，#50的值不同，X移动的距离就不同）

M99　　　　　　　　（子程序结束并返回主程序）

**思考练习**

**一、选择题**

1. 下列关于变量描述中错误的是（　　　）。

A）变量的表示形式有两种：第一种是#后加具体的数字，如#10；第二种是#后加"[]"，"[]"中可以是变量，也可以是算术表达式，如#[#3]、#[1+5]和#[10-5+COS[45]]均为变量。

B）#2是一个变量，#[#2]也是一个变量，其变量号为#2所代表的具体数值。

C）"#0+3"是一个变量。

D）#4000是一个变量。

2. 请选出下列不属于变量的选项（　　　）。

　A）#0　　　　　　　　B）#10　　　　　　　　C）#1004　　　　　　　D）$\#^i$

3. 请选出下列是变量的选项（　　　）。

A）#1+#2　　　　　　B）#5*5　　　　　　C）SIN[#10]　　　　　D）#[#[SIN[30]]]

4. 对于算术表达式下列说法不正确的是（　　　）。

　　A）算术表达式的结果是一个具体的数值。

　　B）"#10+5"是一个算术表达式。

　　C）算术表达式就是变量。

　　D）#30/#[#2]是一个算术表达式。

5. 执行如下两程序段后，N2 程序段计算的是变量____的值，其值为____。（　　　）

N1 #1=3

N2 #[#1]=3.5+#1

　　A）#1，3.5　　　　　B）#1，6.5　　　　　C）#3，6.5　　　　　D）#3，3.5

6. 若有 50=#100+1，则该程序段表示（　　　）。

　　A）直接赋值　　　　　B）自变量赋值　　　　C）变量赋值　　　　D）赋值形式有误

7. 若有#50=#50+10，则#50 的值为（　　　）。

　　A）10　　　　　　　　B）60　　　　　　　　C）0　　　　　　　　D）赋值错误

8. #10=20　　　　　　　　　　　　;本程序段中#10 的值为（　　　）。

　　#10=#10+1　　　　　　　　　　;本程序段中#10 的值为（　　　）。

　　#10=#10+2　　　　　　　　　　;本程序段中#10 的值为（　　　）。

　　A）20　　　　　　　　B）21　　　　　　　　C）22　　　　　　　　D）23

## 二、简答题

1. "宏程序可以使用多个变量，这些变量可以用变量号来区别"这句话对吗？

2. "赋值运算中，右边的表达式可以是常数或变量，也可以是一个含四则混合运算的代数式"这句话对吗？

3. #1=10，则 G00 X[#1] Y[#2]的执行结果是什么？

4. 执行如下两程序段后，#1 的值为多少？

#1=20

#1=2

5. 执行如下两程序段后，#1 的值为多少？

#1=20

#1=#1+2

6. 执行如下程序段后，N1 程序段的常量形式是什么？

#1=0

#11=1

#1=2

#2=0

N1 G[#7] G[#11] X[#1] Y[#2]

7. 执行如下程序段后，N1 程序段的常量形式是什么？

#1=1

#2=0.5

#3=3.7

#4=20

N1 G[#1] X[#1+#2] Y[#3] F[#4]

8. 执行如下程序段后，N2 程序段的常量形式是什么？

```
#1=1
#2=0.5
#4=20
N2 G[#1] X[#1+#2] Y[#3] F[#4]
```

9. 什么时候用全局变量? 什么时候用局部变量?

# 1.4 算术和逻辑运算

　　表 1-2 列出的算术和逻辑运算可以在变量中执行。运算符右边的表达式可用常量或变量与函数或运算符组合表示。表达式中的变量#j 和#k 可用常量替换，也可用表达式替换。

表 1-2　算术和逻辑运算

| 类　型 | 功　能 | 符　号 | 格　式 |
|---|---|---|---|
| 变量赋值 | 常量赋值 | = | #i=（具体数值） |
| | 变量赋值 | = | #i=#j |
| 算术运算 | 加 | + | #j+#k |
| | 减 | - | #j-#k |
| | 乘 | * | #j*#k |
| | 除 | / | #j/#k |
| 函数运算 | 正弦 | SIN | SIN[#j] |
| | 余弦 | COS | COS[#j] |
| | 正切 | TAN | TAN[#j] |
| | 反正切 | ATAN | ATAN[#j] |
| | 平方根 | SQRT | SQRT[#j] |
| | 绝对值 | ABS | ABS[#j] |
| | 取整 | INT | INT[#j] |
| | 指数 | EXP | EXP[#j] |
| | 取符号 | SIGN | SIGN[#j] |
| 条件运算 | 等于 | EQ | #j EQ #k |
| | 不等于 | NE | #j NE #k |
| | 大于 | GT | #j GT #k |
| | 小于 | LT | #j LT #k |
| | 大于或等于 | GE | #j GE #k |
| | 小于或等于 | LE | #j LE #k |
| 逻辑运算 | 且 | AND | #j AND #k |
| | 或 | OR | #j OR #k |
| | 非 | NOT | #j NOT #k |

**（1）赋值运算**

　　赋值运算中，右边的表达式可以是常数或变量，也可以是一个含四则混合运算的代数式。

**（2）三角函数**

　　三角函数"SIN[#j]"、"COS[#j]"、"TAN[#j]"中的"#j"是角度，单位为弧度，如 90°30′换算成弧度表示为"90.5*PI/180"，30°18′表示成"30.3*PI/180"。

　　反正切函数"ATAN[#j]"的运算结果为度，其运算结果范围为−90°～90°。

**（3）取整函数**

取整函数"INT"采用去尾取整，并非"四舍五入"。

**（4）取符号函数**

取符号函数"SIGN[#j]"中"#j"的值为正数时返回结果为"1"，为0时返回"0"，为负数时返回"-1"。

**（5）条件运算**

条件运算符用在程序流程控制 IF 和 WHILE 的条件表达式中，作为判断两个表达式大小关系的连接符。条件表达式必须包括条件运算符，条件表达式即条件运算的结果是零（假）（FALSE）或者任何非零值（真）（TRUE），如[10GT5]表示一个"10 大于 5"的条件表达式，其结果为真即条件成立。

**（6）逻辑运算**

在 IF 或 WHILE 语句中，如果有多个条件，用逻辑运算符来连接多个条件。

AND（且）需要多个条件同时成立条件才算成立，OR（或）多个条件中只要有一个成立即可，NOT（非）表示取反，可理解为"如果不是"。例如，"#1 LT 50 AND #1GT 20"表示"[#1<50]且[#1>20]"，"#3 EQ 8 OR #4 LE 10"表示"[#3=8]或者[#4≤10]"。

有多个逻辑运算符时，可以用方括号来表示结合顺序，如："NOT[#1 LT 50 AND #1GT 20]"表示"如果不是[#1<50]且[#1>20]"。更复杂的例子，如"[#1 LT 50 ] AND [#2GT 20 OR #3 EQ 8] AND [ #4 LE 10]"。

**（7）运算的优先顺序**

运算的先后次序为：

① 方括号"[]"。

② 函数运算。

③ 乘除运算。

④ 加减运算。

⑤ 条件运算。

⑥ 逻辑运算。

其他运算遵循相关数学运算法则。

例如：#1=#2+#3*SIN[#4-1]；

$$\underset{4}{\underline{\underset{3}{\underline{\underset{2}{\underline{\underset{1}{\underline{\phantom{xxxx}}}}}}}}}$$

例如：#1=SIN[[[#2+#3]*#4+#5]*#6]；

$$\underset{4}{\underline{\underset{3}{\underline{\underset{2}{\underline{\underset{1}{\underline{\phantom{xxxx}}}}}}}}}$$

例中 1、2、3 和 4 表示运算次序。

**【例1-4】** 构造一个计算器用于计算 SIN30°数值的宏程序。

解：计算 SIN30°的数值需要用到正弦函数，编制宏程序如下。

```
%1040
T0101 M03 S500                 （主轴正转）
```

```
#1=SIN[30*PI/180]                （计算SIN30°的数值并保存在#1中）
G00 X[#1]                        （移动刀具到计算值位置，记录SIN30°的值）
M30                              （程序结束）
```

计算器宏程序虽然短小，但却涵盖了宏程序编制的基本过程：

① 程序逻辑过程构思。

② 数学基础知识的融合与运用。

③ 编程规则及指令的使用技巧。

④ 变量的种类及使用技巧等。

编制计算器宏程序可以作为学习宏程序中函数运算功能的基本练习内容，让读者初步了解宏程序变量的运用以及函数运算的基本特点，有效地激发编程人员对宏程序的兴趣，为复杂的宏程序分析与编制打下一个良好的基础。

【例 1-5】 试编制一个计算一元二次方程 $4x^2+5x+2=0$ 的两个根 $x_1$ 和 $x_2$ 值的计算器宏程序。

解：一元二次方程 $ax^2+bx+c=0$ 的两个根 $x_1$ 和 $x_2$ 的值为

$$x=\frac{-b\pm\sqrt{b^2-4ac}}{2a}$$

编程如下：

```
%1041
T0101 M03 S500                  （主轴正转）
#1=SQRT[5*5-4*4*2]              （计算公式中的 √(b²-4ac) ）
#21=[-5+#1]/[2*4]              （计算根 x₁）
G00 X[#21]                      （刀具移动到根 x₁ 的计算值位置）
M00                            （程序暂停以便记录根 x₁ 的结果）
#21=[-5-#1]/[2*4]              （计算根 x₂）
G00 X[#21]                      （刀具移动到根 x₂ 的计算值位置）
M30                            （程序结束）
```

从程序中可以看出，宏程序计算复杂公式要方便得多，可以计算多个结果，并逐个显示。如果有个别计算结果记不清楚，还可以重新运算一遍并显示结果。

### 思考练习

**一、判断题**

1. 在宏程序中，方括号"[]"主要用于封闭表达式，而圆括号"（）"用于注释。（　　　）

2. 正弦函数中的角度值应换算为弧度。（　　　）

**二、选择题**

1. 下列函数表达有误的是（　　　）。

A）COS[#1] 　　　B）SIN[#1] 　　　C）SIN#1 　　　D）COS[45*PI/180]

2. 令#0＝$a$，#23＝$x$，用变量表示 $\dfrac{a^2}{x^2}$，如下表示错误的是（　　　）。

A）#0*#0/#23*#23 　　　　　　　B）#0*#0/#23/#23

C）#0*#0/[#23*#23] 　　　　　　D）[#0*#0]/[#23*#23]

3. 若令#10=$a$，#20=$b$，#30=$c$，则：$a+c$ 用变量表示为（　　　），$a^3$ 表示为（　　　），$\sqrt{b^2-4ac}$ 表示为（　　　）。

    A）#10+#30 　　　　　　　　　　B）#10*#10*#10

    C）SQRT[#20*#20-4*#10*#30] 　　D）#10+#20+#30

4. "大于"用逻辑运算符表示为（　　　）。

    A）GT 　　　　　B）GE 　　　　　C）LT 　　　　　D）LE

5. 若#1=10，则对于#1GT2 的结果描述不正确的是（　　　）。

    A）值为真 　　　B）条件成立 　　　C）条件不成立 　　　D）非零

6. 若#1=10，则对于#1GE10 的结果描述不正确的是（　　　）。

    A）值为真 　　　B）条件成立 　　　C）条件不成立 　　　D）非零

7. 若#1=10，则对于#1GT20 的结果描述正确的是（　　　）。

    A）值为真 　　　B）条件成立 　　　C）条件不成立 　　　D）非零

8. 若#1=10，#2=12，则对于#1GT#12 的结果描述正确的是（　　　）。

    A）值为真 　　　B）条件成立 　　　C）条件不成立 　　　D）非零

9. 若#10=5，#20=4，则对于#10LE[#20+2]的结果描述错误的是（　　　）。

    A）值为真 　　　B）条件成立 　　　C）条件不成立 　　　D）非零

### 三、简答题

1. 宏程序的算术和逻辑运算功能具体有哪些？

2. 运算的优先顺序是什么？

### 四、编程题

编制一个用于判断某一数值为奇数或是偶数的宏程序。

# 1.5　程序流程控制

    程序流程控制形式有多种，都是通过判断某个"条件"是否成立来决定程序走向的。所谓"条件"通常是对变量或变量表达式的值进行大小判断的式子，称为条件表达式。华中数控系统有"IF…ENDIF"和"WHILE…ENDW"两种流程控制命令。

**（1）条件分支指令（IF 语句）**

    需要选择性地执行程序就要用 IF 语句，其指令格式有如下两种。

    指令格式 1（条件成立则执行）：

IF 条件表达式

  条件成立执行的语句组

ENDIF

    该指令格式的作用是条件成立时执行 IF 与 ENDIF 之间的程序，不成立就跳过。其中"IF"和"ENDIF"称为关键词，IF 为开始标识，ENDIF 为结束标识，不区分大小写。

    例如：

IF #1EQ10 　　　　　　　　　　（如果#1=10）

  M99 　　　　　　　　　　　　（若条件成立则执行本程序段，子程序返回）

ENDIF 　　　　　　　　　　　　（若条件不成立则跳到此句后面）

又例如：

IF #1LT10 AND #1GT0 　　　　　（如果#1 小于 10 且#1 大于 0）

```
    G01 X20                          （若条件成立则执行直线插补）
    Z15                              （继续执行）
ENDIF                                （若条件不成立则跳到此句后面）
```
指令格式 2（二选一，选择执行）：
```
IF 条件表达式
    条件成立执行的语句组
ELSE
    条件不成立执行的语句组
ENDIF
```
例如：
```
IF #51LT20                          （条件判断，如果#51 小于 20）
  G91 G01 X10 F250                  （若条件成立则执行本程序段）
ELSE                                （否则，即条件不成立）
  G91 G01 X35 F200                  （若条件不成立则执行本程序段）
ENDIF                               （条件结束）
```
该指令格式的作用是条件成立则执行 IF 与 ELSE 之间的程序，不成立就执行 ELSE 与 ENDIF 之间的程序。

IF 语句的执行流程如图 1-4（a）、（b）所示。

（a）IF…ENDIF 流程　　（b）IF…ELSE…ENDIF 流程　　（c）WHILE…ENDW 流程

图 1-4　程序流程控制

**（2）条件循环指令（WHILE 语句）**

指令格式：
```
WHILE 条件表达式
    条件成立循环执行的语句
ENDW
```
条件循环指令用于指令条件成立时执行 WHILE 与 ENDW 之间的程序，然后返回到

WHILE 再次判断条件，直到条件不成立才跳到 ENDW 后面。WHILE 语句的执行流程如图 1-4（c）所示。

例如：

```
#2=30                    （#2 赋初值）
WHILE #2GT0              （如果#2 大于 0）
    G91 G01 X10          （条件成立就执行）
    #2=#2-3              （修改变量#2 的值）
ENDW                     （返回）
G90 G00 Z50              （当条件不成立时跳到本程序段开始执行）
```

WHILE 语句中必须有修改条件变量值的语句，使得循环若干次后条件变为"不成立"而退出循环，否则就会成为死循环。

【例 1-6】 阅读如下程序，然后回答程序执行完毕后#2 的值为多少。

```
#1=5                     （将 5 赋值给#1）
#2=0                     （#2 赋初值）
IF#1EQ0                  （如果#1 的值等于 0 则继续执行下一程序段，否则直接转向
                          N1 程序段）
#2=1                     （将 1 赋给#2）
ENDIF                    （条件结束）
N1 G00 X100 Z[#2]        （刀具定位）
```

解：由于条件表达式不成立，程序直接转向 N1 程序段，所以执行完上述程序后#2=0。

【例 1-7】 阅读如下程序，然后回答程序执行完毕后#2 的值为多少。

```
#1=5                     （将 5 赋值给#1）
#2=0                     （#2 赋初值）
IF[#1*2]EQ10             （如果"#1*2"的值等于 10 则继续执行下一程序段，否则直
                          接转向 N1 程序段）
#2=1                     （将 1 赋给#2）
ENDIF                    （条件结束）
N1 G00 X100 Z[#2]        （刀具定位）
```

解：由于#1*2=10，条件表达式成立，所以执行完上述程序后#2=1。

【例 1-8】 运用条件循环指令编写求 1～10 各整数总和的宏程序。

解：求 1～10 各整数总和的编程思路（算法）主要有两种，分析如下。

① 最原始方法：

步骤 1：先求 1+2，得到结果 3。

步骤 2：将步骤 1 得到的和 3 再加 3，得到结果 6。

步骤 3：将步骤 2 得到的和 6 再加 4，得到结果 10。

步骤 4：依次将前一步计算得到的和加上加数，直到加到 10 即得最终结果。

这种算法虽然正确，但太烦琐。

② 改进后的编程思路：

步骤 1：使变量#1=0。

步骤 2：使变量#2=1。

步骤 3：计算#1+#2，和仍然储存在变量#1 中，可表示为"#1=#1+#2"。

步骤 4：使#2 的值加 1，即"#2=#2+1"。

步骤 5：如果#2≤10，返回重新执行步骤 3 以及其后的步骤 4 和步骤 5，否则结束执行。

利用改进后的编程思路，求 1～100 各整数总和时，只需将步骤 5 中的#2≤10 改成#2≤100 即可。

如果求 1×3×5×7×9×11 的乘积，编程也只需做很少的改动。

步骤 1：使变量#1=1。

步骤 2：使变量#2=3。

步骤 3：计算#1×#2，表示为"#1=#1*#2"。

步骤 4：使#2 的值加 2，即"#2=#2+2"。

步骤 5：如果#2≤11，返回重新执行步骤 3 以及其后的步骤 4 和步骤 5，否则结束执行。

该编程思路不仅正确，而且是计算机较好的算法，因为计算机是高速运算的自动机器，实现循环轻而易举。采用该编程思路编程如下。

%1050 　　　　　　　　　（程序号）

#1=0 　　　　　　　　　　（存储和的变量赋初值 0）

#2=1 　　　　　　　　　　（计数器赋初值 1，从 1 开始）

N1 WHILE#2LE10 　　　　（如果计数器值小于或等于 10 执行循环，否则转移到 N2 程序段）

　#1=#1+#2 　　　　　　　（求和）

　#2=#2+1 　　　　　　　（计数器加 1，即求下一个被加的数）

ENDW 　　　　　　　　　（结束循环）

N2 M30 　　　　　　　　（程序结束）

**【例 1-9】** 试编制计算数值 $1^2+2^2+3^2+\cdots+10^2$ 的总和的程序。

解：使用循环指令编程如下：

%1051

#1=0 　　　　　　　　　（和赋初值）

#2=1 　　　　　　　　　（计数器赋初值）

WHILE#2LE10 　　　　　（循环条件判断，#2 小于或等于 10 时执行循环）

　#1=#1+#2*#2 　　　　（求和）

　#2=#2+1 　　　　　　（计数器累加）

ENDW 　　　　　　　　　（循环结束）

M30 　　　　　　　　　（程序结束）

程序中变量#1 是存储运算结果的，#2 作为自变量。

**【例 1-10】** 在宏变量#500～#505 中，事先设定常数值如下：#500=30；#501=60；#502=40；#503=80；#504=20；#505=50。要求编制从这些值中找出最大值并赋给变量#506 的程序。

解：求最大值宏程序变量见表 1-3。

表 1-3　变量

| 变 量 号 | 作　用 |
| --- | --- |
| #500～#505 | 事先设定常数值，用来进行比较 |
| #506 | 存放最大值 |
| #1 | 保存用于比较的变量号 |

编制求最大值的程序如下：

#1=500 　　　　　　　　（变量号赋给#1）

#506=0 　　　　　　　　（存储变量置 0）

```
WHILE#1LE505          （条件判断）
   IF#[#1]GT#506      （大小比较）
   #506=#[#1]         （储存较大值在变量#506中）
   ENDIF              （条件结束）
   #1=#1+1            （变量号递增）
ENDW                  （循环结束）
```

 思考练习

## 一、选择题

1. "WHILE3LE#5…ENDW" 语句的含义是（      ）。

    A）如果#3 大于#5 时，执行 WHILE…ENDW 之间的程序

    B）如果#3 小于#5 时，执行 WHILE…ENDW 之间的程序

    C）如果#3 等于#5 时，执行 WHILE…ENDW 之间的程序

    D）如果#3 小于或等于#5 时，执行 WHILE…ENDW 之间的程序

2. 宏程序（      ）语句可以实现程序循环。

    A）IF…ENDIF                         B）IF…ELSE…ENDIF

    C）WHILE…ENDW                D）IF

3. 例 1-8 中，1～10 的总和数值赋给了变量（      ）。

    A）#1           B）#2           C）N1           D）N2

## 二、简答题

1. 仔细阅读例 1-10 程序，试思考如何验证上述程序是正确的。下面是一个用于输入数控系统验证的程序，请问当执行完程序后刀具刀位点的 *X* 坐标值应为多少？

```
%1052
#500=30
#501=60
#502=40
#503=80
#504=20
#505=50
T0101 M03 S500
#1=500
#506=0
WHILE#1LE505
   IF#[#1]GT#506
   #506=#[#1]
   ENDIF
   #1=#1+1
ENDW
G00 X[#506]
M30
```

2. 若#1=32，请问执行如下 3 个程序段后#2 的值为多少？若#1=30.1 呢？若#1=20 呢？

```
IF#1GT30                     （当#1 大于 30 时）
#2=0.1                       （#2=0.1）
ENDIF                        （条件结束）
IF#1GT30.2                   （当#1 大于 30.2 时）
#2=0.5                       （#2=0.5）
ENDIF                        （条件结束）
IF#1GT31                     （当#1 大于 31 时）
#2=1.5                       （#2=1.5）
ENDIF                        （条件结束）
```

### 三、编程题

1. 试编制求 20~100 各整数的总和的宏程序。

2. 试编制求 1~20 各整数的总乘积的宏程序。

3. 试编制计算数值 $1.1^2+2.2^2+3.3^2+\cdots+9.9^2$ 的总和的宏程序。

4. 试编制计算数值 $1.1\times1+2.2\times1+3.3\times1+\cdots+9.9\times1$

$+1.1\times2+2.2\times2+3.3\times2+\cdots+9.9\times2$

$+1.1\times3+2.2\times3+3.3\times3+\cdots+9.9\times3$ 的总和的宏程序。

提示：本程序中要用到循环的嵌套，第一层循环控制变量 1、2、3 的变化，第二层循环控制变量 1.1、2.2、3.3、…、9.9 的变化。

5. 高等数学中有一个著名的菲波那契数列 1、2、3、5、8、13、…，即数列的每一项都是前面两项的和，现在要求编程找出数列中小于 360 范围内最大的那一项的数值。

6. 任意给定一个 5 位以内的数，要求在宏程序中自动判断并用变量分别表示出其个位、十位、百位、千位和万位的具体数值。

# 1.6  子程序及参数传递

## （1）普通子程序

普通子程序指没有宏变量的子程序，程序中各种加工的数据是固定的，子程序编好后，子程序的工作流程就固定了，程序内部的数据不能在调用时"动态"地改变，只能通过"镜像"、"旋转"、"缩放"、"平移"来有限地改变子程序的用途。

例如：

```
%4001                        （子程序号）
G01 X80 F100                 （直线插补，数据固定不变）
M99                          （子程序结束）
```

子程序中数据固定，普通子程序的效能有限。

## （2）宏子程序

宏子程序可以包含变量，不但可以反复调用简化代码，而且通过改变变量的值就能实现加工数据的灵活变化或改变程序的流程，实现复杂的加工过程处理。

例如：

```
%4002                        （宏子程序号）
G01 Z[#1] F[#50]             （Z 坐标是变量；进给速度也是变量，可通过不同赋值
                              适应粗、精加工）
M99                          （宏子程序结束）
```

例如：对圆弧往复切削时，需要圆弧插补指令 G02、G03 交替使用，下面程序用变量 #51 来改变程序流程，自动选择圆弧插补指令。

```
%4003                    （宏子程序号）
IF #51GE1                （条件判断）
G02 X[#50] R[#50]        （条件满足执行 G02）
ELSE                     （否则）
G03 X[-#50] R[#50]       （条件不满足执行 G03）
ENDIF                    （条件结束）
#51=#51*[-1]             （改变条件，为下次做准备）
M99                      （宏子程序结束）
```

子程序中的变量，如果不是在子程序内部赋值的，则在调用时就必须要给变量一个值，这就是参数传递，变量类型不同，传值的方法也不同。

**（3）全局变量传参数**

如果子程序中用的变量是全局变量，调用子程序前，先给变量赋值，再调用子程序。

例如：

```
%4004                    （程序号）
#51=40                   （赋值给#51，#51 为全局变量）
M98 P4005                （进入子程序后#51 的值是 40）
#51=25                   （第二次给#51 赋值）
M98 P4005                （再次调用子程序，进入子程序后#51 的值是 25）
M30                      （程序结束）
%4005                    （宏子程序号）
G91 G01 X[#51] F150      （#51 的值由主程序决定）
M99                      （宏子程序结束）
```

**（4）局部变量传参数**

下面是局部变量传参数的示例。

```
%4006                    （程序号）
N1 #1=40                 （局部变量#1 赋值）
N2 M98 P4007             （主程序中#1 的值对子程序中的#1 无影响）
M30                      （程序结束）
%4007                    （宏子程序）
N4 G91 G01 X[#1]         （子程序中用的是局部变量#1）
M99                      （宏子程序结束）
```

主程序中 N1 行的#1 与子程序中 N4 行的#1 不是同一个变量，子程序不会接收到 40 这个值。对于这样的问题是通过局部变量的参数传递来实现的，具体是在宏调用指令后面添加参数的方法来传递的。例如上面的程序中，把 N1 行去掉，把 N2 行改成如下形式即可：

```
N2 M98 P4007 B40         （调用子程序，并给子程序中的#1 赋值）
```

比较一下，可发现 N2 程序段中多了个 B40，其中 B 代表#1，紧跟的数字 40 代表#1 的值是 40。这样就把参数 40 传给了子程序 4007 中的#1。

更一般地，我们用 G65 指令来调用宏子程序（称宏调用）。G65 指令是专门用来进行宏子程序调用的，但在华中数控系统里面，G65 和 M98 功能相同，可以互换。

宏子程序调用指令 G65 的格式：

G65 P__ L__ A__ B__ … Z__

其中，P 为调用的子程序号，L 为调用次数，A～Z 是参数，每个字母与一个局部变量号对应。A 对应#0，B 对应#1，C 对应#2，D 对应#3，…，如 A20，即#0=20；B6.5，即#1=6.5；其余类推。换句话说，如果要把数 50 传给变量#17，则写 R50。

G65 代码在调用宏子程序时，系统会将当前程序段各字母（A～Z 共 26 个，如果没有定义则为零）后跟的数值对应传到宏子程序中的局部变量#0～#25 中。表 1-4 列出了宏调用时参数字母与变量号的对应关系。

表 1-4　宏程序调用参数字母与变量号对应关系

| 子程序中的变量 | #0 | #1 | #2 | #3 | #4 | #5 | #6 | #7 | #8 | #9 | #10 | #11 | #12 |
|---|---|---|---|---|---|---|---|---|---|---|---|---|---|
| 传参数用的字母 | A | B | C | D | E | F | G | H | I | J | K | L | M |
| 子程序中的变量 | #13 | #14 | #15 | #16 | #17 | #18 | #19 | #20 | #21 | #22 | #23 | #24 | #25 |
| 传参数用的字母 | N | O | P | Q | R | S | T | U | V | W | X | Y | Z |

注意：由于字母 G、P、L 等已被宏调用命令、子程序号和调用次数占用，所以不能再用来传递其他任何数据。传进去的是，G65 即#6=65，P401 即#15=401（子程序号），L2 即#11=2。为了便于参数传递，编写子程序时要避免用#6、#15、#11 等变量号来接收数据，但这些变量号可以用在子程序中作为内部计算的中间变量暂存数据。

另外，G65 指令在调用宏子程序时，还会把当前九个轴的绝对位置（工件绝对坐标）传入局部变量#30～#38。#30～#38 与轴名的对应关系由机床制造厂家规定，通常#30 为 $X$ 轴，#31 为 $Y$ 轴，#32 为 $Z$ 轴。固定循环指令初始平面 $Z$ 模态值也会传给变量#26。通过变量#30～#38 可以轻易得到进入子程序时的轴坐标位置，这在程序流程控制中是很有用的。

（5）高级参考

在子程序中，可能会改变系统模态值。例如，主程序中的是绝对编程（G90），而子程序中用的是相对编程（G91），如果调用了这个子程序，主程序的模态就会受到影响。当然，对于简单的程序，你可以在子程序返回后再加一条 G90 指令变回绝对编程。但是，如果编写的子程序不是你自己用，别人又不知道你改变了系统模态值，直接调用就有可能出问题。为了使子程序不影响主程序的模态值，一种简单的办法就是，进入子程序后首先把子程序会影响到的所有模态用局部变量保存起来，然后再往后执行，并且在子程序返回时恢复保存的模态值。

例如：

```
%4008
#45=#1162          （记录第 12 组模态码#1162 是 G61 或 G64，不管原来
                     是什么状态先记录下来）

#46=#1163          （记录第 13 组模态码#1163 是 G90 或 G91）

G91 G64            （用相对编程 G91 及连续插补方式 G64，现在可以改变
                     已记录过的模态）

…                  （其他程序段）

G[#45] G[#46]      （恢复第 12 组和第 13 组模态，子程序结束前恢复记录值）
M99                （子程序结束）
```

由此可见，系统变量虽然是不能直接改写的，但并不是不能改变的。系统模态值是可以被指令改变的。

固定循环也是用宏程序实现的，而且固定循环中改变了系统模态值，只是在固定循环

子程序中采用了保护措施，在固定循环宏子程序返回时，恢复了它影响过的系统模态，所以外表看它对系统模态没有影响，这可以通过分析系统提供的固定循环宏程序看出来。

对于每个局部变量，还可用系统宏 AR[] 来判别该变量是否被定义，是被定义为增量或绝对方式。该系统宏的调用格式如下：

AR[#变量号]

返回值为 "0" 表示该变量没有被定义，返回值为 "90" 表示该变量被定义为绝对方式 G90，返回值为 "91" 表示该变量被定义为相对方式 G91。

例如下面的主程序 4009 在调用子程序 4010 时设置了 I、J、K 值，子程序 4010 可分别通过当前局部变量#8、#9、#10 来访问主程序的 I、J、K 的值。

```
%4009                              （程序号）
G92 X0 Y0 Z0                       （坐标设定）
M98 P4010 I20 J30 K40              （宏程序调用并传递参数值）
M30                                （程序结束）
%4010                              （子程序号）
IF [AR[#8] EQ0] OR [AR[#9]EQ0] OR [AR[#10]EQ0]  （条件判断）
M99                                （如果没有定义 I、J、K 值，则返回主程序）
ENDIF                              （条件结束）
N10 G91                            （用增量方式编写宏程序）
IF AR[#8]EQ90                      （如果 I 值是绝对方式 G90）
#8=#8-#30                          （将 I 值转换为增量方式，#30 为 X 的绝对坐标）
ENDIF                              （条件结束）
M99                                （子程序结束）
```

华中 HNC-21M 子程序嵌套调用的深度最多可以有七层，每一层子程序都有自己独立的局部变量，变量个数为 50。当前局部变量为#0~#49，第一层局部变量为#200~#249，第二层局部变量为#250~#299，第三层局部变量为#300~#349，依此类推。在子程序中如何确定上层的局部变量要依上层的层数而定。由于通过系统变量来直接访问局部变量容易引起混乱，因此不提倡用这种方法。

例如：

```
%4011                              （主程序号）
G92 X0 Y0 Z0                       （坐标设定）
N10 #10=98                         （#10 赋值）
M98 P4012                          （子程序调用）
M30                                （程序结束）
%4012                              （子程序号）
N20 #10=222                        （此时 N10 所在程序段的局部变量#10 为第 0 层#210）
M98 P4013                          （调用子程序）
M99                                （子程序结束）
%4013                              （子程序号）
N30 #10=333                        （此时 N20 所在程序段的局部变量#10 为第 1 层#260，
                                     即#260=222）
                                   （此时 N10 所在程序段的局部变量#10 为第 0 层#210，
                                     即#210=98）
M99                                （子程序结束）
```

一、选择题

1. 执行"G65 P1000 A10"程序段后 1000 号程序中（　　）。

    A）#0=10　　　　　　B）#1=10　　　　　　C）#2=1000　　　　　　D）#3=1000

2. 执行"M98 P1000 A10"程序段后 1000 号程序中（　　）。

    A）#0=10　　　　　　B）#1=10　　　　　　C）#2=1000　　　　　　D）#3=1000

3. 执行"M98 P1000 P10"程序段表示（　　）。

    A）调用 98 号子程序　　　　　　　　　　B）调用 1000 号子程序

    C）调用 10 号子程序　　　　　　　　　　D）不调用子程序

二、简答题

1. 普通子程序与宏子程序的区别有哪些？

2. 华中系统中允许哪些指令调用宏子程序并给宏子程序传参数（赋值）？

# 第**2**章  数控车削加工
# 宏程序编程

## 2.1  概述

**（1）数控车削加工宏程序的适用范围**

① 适用于手工编制含椭圆、抛物线、双曲线等没有插补指令的非圆曲线类零件的数控车削加工程序。

② 适用于编制工艺路线相同、但位置参数不同的系列零件的加工程序。

③ 适用于编制形状相似、但尺寸不同的系列零件的加工程序。

④ 使用宏程序能扩大数控车床的编程范围，简化零件加工程序。

**（2）数控车削加工宏程序编程注意事项**

① 直径与半径　数控车削加工的编程可用直径编程方式，也可以用半径编程方式，用哪种方式可事先通过参数设定，一般情况下，数控车削加工均采用直径编程。特别需要注意的是：由于曲线方程中的 $x$ 值为半径值，编制含公式曲线零件的加工宏程序中的 $X$ 坐标值应换算为直径值。

② 模态与非模态　编程中的指令分为模态指令和非模态指令。模态指令也称为续效指令，一经程序段中指定，便一直有效，与上段相同的模态指令可省略不写，直到以后程序中重新指定同组指令时才失效。而非模态指令（非续效指令）的功能仅在本程序段中有效，与上段相同的非模态指令不可省略不写。除 00 组之外的其他 G 指令均为模态 G 指令。

 **思考练习**

1. 数控车削加工宏程序的适用范围有哪些？
2. 模态指令与非模态指令有何区别？

## 2.2  系列零件数控车削加工

宏程序编程可用于零件形状相同、但有部分尺寸不同的系列零件加工。如果将这些不同的尺寸用宏变量（参数）形式给出，由程序自动对相关节点坐标进行计算，则可用同一程序完成该系列零件的加工。

**【例 2-1】** 试运用宏变量编制数控车削加工如图 2-1 所示系列零件外圆面的宏程序，工件坐标原点设在球心，已知毛坯棒料直径 $\phi$58mm。

**解：** 从图 2-1 中可以看出，编程所需节点中除 D、E 两点外，A、B、C 三点坐标值均与球半径 R 有关，若用变量#1 表示 R，表 2-1 给出了各节点坐标值。

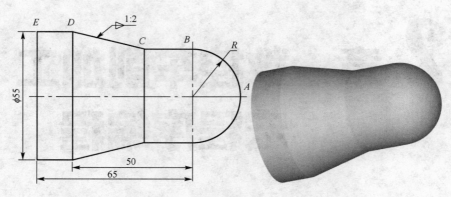

图 2-1 系列零件外圆面的加工

表 2-1 节点坐标值

| 节 点 | 用 R 和数值表示的坐标值 | | 用宏变量和数值表示的坐标值 | |
|---|---|---|---|---|
| | X | Z | X | Z |
| A | 0 | R | 0 | #1 |
| B | 2R | 0 | 2*#1 | 0 |
| C | 2R | 60-4R | 2*#1 | 60-4*#1 |
| D | 55 | -50 | 55 | -50 |
| E | 55 | -65 | 55 | -65 |

编制加工程序如下，该程序中将球半径"R20"赋值给了#1，若加工该系列其他 R 尺寸零件时，仅需将程序中第一个程序段"#1=20"中#1 的赋值进行修改即可。

```
%2000                            （程序号）
#1=20                            （将半径值 20 赋值给变量#1）
M03 S800 T0101 F160              （加工参数设定）
G00 X100 Z100                    （进刀至起刀点）
X70 Z[#1+2]                      （进刀至循环起点）
G71 U1 R0.5 P10 Q20 X0.6 Z0.1    （循环加工参数设定）
  N10 G00 G42 X0 Z[#1+2]         （精加工外轮廓起始程序段）
  G01 Z[#1]                      （A 点）
  G03 X[2*#1] Z0 R#1             （B 点）
  G01 Z[60-4*#1]                 （C 点）
  X55 Z-50                       （D 点）
  Z-65                           （E 点）
  N20 G00 G40 X100               （退刀）
G00 Z100                         （返回起刀点）
M30                              （程序结束）
```

**思考练习**

1. 如图 2-2 所示为轴类零件，已知 D、R 和 L 尺寸，试编制其加工宏程序。

提示：如图所示，由 $r_1 = D/2 - R$、$r_2 + r_3 = 4L$ 和 $r_1 + r_2 = 5L$ 可得 $r_2 = 5L - r_1$、$r_3 = 4L - r_2$。

2. 试编制一个在直径为 D 的圆柱面上距离右端面 C 的位置用刀宽为 A 的切断刀加工宽度为 B、底径为 E 的矩形槽（如图 2-3）所示的宏程序。

3. 数控车削加工如图 2-4 所示 4 种不同尺寸规格的轴类系列零件外圆面，试编制其加工宏程序。

图 2-2 含球头轴类零件

图 2-3 矩形槽加工

| 几何参数 | $A$ | $B$ | $C$ | $D$ | $R$ |
|---|---|---|---|---|---|
| 尺寸1 | 30 | 50 | 40 | 60 | 3 |
| 尺寸2 | 25 | 46 | 28 | 48 | 2 |
| 尺寸3 | 19 | 45 | 21 | 47 | 4 |
| 尺寸4 | 24 | 55 | 32 | 52 | 3 |

图 2-4 零件外圆面的加工

4. 如图 2-5 所示,在圆柱面上切槽,要求加工不同槽的组合时以#20 的值作选择,当#20 的值为 "1" 时仅切槽1,值为 "12" 时切槽 1 和 2,值为 "1234" 时切槽 1、2、3 和 4,值为 "35" 时切槽 3 和 5,以此类推,试编制该零件的切槽加工宏程序。

图 2-5 切槽加工

# 2.3 数控车削加工固定循环

## 2.3.1 外圆柱面加工循环

固定循环是为简化编程将多个程序段指令按约定的执行次序综合为一个程序段来表示。如在数控车床上进行外圆面或外螺纹等加工时，往往需要重复执行一系列的加工动作，且动作循环已典型化，这些典型的动作可以预先编好宏程序并存储在内存中，需要时可用类似于系统自带的切削循环指令方式进行宏程序调用。

【例 2-2】 数控车削加工如图 2-6 所示 $\phi28 \times 40$ 外圆柱面，试用变量编制其精加工程序。

解：圆柱体几何模型如图 2-7 所示，圆柱直径设为#1，长度设为#2，设工件原点在工件轴线与右端面的交点上，表 2-2 是分别用普通程序（常量）和宏程序（变量）编制的该外圆柱面精加工程序。

图 2-6 $\phi28 \times 40$ 圆柱体

图 2-7 圆柱体几何模型

表 2-2 外圆柱面精车程序

| 普通程序 | | 宏程序 | |
| --- | --- | --- | --- |
| | | #1=28 | （将直径值 $\phi28$ 赋给#1） |
| | | #2=40 | （将长度值 40 赋给#2） |
| G00 X100 Z50 | （快进到起刀点） | G00 X100 Z50 | （快进到起刀点） |
| X28 Z2 | （快进到切削起点） | X[#1] Z2 | （快进到切削起点） |
| G01 Z–40 F50 | （精车外圆柱面） | G01 Z[–#2] F50 | （车削加工） |
| G00 X38 | （退刀） | G00 X[#1+10] | （退刀） |
| X100 Z50 | （返回） | X100 Z50 | （返回） |

注：为简化程序，例题程序中省略了主轴旋转、停止及程序结束等相关程序内容，下同。

比较两程序不难看出，宏程序仅用了特殊的变量符号"#1"和"#2"分别替代了具体的数值"$\phi28$"和"40"，但是普通程序只适用于加工 $\phi28 \times 40$ 的圆柱体，而修改宏程序中变量#1 和#2 的赋值可以用于加工任意直径长度的外圆柱面。

【例 2-3】 设毛坯直径尺寸为 $\phi30$，试用宏程序编制粗、精加工如图 2-6 所示的 $\phi28 \times 40$ 外圆柱面。

解：将例 2-2 中宏程序略作修改，编制外圆柱面粗、精加工程序如下。

```
%2010
#1=28                    （将圆柱直径值赋给#1）
#2=40                    （将圆柱长度值赋给#2）
```

```
#10=30                          （将毛坯直径值赋给#10）
T0101 M03 S1000 F120        （加工参数设定）
G00 X100 Z50                （刀具快进到起刀点）
WHILE#10GE#1                （若#10大于或等于#1，则继续执行"WHILE…ENDW"之间的程序）
    X[#10] Z2               （刀具定位到各层切削起点位置）
    G01 Z[-#2]             （直线插补加工）
    G00 X100               （退刀）
    Z50                    （返回）
    #10=#10-0.5            （#10递减0.5）
ENDW                        （循环结束）
M30                         （程序结束）
```

 思考练习

**一、问答题**

仔细阅读例2-3中程序后回答下列问题。

1. 变量#10的变化范围是什么？

2. 粗、精加工每层切削厚度是多少？

3. 共加工了多少次？试分别列出每一次加工时的 $X$ 坐标值。

4. 如何将每层切削厚度修改为0.8mm？若将例题程序中每层切削厚度修改为0.8可以吗？为什么？

5. 加工程序需要改进的有哪些方面？如何实现？

**二、编程题**

1. 试编制一个适用于外圆柱面粗、精加工调用的宏程序。

2. 如图2-8所示为外圆锥体，圆锥大径为 $\phi$30mm，小径为 $\phi$20mm，圆锥长度为30mm，毛坯尺寸为 $\phi$32mm，试编制其粗、精加工宏程序。

图2-8　外圆锥体加工

## 2.3.2　半球面加工循环

【例2-4】　如图2-9所示为半球面，球半径为 $SR$15mm，试编制其数控精加工宏程序。

解：采用变量#10表示球半径的半球面示意图如图2-10所示，设工件原点在球心，表2-3是分别用普通程序（常量）和宏程序（变量）编制的其半球面精加工程序。

图 2-9　SR15 半球面 　　　　　图 2-10　用变量#10 表示球半径的半球面

表 2-3　半球面精车程序

| 普通程序 | | 宏程序 | |
| --- | --- | --- | --- |
| | | #10=15 | （将半径值 15 赋给#10） |
| G00 X100 Z50 | （刀具快进到起刀点） | G00 X100 Z50 | （刀具快进到起刀点） |
| X0 Z17 | （快进到切削起点） | X0 Z[#10+2] | （快进到切削起点） |
| G01 Z15 | （车削到球顶） | G01 Z[#10] | （车削到球顶） |
| G03 X30 Z0 R15 | （精车半球） | G03 X[2*#10] Z0 R[#10] | （精车半球） |
| G00 X40 | （退刀） | G00 X[2*#10+10] | （退刀） |
| X100 Z50 | （返回） | X100 Z50 | （返回） |

【例 2-5】　设毛坯直径尺寸为 $\phi$30，试用宏程序编制粗、精加工如图 2-9 所示的 SR15 半球面。

解：采用同心圆法实现该半球面的粗、精加工，设工件原点在球心，编制加工宏程序如下。

```
%2020
#10=15                       （将球半径 15 赋给#10）
#11=SQRT[2]*#10              （计算总背吃刀量√2R 的值）
#20=#11-1.5                  （第一刀加工半径值赋值）
T0101 M03 S800 F120          （加工参数设定）
G00 X100 Z50                 （刀具快进到起刀点）
WHILE#20GT#10                （粗加工循环条件判断）
  G00 X0 Z[#20+2]           （粗加工刀具定位）
  G01 Z[#20]                （直线插补）
  G03 X[2*#20] Z0 R[#20]    （粗加工，注意 X 坐标值应为直径值）
  G00 X100                  （退刀）
  Z50                       （返回）
  #20=#20-1.5               （加工半径递减 1.5mm）
ENDW                        （循环结束）
G00 X0 Z[#10+2]             （精加工刀具定位）
G01 Z[#10]                  （进刀到球顶点）
G03 X[2*#10] Z0 R[#10]      （精加工半球面）
G00 X100                    （退刀）
```

```
Z50                        （返回）
M30                        （程序结束）
```

**【例2-6】** 编制一个可供调用加工半球面的宏程序，并调用宏程序实现图2-9所示半球面的粗、精加工。

解：宏程序调用指令如下：

```
M98 P2021 R__
```

自变量含义：

#17=R——半球面半径值。

```
%2021                      （宏子程序名）
#11=SQRT[2]*#17            （计算总背吃刀量 √2R 的值）
#20=#11-1.5                （第一刀加工半径值赋值）
WHILE#20GT#17              （粗加工循环条件判断）
  G00 X0 Z[#20+2]          （粗加工刀具定位）
  G01 Z[#20]               （直线插补）
  G03 X[2*#20] Z0 R[#20]   （粗加工，注意 X 坐标值应为直径值）
  G00 Z[#20+2]             （退刀）
  #20=#20-1.5              （加工半径递减 1.5mm）
ENDW                       （循环结束）
G00 X0 Z[#17+2]            （精加工刀具定位）
G01 Z[#17]                 （进刀到球顶点）
G03 X[2*#17] Z0 R[#17]     （精加工半球面）
G00 Z[#17+2]              （退刀）
M99                        （子程序结束并返回主程序）
```

调用宏程序加工半球面的程序如下。

```
%2022                      （主程序名）
T0101 M03 S1000 F120       （加工参数设定）
G00 X100 Z100              （刀具快进到起刀点）
M98 P2021 R15              （调用宏程序加工半球面）
G00 X100 Z100              （返回起刀点）
M30                        （程序结束）
```

**◁ 思考练习 ▷**

1. 若粗、精加工 $SR20$ 的半球面，加工程序如何编制？

2. 例题程序中选用的是如图2-11所示还是图2-12所示的粗、精加工策略？试选用本例中未采用的策略编制半球面的加工宏程序。

提示：如图2-13所示，$r$ 比 $R$ 的值要小，由图可得 $r = \dfrac{\sqrt{2}}{2} R$。

## 2.3.3 轴类零件外轮廓加工循环

**【例2-7】** 如图2-14所示为轴类零件，试编制其外轮廓精加工宏程序。

图 2-11  同心圆法粗、精加工　　图 2-12  定点变半径法粗、精加工　　图 2-13  初始半径计算示意图

图 2-14  轴类零件

解：设工件原点在工件轴线与右端面的交点上，表 2-4 是分别用普通程序（常量）和宏程序（变量）编制的其外轮廓精加工程序。

表 2-4  轴类零件外轮廓精车程序

| 普 通 程 序 | | 宏 程 序 | |
|---|---|---|---|
| | | #1=20 | （将切削起点 X 值赋给#1） |
| G00 X100 Z50 | （进刀到起刀点） | G00 X100 Z50 | （进刀到起刀点） |
| X20 Z2 | （刀具定位到切削起点） | X[#1] Z2 | （刀具定位到切削起点） |
| G01 Z–8 | （直线插补） | G01 Z–8 | （直线插补） |
| U6 Z–17 | （直线插补） | U6 Z–17 | （直线插补） |
| Z–26 | （直线插补） | Z–26 | （直线插补） |
| G02 U8 Z–30 R4 | （圆弧插补） | G02 U8 Z–30 R4 | （圆弧插补） |
| G01 Z–40 | （直线插补） | G01 Z–40 | （直线插补） |
| G00 X100 | （退刀） | G00 X100 | （退刀） |
| Z50 | （返回） | Z50 | （返回） |

【例 2-8】  设毛坯直径尺寸为 $\phi$35mm，试编制粗、精加工如图 2-14 所示轴类零件外轮廓的宏程序。

解：设工件原点在零件轴线与右端面的交点位置，编制粗、精加工该零件外轮廓的宏程序如下。

%2030

#1=35　　　　　　　　　　　　　　　（将毛坯直径值赋给#1）

32

```
#2=20                      （将精加工切削起点的 X 值赋给#2）
M03 S1000 T0101 F120       （加工参数设定）
G00 X100 Z50               （快进到起刀点）
WHILE#1GT#2                （循环加工条件判断）
  #1=#1-3                  （加工切削起点 X 值递减 3mm）
  IF#1LE#2                 （精加工条件判断）
  #1=#2                    （将#2 赋给#1）
  ENDIF                    （条件结束）
  X[#1] Z2                 （刀具定位到切削起点）
  G01 Z-8                  （直线插补）
  U6 Z-17                  （直线插补）
  Z-26                     （直线插补）
  G02 U8 Z-30 R4           （圆弧插补）
  G01 Z-40                 （直线插补）
  G00 X100                 （退刀）
  Z50                      （返回）
ENDW                       （循环结束）
M30                        （程序结束）
```

**思考练习**

1. 宏程序编制的轴类零件外轮廓精车程序与其精加工普通程序有何区别？试思考如何修改宏程序实现该轴类零件的轮廓法粗、精加工？

2. 仔细阅读例 2-8，为什么将程序段"#1=#1-3"的位置放在 WHILE 程序段的后一个程序段而不是放在 ENDW 程序段的前一个程序段？

3. 仔细阅读例 2-8，为什么在程序中添加"IF…ENDIF"语句？

4. 程序中采用 X 坐标用相对坐标、Z 坐标用绝对坐标的"UZ"值混合编程的方式编程，其优、缺点是什么？

5. 数控车削加工如图 2-15 所示轴类零件，毛坯直径尺寸为 φ38mm，试采用本节例题中方法编制该零件外轮廓的粗、精加工宏程序。

图 2-15  含球头轴类零件

### 2.3.4 螺纹加工循环

【例2-9】 如图2-16所示，外圆柱螺纹尺寸为M24×2，螺纹长度30mm，试编制其加工宏程序。

解：外圆柱螺纹变量模型如图2-17所示，设螺纹大径为$D$，螺距为$F$，切削起点的$Z$坐标值为$A$，切削终点的$Z$坐标值为$B$，外圆柱螺纹加工宏程序调用指令如下。

图2-16 外圆柱螺纹

图2-17 外圆柱螺纹加工变量模型

M98 P2040 D__ F__ A__ B__ C__
自变量含义：

#3=D——螺纹大径；

#5=F——螺纹螺距；

#0=A——螺纹切削起点的$Z$坐标值；

#1=B——螺纹切削终点的$Z$坐标值；

#2=C——螺纹加工第一刀吃刀深度。

```
%2040                        （宏子程序号）
#30=#3                       （将螺纹大径值赋给#30）
#31=#3-2*0.54*#5             （计算螺纹小径值）
#32=1                        （深度变量赋初值）
WHILE#30GT#31                （循环条件判断）
  #30=#3-#2*SQRT[#32]        （加工X坐标递减）
  IF#30LT#31                 （精加工条件判断）
  #30=#31                    （将小径值赋给#30）
  ENDIF                      （条件结束）
  G00 X[#3+10] Z[#0]         （快进到循环起点）
  G82 X[#30] Z[#1] F[#5]     （螺纹加工）
  G00 X[#3+10]               （退刀）
  #32=#32+1                  （深度变量递增）
ENDW                         （循环结束）
M99                          （子程序结束并返回主程序）
```

设工件原点在工件右端面与轴线的交点上，则可取切削起点$Z$坐标值为3，切削终点$Z$坐标值为-32，在主程序中用M98指令调用宏程序并给自变量赋值即可完成该螺纹的加工，编制加工主程序如下。

```
%2041                                （主程序号）
T0303 M03 S600                       （加工参数设定）
G00 X100 Z100                        （快进到起刀点）
M98 P2040 D24 F2 A3 B-32 C0.8        （调用宏程序加工螺纹）
G00 X100 Z100                        （返回起刀点）
M30                                  （程序结束）
```

 思考练习

1. 仔细阅读例题程序中加工深度变化的处理方式，请思考能否采用其他加工深度变化的处理方式？

2. 数控车削加工如图 2-18 所示圆弧螺纹，该螺纹牙型为 $R3\text{mm}$ 的圆弧，螺距为 8mm，试编制其加工宏程序。

图 2-18　圆弧螺纹

3. 如图 2-19 所示，数控车削加工 $R60$ 圆弧面上的圆弧螺纹，螺纹牙型为 $R3\text{mm}$ 的圆弧，螺距为 8mm，试编制其加工宏程序。

图 2-19　圆弧表面上加工圆弧螺纹

### 2.3.5 变螺距螺纹加工循环

**（1）变螺距螺纹的螺距变化规律**

常用变距螺纹的螺距变化规律如图 2-20 所示，螺纹的螺距是按等差级数规律渐变排列的，图中 $P$ 为螺纹的基本螺距，$\Delta P$ 为主轴每转螺距的增量或减量。

图 2-20  变距螺纹螺距变化规律

由图可得第 $n$ 圈的螺距为

$$P_n = P + (n-1)\Delta P$$

设螺旋线上第 1 圈螺纹起始点到第 $n$ 圈螺纹终止点的距离为 $L$，则可得

$$L = nP + \frac{n(n-1)}{2}\Delta P$$

式中，$P$ 为基本螺距；$\Delta P$ 为螺距变化量；$n$ 为螺旋线圈数。

**（2）变距螺纹的种类及加工工艺**

变距螺纹有两种情况，一种是槽等宽牙变距螺纹（图 2-24），另一种是牙等宽槽变距螺纹（图 2-25）。

槽等宽牙变距螺纹加工时，主轴带动工件匀速转动，同时刀具作轴向匀加（减）速移动就能形成变距螺旋线。

对于牙等宽槽变距螺纹的加工要比槽等宽牙变距螺纹复杂一些，表面上看要车成变槽宽，只能是在变距车削的过程中使刀具宽度均匀变大才能实现，不过这是不现实的。实际加工中可通过改变螺距和相应的起刀点来进行赶刀，逐渐完成螺纹加工。具体方法是：第一刀先车出一个槽等宽牙变距的螺纹，第二刀切削时的起刀点向端面靠近（或远离）一定距离，同时基本螺距变小一个靠近的距离（或变大一个远离的距离），第三刀再靠近（或远离）一定距离，基本螺距再变小一个靠近的距离（或再变大一个远离的距离），依此类推，直至加工到要求尺寸为止。

**（3）牙等宽槽变距螺纹加工相关计算**

如图 2-21 所示为牙宽 $H$ 以基本螺距 $P$ 为导入空刀量的牙等宽槽变距螺纹加工结果示意图，该螺纹是通过改变螺距和相应的起刀点来进行赶刀，以加工多个槽等宽牙变距螺纹逐渐叠加完成加工的。图 2-22 表示首先选择刀具宽度为 $V$，以 $P$ 为基本螺距加工出一个槽等宽牙变距螺纹到第 $n$ 圈（螺距为 $P_n$）。图 2-23 表示最后一次赶刀，刀具在第 $n$ 圈朝右偏移距离 $U$（如图中虚线箭头示意，但进给方向仍为图中实线箭头方向，为从右向左）后以 $P-\Delta P$ 为基本螺距，螺距变化量仍为 $\Delta P$，加工到螺距为 $P_{n-1}$ 的第 $n$ 圈。

图 2-21  牙等宽槽变距螺纹加工结果示意图

图 2-22　牙等宽槽变距螺纹第一刀加工示意图

图 2-23　牙等宽槽变距螺纹最后一刀加工示意图

设工件右端面为 $Z$ 向原点，则第一刀的切削起点的 $Z$ 坐标值 $Z_1 = P$，最后一刀的切削起点的 $Z$ 坐标值 $Z_2 = 2P - \Delta P - V - H$。由图可得从第二刀到最后一刀第 $n$ 圈的赶刀量（即第 $n$ 圈第一刀加工后的轴向加工余量）为 $U$，螺距递减一个螺距变化量 $\Delta P$，则赶刀次数至少为 $Q = \dfrac{U}{V}$ 的值上取整。其中，$Q$ 为赶刀次数，$V$ 为刀具宽度，$U$ 为赶刀量，$U = P_n - V - H$，$H$ 为牙宽。每一次赶刀时切削起点的偏移量 $M = \dfrac{Z_2 - Z_1}{Q}$，每一次赶刀的螺距变化量 $N = \dfrac{\Delta P}{Q}$。

**（4）变距螺纹实际加工注意事项**

① 根据不同的加工要求合理选择刀具宽度。

② 根据不同情况正确设定 $F$ 初始值和起刀点的位置。从切削起点开始车削的第一个螺距 $P = F + \Delta P$。车削牙等宽槽变距螺纹时注意选择正确的赶刀量，因为赶刀量是叠加的，若第 1 牙赶刀 0.1mm，则第 10 牙的赶刀量是 1mm，因此要考虑刀具强度是否足够和赶刀量是否超出刀宽。

③ 根据不同要求正确计算螺距偏移量和循环刀数。

④ 由于变距螺纹的螺纹升角随着导程的增大而变大，所以刀具左侧切削刃的刃磨后角应等于工作后角加上最大螺纹升角 $\psi$，即后角 $\alpha_0 = (3° \sim 5°) + \psi$。

**【例 2-10】** 编制宏程序完成如图 2-24 所示牙等宽槽变距矩形螺纹的数控车削加工。

解：如图 2-24 所示，该变距螺纹的基本螺距 $P = 10$mm，螺距增量 $\Delta P = 2$mm，螺纹总长度 $L = 60$mm，代入方程

$$L = nP + \frac{n(n-1)}{2}\Delta P$$

解得 $n \approx 4.458$，即该螺杆有 5 圈螺旋线（第 5 圈不完整），再由

$$P_n = P + (n-1)\Delta P$$

得第 5 圈螺纹螺距为 18mm。

图 2-24　牙等宽槽变距矩形螺纹

选择 5mm 宽的矩形螺纹车刀，从距离右端面 8mm 处开始切削加工（基于螺纹加工升降速影响和安全考虑，选择切削起点距离右端面 1 个螺距的导入空刀量），到距离左端面 6mm 后螺纹加工完毕、退刀（考虑了导出空刀量），所以螺距初始值为 8mm（而程序中的 $F$ 值应为 8-2=6mm）。设工件坐标系原点在工件右端面和轴线的交点上，编制螺纹精加工宏程序如下。

```
%2050
#1=8                  （初始螺距赋值）
#2=2                  （螺距增量赋值）
#3=8                  （切削起点 Z 坐标值赋值）
#4=-66                （切削终点 Z 坐标值赋值）
M03 S150              （主轴正转）
G00 X100 Z50          （螺纹刀具移动到起刀点）
X34 Z8                （快进至螺纹切削起点）
G64                   （连续切削）
WHILE#3GT#4           （当 Z 坐标值大于#4 时执行循环）
  G32 W[-#1] F[#1-#2] （螺纹加工）
  #3=#3-#1            （Z 坐标值递减）
  #1=#1+#2            （螺距递增）
ENDW                  （循环结束）
G00 X50              （X 向退刀）
X100 Z50              （返回起刀点）
M30                   （程序结束）
```

【例 2-11】 编制一个用 M98 调用能粗、精加工牙等宽槽变距螺纹的宏程序，并调用宏程序完成图 2-24 所示变距螺纹的加工。

解：下面编制一个采用直进法实现牙等宽槽变距螺纹的粗、精加工宏程序，宏程序调用指令如下：

M98 P2051 A__ B__ I__ J__ F__ K_

自变量含义：

#0=A——螺纹大径值；

#1=B——螺纹小径值；

#8=I——考虑导入空刀量后的切削起点的 Z 坐标值；

#9=J——考虑导出空刀量后的切削终点的 Z 坐标值；

#5=F——螺距初始值；

#10=K——螺距增（减）量，减量应加负号。

宏程序如下：

```
%2051                        （宏子程序）
#20=#0                       （X 坐标赋初值）
WHILE#20GT#1                 （粗、精加工条件判断）
  #20=#20-0.5                （X 坐标递减）
  IF#20LE#1                  （精加工条件判断）
  #20=#1                     （将螺纹小径赋给#20）
  ENDIF                      （条件结束）
  G00 X[#20] Z[#8]           （刀具定位到切削起点）
  G64                        （连续切削）
  #30=#8                     （Z 坐标赋初值）
  #31=#5                     （螺距赋初值）
  WHILE#30GE#9               （变距螺纹加工循环条件判断）
    G32 W[-#31] F[#31-#10]   （螺纹加工）
    #30=#30-#31              （Z 坐标值递减）
    #31=#31+#10              （螺距递增）
  ENDW                       （循环结束）
  G00 X[#0+10]               （退刀）
  Z[#8]                      （返回）
ENDW                         （粗、精加工循环结束）
M99                          （子程序结束并返回主程序）
```

设工件坐标系原点在工件右端面和轴线的交点上，调用 2051 号宏程序完成如图 2-24 所示变距螺纹加工程序段如下：

```
M98 P2051 A40 B34 I8 J-66 F8 K20    （调用宏程序加工变距螺纹）
```

 **思考练习**

如图 2-25 所示为牙等宽槽变距矩形螺纹，试编制数控车削加工该变距螺纹的宏程序。

图 2-25　牙等宽槽变距矩形螺纹

### 2.3.6 孔加工循环

【例 2-12】 在数控车床上用麻花钻钻削加工如图 2-26 所示的 $\phi12\times35$ 的孔，试编制其加工宏程序。

图 2-26 钻孔加工

解：钻孔加工变量模型如图 2-27 所示，设钻头定位到 R 点后，每次钻孔深度 Q 后适当退刀，直至加工到孔底，孔底坐标值为 Z。

图 2-27 钻孔加工变量模型

孔加工固定循环的宏程序调用指令为：

M98 P2061 Z__ R__ Q__ F__

自变量含义：

#25=Z——孔底 Z 坐标值；

#17=R——R 点的 Z 坐标值；

#16=Q——每次钻孔深度；

#5=F——刀具进给速度。

设工件坐标原点在工件右端面与轴线的交点上，则孔底的 Z 坐标值为-35，设每次钻孔深度为 15mm，R 点的 Z 坐标值为 2，进给速度为 60mm/min，编制孔加工宏程序如下：

```
%2060                        （主程序号）
T0404 M03 S600               （加工参数设定）
G00 X100 Z100                （刀具快进到起刀点）
M98 P2061 Z-35 R2 Q15 F60    （调用宏子程序钻孔，并给自变量赋值）
```

```
G00 X100 Z100                    （返回起刀点）
M30                              （主程序结束）
%2061                            （子程序号）
G00 X0                           （刀具X方向定位）
Z[#17]                           （进刀到R点）
#10=#17                          （钻孔深度赋初值）
WHILE#10GT#25                    （循环条件判断）
  G01 Z[#10] F[#5]               （钻孔）
  G00 Z[#17]                     （退刀）
  #10=#10-#16                    （钻孔深度递减）
ENDW                             （循环结束）
G01 Z[#25] F[#5]                 （保证孔加工深度）
G00 Z[#17]                       （退刀）
M99                              （子程序结束并返回主程序）
```

**思考练习**

1. 在例 2-12 中，若将工件原点设在工件左端面与轴线的交点上，试调用宏程序编制该孔的加工程序。

2. 该孔加工固定循环的宏程序调用指令能否适用于其他钻孔加工？

3. 如图 2-28 所示零件，要求在数控车床上钻出工件上 $\phi16\times40$ 的孔，试编制其加工宏程序。

图 2-28　含孔轴类零件

# 2.4　含公式曲线类零件数控车削加工

## 2.4.1　含公式曲线类零件曲线段车削加工编程模板

**（1）函数**

设 $D$ 是给定的一个数集，若有两个变量 $X$ 和 $Y$，当变量 $X$ 在 $D$ 中取某个特定值时，变量 $Y$ 依确定的关系 $f$ 也有一个确定的值，则称 $Y$ 是 $X$ 的函数，$f$ 称为 $D$ 上的一个函数关系，记为 $Y=f(X)$，$X$ 称为自变量，$Y$ 称为因变量。当 $X$ 取遍 $D$ 中各数，对应的 $Y$ 构成一数集 $R$，$D$ 称为定义域或自变数域，$R$ 称为值域或因变数域。

由于数控车床使用 $XZ$ 坐标系，则用 $Z$、$X$ 分别代替 $X$、$Y$，即数控车削加工公式曲线中曲线方程是变量 $X$ 与 $Z$ 的关系。例如图 2-36 所示曲线的函数为 $X=f(Z)$，$Z$ 为自变量，$X$ 为因变量，若设起点 $A$ 在 $Z$ 轴上的坐标值为 $Z_a$（自变量起点），终点 $B$ 在 $Z$ 轴上的坐标值为 $Z_b$（自变量终点），则 $D[Z_a, Z_b]$ 为定义域，$X$ 是 $Z$ 的函数，当 $Z$ 取遍 $D$ 中各数，对应的 $X$ 构成的数集 $R$ 为值域。当然也可以将 $X=f(Z)$ 进行函数变换得到表达式 $Z=f(X)$，即 $X$ 为自变量，$Z$ 为因变量，$Z$ 是 $X$ 的函数。

**（2）数控编程中公式曲线的数学处理**

公式曲线包括除圆以外的各种可以用方程描述的圆锥二次曲线（如：抛物线、椭圆、双曲线）、阿基米德螺线、对数螺旋线及各种参数方程、极坐标方程所描述的平面曲线与列表曲线等。数控机床在加工上述各种曲线平面轮廓时，一般都不能直接进行编程，而必须经过数学处理以后，以直线或圆弧逼近的方法来实现。但这一工作一般都比较复杂，有时靠手工处理已经不大可能，必须借助计算机进行辅助处理，最好是采用计算机自动编程高级语言来编制加工程序。

处理用数学方程描述的平面非圆曲线轮廓图形，常采用相互连接的直线逼近或圆弧逼近方法。

① 直线逼近法 一般来说，由于直线法的插补节点均在曲线轮廓上，容易计算，编程也简便一些，所以常用直线法来逼近非圆曲线，其缺点是插补误差较大，但只要处理得当还是可以满足加工需要的，关键在于插补段长度及插补误差控制。由于各种曲线上各点的曲率不同，如果要使各插补段长度均相等，则各段插补的误差大小不同；反之，如要使各段插补误差相同，则各插补段长度不等。

a. 等插补段法。

等插补段法是使每个插补段长度相等，因而插补误差不等。编程时必须使产生的最大插补误差小于允差的 1/3～1/2，以满足加工精度要求。一般都假设最大误差产生在曲线的曲率半径最小处，并沿曲线的法线方向计算。这一假设虽然不够严格，但数控加工实践表明，对大多数情况是适用的。

b. 等插补误差法。

等插补误差法是使各插补段的误差相等，并小于或等于允许的插补误差，这种确定插补段长度的方法称为"等插补误差法"。显然，按此法确定的各插补段长度是不等的，因此也称为"变步长法"。这种方法的优点是插补段数目比上述的"等插补段法"少。这对于一些大型和形状复杂的非圆曲线零件有较大意义。对于曲率变化较大的曲线，用此法求得的节点数最少，但计算稍烦琐。

② 圆弧逼近法 曲线的圆弧逼近有曲率圆法、三点圆法和相切圆法等方法。三点圆法是通过已知的三个节点求圆，并作为一个圆弧加工程序段。相切圆法是通过已知的四个节点分别作两个相切的圆，编出两个圆弧的加工程序段。这两种方法都必须先用直线逼近方法求出各节点，再求出各圆半径，计算较烦琐。

**（3）编制含公式曲线零件曲线段加工宏程序的基本步骤**

应用宏程序编程对可以用函数公式描述的工件轮廓或曲面进行数控加工，是现代数控系统一个重要的新功能和方法，但是使用宏程序编程用于数控加工含公式曲线零件轮廓时，需要具有一定的数学和高级语言基础，要快速熟练准确地掌握较为困难。

事实上，数控加工公式曲线段的宏程序编制具有一定的规律性，如表 2-5 所示为反映编制含公式曲线零件曲线段加工宏程序的基本步骤的变量处理。

**表 2-5　编制含公式曲线零件曲线段加工宏程序变量处理**

| 步　骤 | 步骤内容 | 变　量　表　示 | | 宏　变　量 |
|---|---|---|---|---|
| 第 1 步 | 选择自变量（$XZ$ 二选一） | $X$ | $Z$ | $\#i$ |
| 第 2 步 | 确定自变量的定义域 | $X[X_a, X_b]$ | $Z[Z_a, Z_b]$ | — |
| 第 3 步 | 用自变量表示因变量的表达式 | $Z=f(X)$ | $X=f(Z)$ | $\#j=f(\#i)$ |

① 选择自变量

a．公式曲线中的 $X$ 和 $Z$ 坐标任意一个都可以被定义为自变量。

b．一般选择变化范围大的一个作为自变量。数控车削加工时通常将 $Z$ 坐标选定为自变量。

c．根据表达式方便情况来确定 $X$ 或 $Z$ 作为自变量。如某公式曲线表达式为

$$z = 0.005x^3$$

将 $X$ 坐标定义为自变量比较适当，如果将 $Z$ 坐标定义为自变量，则因变量 $X$ 的表达式为

$$x = \sqrt[3]{z/0.005}$$

其中含有三次开方函数在宏程序中不方便表达。

d．宏变量的定义完全可根据个人习惯设定。例如，为了方便可将和 $X$ 坐标相关的变量设为$\#1$、$\#11$、$\#12$ 等，将和 $Z$ 坐标相关的变量设为$\#2$、$\#21$、$\#22$ 等。

② 确定自变量的起止点坐标值（即自变量的定义域）　自变量的起止点坐标值是相对于公式曲线自身坐标系的坐标值（如椭圆自身坐标原点为椭圆中心，抛物线自身坐标原点为其顶点）。其中起点坐标为自变量的初始值，终点坐标为自变量的终止值。

③ 确定因变量相对于自变量的宏表达式　进行函数变换，确定因变量相对于自变量的宏表达式。如图 2-29 所示椭圆曲线段，$S$ 点为曲线段加工起始点，$T$ 点为终止点。若选定椭圆线段的 $Z$ 坐标为自变量，起点 $S$ 的 $Z$ 坐标为 $Z8$，终点 $T$ 的 $Z$ 坐标为 $Z{-}8$，则自变量的初始值为 8，终止值为 −8，将椭圆方程

$$\frac{x^2}{5^2} + \frac{z^2}{10^2} = 1$$

进行函数变换得到用自变量表示因变量的表达式

$$x = 5 \times \sqrt{1 - \frac{z^2}{10^2}}$$

若用宏变量$\#23$ 代表 $X$，$\#25$ 表示 $Z$，则变量处理结果见表 2-6。

图 2-29　含椭圆曲线的零件图

**表 2-6　含椭圆曲线零件加工宏程序变量处理**

| 步　骤 | 步 骤 内 容 | 变 量 表 示 | 宏 变 量 |
|---|---|---|---|
| 第 1 步 | 选择自变量 | Z | #25 |
| 第 2 步 | 确定自变量的定义域 | $Z[Z_1,\ Z_2]=Z[8,\ -8]$ | — |
| 第 3 步 | 用自变量表示因变量的表达式 | $x=5\times\sqrt{1-\dfrac{z^2}{10^2}}$ | #23=5*SQRT[1-[#25*#25]/[10*10]] |

## （4）公式曲线宏程序编程模板

　　在公式曲线轮廓的精加工宏程序编制时，可按表 2-7 所示进行编程，表中的 6 个步骤在实际工作中可当成编程模板套用。程序流程如图 2-30 所示。

**表 2-7　公式曲线宏程序编程模板**

| 步　骤 | 程　序 | 说　明 |
|---|---|---|
| | … | |
| 第 1 步 | N10　#i=a | （给自变量#i 赋值初值 a） |
| | | （a 是自变量#i 的起点坐标值） |
| 第 2 步 | N20　WHILE #i? b | （条件判断，如果满足条件执行 N30 程序段） |
| | | （b 是自变量#i 的终点坐标值，? 为条件运算符） |
| 第 3 步 | N30　#j=f（#i） | （用自变量表示因变量的表达式） |
| | | （确定因变量#j 相对于自变量#i 的宏表达式） |
| 第 4 步 | N40　G01 X[2*#X+g] Z[#Z+i] | （直线段拟合曲线） |
| | | （注意坐标转换，#X、#Z 分别是在 X、Z 轴上的宏变量） |
| | | （g 为曲线本身坐标原点在工件坐标系下的 X 坐标值） |
| | | （i 为曲线本身坐标原点在工件坐标系下的 Z 坐标值） |
| | | （数控车采用直径值编程，因此#X 的值应乘以 2） |
| 第 5 步 | N50　#i=#i±Δ | （自变量递变一个步长 Δ） |
| | | （递增即 a>b 取+，递减即 a<b 取−） |
| 第 6 步 | N60　ENDW | （条件不满足时结束循环） |
| | … | |

图 2-30　公式曲线加工程序流程

**【例2-13】** 数控车削加工如图2-29所示椭圆曲线段，加工刀具刀位点在起始点，要求完成该曲线段的数控车削精加工部分宏程序的编程。

解：设工件坐标原点在工件右端面与轴线的交点上，则椭圆中心（椭圆自身坐标原点）在工件坐标系中的坐标值为（30，-20），参考公式曲线宏程序编程模板编制该椭圆曲线部分加工程序如下。

```
...
N10   #25=8                    （给自变量#25赋值初值8）
                               （8是自变量#25的起点坐标值）
N20   WHILE #25GE[-8]          （条件判断，如果满足条件执行N30程序段）
                               （-8是自变量#25的终点坐标值，GE为条件运算符≥）
N30   #23=5*SQRT[1-[#25*#25]/[10*10]]   （用自变量表示因变量的表达式）
                               （确定因变量#23相对于自变量#25的宏表达式）
N40   G01 X[2*#23+30] Z[#25-20]        （直线段拟合曲线）
                               （注意坐标转换，#23、#25分别是在X、Z轴上的宏变量）
                               （30为曲线本身坐标原点在工件坐标系下的X坐标值）
                               （-20为曲线本身坐标原点在工件坐标系下的Z坐标值）
N50   #25=#25-0.1              （自变量递减一个步长0.1）
                               （终点值小于起点值取-）
N60   ENDW                     （条件不满足时结束循环）
N70   ...
```

◆ 思考练习 ◆

1. 设某函数为 $x = 5z^2 + 10$（$10.5 \leqslant z \leqslant 24$），请完成填空：

（1）$X$ 是 $Z$ 的___。

（2）自变量为___。

（3）因变量是___。

（4）自变量起点值为___。

（5）自变量终点值是___。

（6）加工该曲线段的部分宏程序如下：

```
#1=_____
#2=_____
#3=_____
#26=#1
WHILE#26LT#2
  #26=#26+#3
  #24=_____
  G01 X[2*#24] Z[#26]
ENDW
```

2. 若例题中自变量起点和终点的大小关系为 $Z_a < Z_b$（即加工刀具从左向右进给），上述程序还对吗？如果不对，应该在哪些地方做修改？下面是一个自动判断自变量起点、终点大小后选择执行的宏程序，请仔细阅读后掌握程序执行流程。

```
#1=Za                      （自变量起点#1 赋初值）
#2=Zb                      （自变量终点#2 赋初值）
#3=ΔZ                      （坐标增量#3 赋初值）
#26=#1                     （自变量#26 赋初值）
IF#1LT#2                   （判断自变量起点、终点大小后选择执行）
   WHILE#26GT#2            （当#26 大于#2 时执行循环）
     #26=#26-#3            （#26 减增量）
     #24=f（#26）           （计算因变量#24 的值）
     G01 X[2*#24] Z[#26]   （直线插补逼近曲线）
   ENDW                    （结束循环）
ELSE                       （否则）
   WHILE#26LT#2            （当#26 小于#2 时执行循环）
     #26=#26+#3            （#26 加增量）
     #24=f（#26）           （计算因变量#24 的值）
     G01 X[2*#24] Z[#26]   （直线插补逼近曲线）
   ENDW                    （结束循环）
ENDIF                      （条件结束）
```

### 2.4.2 工件原点在椭圆中心的正椭圆类零件车削加工

**（1）椭圆方程**

在数控车床坐标系（$XOZ$ 坐标平面）中，设 $a$ 为椭圆在 $Z$ 轴上的截距（椭圆长半轴长），$b$ 为椭圆在 $X$ 轴上的截距（短半轴长），椭圆轨迹上的点 $P$ 坐标为（$x$, $z$），则椭圆方程、图形与椭圆中心坐标关系如表 2-8 所示。

表 2-8　椭圆方程、图形与椭圆中心坐标

| 椭圆方程 | 椭圆图形 | 椭圆中心坐标 |
| --- | --- | --- |
| $\dfrac{x^2}{b^2}+\dfrac{z^2}{a^2}=1$（标准方程）<br>或 $\begin{cases} x=b\sin t \\ z=a\cos t \end{cases}$（参数方程） | | 中心　$G$（0, 0） |

注意：① 椭圆标准方程为

$$\frac{x^2}{a^2}+\frac{y^2}{b^2}=1$$

但由于数控车床使用 $XZ$ 坐标系，用 $Z$、$X$ 分别代替 $X$、$Y$ 得到数控车床坐标系下的椭圆标准方程为

$$\frac{x^2}{b^2}+\frac{z^2}{a^2}=1$$

不作特殊说明，本书相关章节均作了相应处理。

② 椭圆参数方程中$t$为离心角，是与$P$点对应的同心圆（半径分别为$a$和$b$）半径与$Z$轴正方向的夹角。

**（2）编程方法**

椭圆的数控车削加工编程方法可根据方程类型分为两种：按标准方程和参数方程编程。采用标准方程编程时，如图 2-31（a）、（b）所示，可分别以$Z$或$X$为自变量计算出$P_0$、$P_1$、$P_2$各点的坐标值，然后逐点插补完成椭圆曲线的加工。采用参数方程编程时，如图 2-31（c）所示，以$t$为自变量分别计算$P_0$、$P_1$、$P_2$各点的坐标值，然后逐点插补完成椭圆曲线的加工。

（a）以$Z$为自变量　　　　（b）以$X$为自变量　　　　（c）以$t$为自变量

图 2-31　不同加工方法的自变量选择示意图

**【例 2-14】** 数控车削加工如图 2-32 所示含椭圆曲线零件，试编制精加工该零件椭圆曲线部分的宏程序。

图 2-32　含椭圆曲线零件的加工

解：该零件中椭圆曲线段如图 2-33 所示，长半轴$a$长 25mm，短半轴$b$长 15mm，设工件坐标原点在椭圆中心，刀具刀位点在椭圆曲线加工起点，下面分别采用标准方程和参数方程编程。

① 标准方程编程　如图 2-37 所示，椭圆曲线用标准方程表示为$\dfrac{x^2}{15^2} + \dfrac{z^2}{25^2} = 1$，若选择$Z$作为自变量，则函数变换后的表达式为

$$x = 15 \times \sqrt{1 - \frac{z^2}{25^2}}$$

标准方程编制椭圆曲线加工程序变量处理如表 2-9 所示。

图 2-33　椭圆曲线段车削加工

**表 2-9　标准方程编制椭圆曲线加工程序变量处理**

| 步　骤 | 步　骤　内　容 | 变量表示 | 宏　变　量 |
|---|---|---|---|
| 第 1 步 | 选择自变量 | $Z$ | #25 |
| 第 2 步 | 确定自变量的定义域 | [25，0] | — |
| 第 3 步 | 用自变量表示因变量的表达式 | $x = 15 \times \sqrt{1 - \dfrac{z^2}{25^2}}$ | #23=15*SQRT[1-[#25*#25]/[25*25]] |

编制精加工该椭圆曲线段的部分宏程序如下：

```
#0=25                              （椭圆长半轴 a 赋值）
#1=15                              （椭圆短半轴 b 赋值）
#2=25                              （自变量起点#2 赋值）
#3=0                               （自变量终点#3 赋值）
#4=0.2                             （坐标增量#4 赋值）
#25=#2                             （自变量#25 赋初值）
WHILE#25GT#3                       （加工条件判断）
  #25=#25-#4                       （#25 减增量）
  #23=#1*SQRT[1-[#25*#25]/[#0*#0]] （计算因变量#23 的值）
  G01 X[2*#23] Z[#25]             （直线插补逼近曲线，注意 X 应为直径值）
ENDW                               （循环结束）
```

若将上述程序稍作简化可得程序如下：

```
#25=25                             （自变量#25 赋初值）
WHILE#25GT0                        （加工条件判断）
  #25=#25-0.2                      （#25 减增量）
  #23=15*SQRT[1-[#25*#25]/[25*25]] （计算因变量#23 的值）
  G01 X[2*#23] Z[#25]             （直线插补逼近曲线，注意 X 应为直径值）
ENDW                               （循环结束）
```

② 参数方程编程　图 2-37 所示椭圆曲线用参数方程表示为 $\begin{cases} x = 15\sin t \\ z = 25\cos t \end{cases}$，选择离心角 $t$ 为自变量，则因变量为 $X$ 和 $Z$。参数方程编制椭圆曲线加工程序变量处理如表 2-10 所示。

**表 2-10　参数方程编制椭圆曲线加工程序变量处理**

| 步　骤 | 步　骤　内　容 | 变量表示 | 宏　变　量 |
|---|---|---|---|
| 第 1 步 | 选择自变量 | $t$ | #10 |
| 第 2 步 | 确定自变量的定义域 | [0°，90°] | — |
| 第 3 步 | 用自变量表示因变量的表达式 | $\begin{cases} x = 15\sin t \\ z = 25\cos t \end{cases}$ | $\begin{cases} \#23 = 15*\sin[\#10*PI/180] \\ \#25 = 25*\cos[\#10*PI/180] \end{cases}$ |

采用参数方程编制该椭圆曲线段精加工部分宏程序如下：

```
#10=0                              （离心角 t 赋初值）
WHILE#10LE90                       （加工条件判断）
  #23=15*SIN[#10*PI/180]          （计算 X 坐标值）
  #25=25*COS[#10*PI/180]          （计算 Z 坐标值）
  G01 X[2*#23] Z[#25]             （直线插补逼近曲线，注意 X 应为直径值）
  #10=#10+0.2                      （角度递增）
ENDW                               （循环结束）
```

【例 2-15】　数控车削加工如图 2-34 所示含椭圆曲线零件，试编制粗、精加工该零件椭圆曲线部分的宏程序。

图 2-34　含椭圆曲线段零件的粗、精加工

解：由图可得该椭圆曲线长半轴 $a = 50mm$，短半轴 $b = 24mm$，设工件坐标原点在椭圆中心，采用标准方程编程，选择 $Z$ 坐标为自变量，则其定义域为[50，10]，编制加工宏程序如下。

```
%2070
#0=50                                    （长半轴a赋值）
#1=24                                    （短半轴b赋值）
T0101 M03 S1000 F300                     （加工参数设定）
G00 X100 Z100                            （快进到起刀点）
X60 Z52                                  （快进到循环起点）
G71 U1.5 R0.5 P1 Q2 X0.6 Z0.1           （循环加工参数设定）
  N1 G00 G42 X0 Z52 D01                  （刀具移动到切削起点）
  #10=50                                 （Z坐标赋初值）
  WHILE#10GE10                           （曲线加工条件判断）
    #11=#1*SQRT[1-[#10*#10]/[#0*#0]]     （计算X坐标值）
    G01 X[2*#11] Z[#10]                  （直线插补逼近曲线，注意X应为直径值）
    #10=#10-0.1                          （Z坐标递减）
  ENDW                                   （循环结束）
  N2 G00 G40 X60                         （退刀）
X100 Z100                                （返回起刀点）
M30                                      （程序结束）
```

【例2-16】 数控车削加工如图 2-35 所示含椭圆曲线零件，试采用参数方程编制加工该零件椭圆曲线部分的宏程序。

图 2-35　含椭圆曲线零件

解：如图 2-36 所示，椭圆上 $P$ 点的圆心角为 $\theta$，离心角为 $t$。椭圆上任一点 $P$ 与椭圆中心的连线和水平向右轴线（$Z$ 向正半轴）的夹角称为圆心角，$P$ 点对应的同心圆（半径分别为 $a$ 和 $b$）的半径与 $Z$ 轴正方向的夹角称为离心角。

离心角 $t$ 的值应按照椭圆的参数方程来确定，因为它并不总是等于椭圆圆心角 $\theta$ 的值，仅当 $\theta = \dfrac{K\pi}{2}$ 时，才有 $t = \theta$。设 $P$ 点坐标值 $(x, z)$，由

$$\tan\theta = \frac{x}{z} = \frac{b\sin t}{a\cos t} = \frac{b}{a}\tan t$$

可得

$$t = \arctan\left(\frac{a}{b}\tan\theta\right)$$

另外需要注意，通过直接计算出来的离心角数值与实际离心角度有 0°、180° 或 360° 的差值需要考虑。

由图 2-35 所得，椭圆长半轴 $a = 44\text{mm}$，短半轴 $b = 20\text{mm}$，圆心角的起始值为 20°，终止值为 90°。设工件坐标原点在椭圆中心，采用参数方程编程，以离心角 $t$ 为自变量，编制加工宏程序如下。

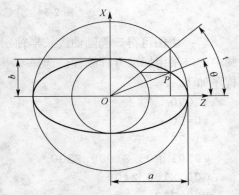

图 2-36 椭圆曲线上 $P$ 点的圆心角 $\theta$ 与离心角 $t$ 关系示意图

```
%2071
#0=44                              （椭圆长半轴赋值）
#1=20                              （椭圆短半轴赋值）
#2=20                              （圆心角起始值赋值）
#10=ATAN[TAN[#2*PI/180]*#0/#1]     （计算切削起点离心角的值）
#11=#1*SIN[#10*PI/180]             （计算切削起点 X 值）
#12=#0*COS[#10*PI/180]             （计算切削起点 Z 值）
T0101 M03 S1000 F200               （加工参数设定）
G00 X100 Z100                      （刀具快进到起刀点）
X50 Z[#12+2]                       （快进到循环起点）
G71 U2 R0.5 P1 Q2 X0.6 Z0.1        （循环加工参数设定）
  N1 G00 X[2*#11] Z[#12+2]         （刀具定位）
  G01 Z[#12]                       （直线插补到切削起点）
  #10=ATAN[TAN[#2*PI/180]*#0/#1]   （离心角赋初值）
  WHILE#10LE90                     （曲线加工判断）
    #21=#1*SIN[#10*PI/180]         （计算曲线上点的 X 值）
    #22=#0*COS[#10*PI/180]         （计算曲线上点的 Z 值）
    G01 X[2*#21] Z[#22]            （直线插补逼近曲线）
    #10=#10+0.5                    （离心角递增 0.5°）
  ENDW                             （循环结束）
  G01 X40 Z0                       （直线插补）
  G02 X45 Z-14.6 R9                （圆弧插补）
  N2 G01 Z-25                      （直线插补）
```

```
G00 X100                                    （退刀）
Z100                                        （返回）
M30                                         （程序结束）
```

 **思考练习**

1. 数控车削加工如图 2-37 所示含椭圆曲线的轴类零件，试编制其加工宏程序。

图 2-37　含椭圆曲线的轴类零件

2. 如图 2-38 所示零件外轮廓为一段椭圆曲线，试编制数控车削加工该零件外轮廓的宏程序。

图 2-38　含椭圆曲线零件外轮廓加工

3. 试求图 2-39 中椭圆曲线上 $P_1$、$P_2$、$P_3$ 和 $P_4$ 各点的离心角 $t$ 的值。

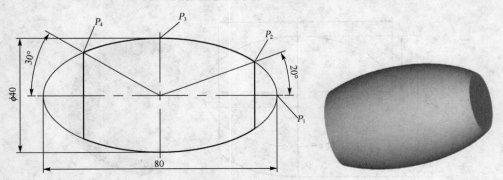

图 2-39　求椭圆曲线上点的离心角

4. 数控车削加工如图 2-40 所示含椭圆曲线零件的外轮廓，试编制其加工宏程序。

图 2-40　含椭圆曲线零件外轮廓的加工

### 2.4.3　工件原点不在椭圆中心的正椭圆类零件车削加工

在数控车床坐标系（$XOZ$ 坐标平面）中，设 $a$ 为椭圆在 $Z$ 轴上的截距（椭圆长半轴长），$b$ 为椭圆在 $X$ 轴上的截距（短半轴长），椭圆轨迹上的点 $P$ 坐标为（$x$，$z$），椭圆中心在工件坐标系中的坐标值为（$g$，$h$），则椭圆方程、图形与椭圆中心坐标关系如表 2-11 所示。

表 2-11　椭圆方程、图形与椭圆中心坐标

| 椭圆方程 | 椭圆图形 | 椭圆中心坐标 |
|---|---|---|
| $\dfrac{(x-g)^2}{b^2}+\dfrac{(z-h)^2}{a^2}=1$ 或 $\begin{cases} x=b\sin t+g \\ z=a\cos t+h \end{cases}$ |  | 中心　$G$（$g$，$h$） |

【例 2-17】　数控车削加工图 2-41 所示含椭圆曲线段的零件外圆面，椭圆长半轴长 30mm，短半轴长 18mm，试编制精加工该零件外圆面的宏程序。

图 2-41　含工件原点不在椭圆中心的椭圆曲线段零件

解：设工件坐标系原点在工件右端面与回转轴线的交点上，则椭圆中心在工件坐标系中的坐标值为（5，−25），设加工刀具刀位点在椭圆曲线加工起点位置，该椭圆曲线段的加工示意图如图 2-42 所示。

椭圆曲线用标准方程形式表示为

$$\frac{(x-5)^2}{18^2}+\frac{(z+25)^2}{30^2}=1$$

若选择 $Z$ 坐标为自变量，则用自变量表示因变量 $X$ 的表达式为

$$x=18\times\sqrt{1-\frac{(z+25)^2}{30^2}}+5$$

图 2-42　工件原点不在椭圆中心的椭圆曲线段加工示意图

在工件坐标系下直接编制椭圆曲线加工程序变量处理见表 2-12，编制精加工该椭圆曲线段的部分宏程序如下。

**表 2-12　在工件坐标系下直接编制椭圆曲线加工程序变量处理**

| 步　骤 | 步 骤 内 容 | 变 量 表 示 | 宏 　变 　量 |
|---|---|---|---|
| 第 1 步 | 选择自变量 | $Z$ | #10 |
| 第 2 步 | 确定自变量的定义域 | [0，−25] | — |
| 第 3 步 | 用自变量表示因变量的表达式 | $x=18\times\sqrt{1-\frac{(z+25)^2}{30^2}}+5$ | #11=18*SQRT[1-[[#10+25]*[#10+25]]/[30*30]]+5 |

```
#10=0                                        （Z 坐标赋初值）
WHILE#10GE-25                                 （循环条件判断）
  #11=18*SQRT[1-[[#10+25]*[#10+25]]/[30*30]]+5   （计算 X 坐标值）
  G01 X[2*#11] Z[#10]                          （直线插补逼近椭圆曲线）
  #10=#10-0.2                                  （Z 坐标递减）
ENDW                                          （循环结束）
```

下面是另一种思路编制的该椭圆曲线段精加工部分宏程序。

```
#0=30                    （椭圆长半轴赋值）
#1=18                    （椭圆短半轴赋值）
#2=25                    （起始点在椭圆自身坐标系下的 Z 坐标赋值）
#3=0                     （终止点在椭圆自身坐标系下的 Z 坐标赋值）
#4=10                    （椭圆中心在工件坐标系下的 X 坐标值赋值，直径值）
#5=-25                   （椭圆中心在工件坐标系下的 Z 坐标值赋值）
#10=#2                   （Z 坐标赋初值）
WHILE#10GE#3             （循环判断）
  #11=#1*SQRT[1-#10*#10/[#0*#0]]   （计算在椭圆自身坐标系下的 X 坐标值）
  G01 X[2*#11+#4] Z[#10+#5]        （直线插补逼近椭圆曲线）
          （注意 X、Z 坐标分别叠加了椭圆中心在工件坐标系下的 X、Z 坐标值）
  #10=#10-0.2            （Z 坐标递减）
ENDW                     （循环结束）
```

【**例 2-18**】 如图 2-43 所示轴类零件，零件外轮廓含一段椭圆曲线，椭圆长半轴长 25mm，短半轴长 15mm，试编制该零件外圆面的加工宏程序。

图 2-43　含椭圆曲线的轴类零件

解：设工件原点在工件右端面与工件回转中心的交点上，则椭圆中心在工件坐标系下的坐标值为（30，0）。采用参数方程编制其加工宏程序如下。

```
%2080
#0=25                          （椭圆长半轴长赋值）
#1=15                          （椭圆短半轴长赋值）
T0101 M03 S1000 F200           （加工参数设定）
G00 X100 Z100                  （快进到起刀点）
X35 Z2                         （快进到循环起点）
G71 U2 R0.5 P10 Q20 X0.6 Z0.1  （循环加工参数设定）
  N10 G00 X0 Z2                （快速接近工件）
  G01 Z0                       （直线插补到切削起点）
  #10=270                      （离心角赋初值）
  WHILE#10GE180                （循环条件判断）
    #11=#1*SIN[#10*PI/180]     （计算 X 坐标值）
    #12=#0*COS[#10*PI/180]     （计算 Z 坐标值）
    G01 X[2*#11+30] Z[#12]     （直线插补逼近椭圆曲线）
    #10=#10-0.2                （离心角递减）
  ENDW                         （循环结束）
  G01 X30 Z-25                 （直线插补）
  N20 Z-35                     （直线插补）
G00 X100                       （退刀）
Z100                           （返回）
M30                            （程序结束）
```

1. 数控车削加工如图 2-44 所示含椭圆曲线零件外圆面，试编制其加工宏程序。

图 2-44　含椭圆曲线零件外圆面加工

2.　如图 2-45 所示外轮廓含二分之一椭圆曲线的轴类零件，试采用参数方程编制其外圆面加工宏程序。

图 2-45　含二分之一椭圆曲线轴类零件

## 2.4.4　正椭圆类零件 M98 调用宏程序车削加工

【例 2-19】　编写能被当作子程序一样方便调用的宏程序，实现运用 M98 指令调用宏程序方式数控车削加工任意正椭圆曲线段。

解：选用标准方程编程，以 Z 或 X 为自变量进行分段逐步插补加工椭圆曲线均可。若以 Z 坐标为自变量，则 X 坐标为因变量，那么可将椭圆标准方程

$$\frac{x^2}{b^2} + \frac{z^2}{a^2} = 1$$

转换成用 Z 表示 X 的方程为

$$x = \pm b\sqrt{1 - \frac{z^2}{a^2}}$$

当加工椭圆曲线段的起始点 $P_1$ 和终止点 $P_2$ 在椭圆自身坐标系中第 I、II 象限之内时

$$x = b\sqrt{1 - \frac{z^2}{a^2}}$$

而在第Ⅲ、Ⅳ象限之内时

$$x = -b\sqrt{1 - \frac{z^2}{a^2}}$$

如图 2-46 所示。

（a）椭圆曲线段第Ⅰ、Ⅱ象限　　　　　（b）椭圆曲线段第Ⅲ、Ⅳ象限

图 2-46　采用椭圆标准方程编程加工椭圆曲线变量模型

采用椭圆标准方程编程加工椭圆曲线的宏程序调用指令：

M98 P2090 A__B__X__Z__ I__J__K__F__

自变量含义：

#0=A：椭圆在 $Z$ 轴上的截距；

#1=B：椭圆在 $X$ 轴上的截距；

#23=X：椭圆中心 $G$ 在工件坐标系中的 $X$ 坐标值（直径值）；

#25=Z：椭圆中心 $G$ 在工件坐标系中的 $Z$ 坐标值；

#8=I：椭圆曲线加工起始点 $P_1$ 在椭圆自身坐标系中的 $Z$ 坐标值；

#9=J：椭圆曲线加工终止点 $P_2$ 在椭圆自身坐标系中的 $Z$ 坐标值；

#10=K：象限判断，当加工椭圆曲线在椭圆自身坐标系的第Ⅰ或Ⅱ象限，如图 2-46（a）时取 $K=1$，当加工椭圆曲线在椭圆自身坐标系的第Ⅲ或Ⅳ象限，如图 2-46（b）时取 $K=-1$；

#5=F：进给速度。

编制宏程序如下。

```
%2090                                    （宏程序名）
WHILE#8GE#9                              （循环条件判断）
  #30=#1*SQRT[1-#8*#8/[#0*#0]]*#10       （计算 X 坐标值）
  G01 X[2*#30+#23] Z[#8+#25] F[#5]       （直线插补逼近椭圆曲线）
  #8=#8-0.2                              （Z 坐标递减）
ENDW                                     （循环结束）
M99                                      （子程序结束并返回主程序）
```

【例 2-20】　数控车削加工如图 2-47 所示含椭圆曲线的轴类零件，椭圆 $Z$ 向长半轴长 30mm，$X$ 向短半轴长 15mm，试调用宏程序编制精加工该零件椭圆曲线段的程序。

解：由图可得，椭圆在 $Z$、$X$ 轴上的截距分别为"30"、"15"，设工件坐标原点在椭圆中心，则椭圆中心在工件坐标系下的坐标值为（0，0），曲线加工起始点的 $Z$ 坐标值为"20"，终止点的 $Z$ 坐标值为"-15"，加工曲线段在第Ⅰ和第Ⅱ象限内 $K$ 取正值，调用宏程序精加工该曲线的程序段如下。

图 2-47 含椭圆曲线零件

M98 P2090 A30 B15 X0 Z0 I20 J-15 K1 F80 　（调用宏程序加工椭圆曲线段，
并给自变量赋值）

 思考练习

1. 如图 2-48 所示含椭圆曲线段轴类零件，试编制调用宏程序完成该零件加工的程序。

图 2-48 含椭圆曲线段的轴类零件

2. 试编制一个采用标准方程，以 $X$ 坐标为自变量、$Z$ 坐标为因变量加工椭圆曲线段的宏程序，并调用宏程序加工如图 2-49 所示含椭圆曲线段零件。

图 2-49 含椭圆曲线段零件

3. 试选用椭圆参数方程编制一个 M98 调用的宏程序用于加工任意正椭圆曲线段，并调用宏程序完成如图 2-50 所示零件椭圆曲线段的精加工。

图 2-50　轴类零件

### 2.4.5　倾斜椭圆类零件车削加工

倾斜椭圆类零件的数控车削加工有两种解决思路：一是利用高等数学中的坐标变换公式进行坐标变换，这种方式理解难度大，公式复杂，但编程简单，程序长度比较短；二是把椭圆分段，利用图形中复杂的三角几何关系进行坐标变换，程序理解的难度相对低，但应用的指令比较全面，程序长度会比较长。本书仅简单介绍第一种方式编程。

如图 2-51 所示，细实线为旋转前的正椭圆，粗实线为将正椭圆绕椭圆中心旋转 $\beta$ 角度之后的倾斜椭圆。利用旋转转换矩阵

$$\begin{bmatrix} \cos\beta & -\sin\beta \\ \sin\beta & \cos\beta \end{bmatrix}$$

对曲线方程进行变换，可得如下方程（旋转后的椭圆在原坐标系下的方程）：

$$\begin{cases} z' = z\cos\beta - x\sin\beta \\ x' = z\sin\beta + x\cos\beta \end{cases}$$

图 2-51　倾斜椭圆数学模型

其中，$XZ$ 为旋转前的坐标值，$X'Z'$ 为旋转后的坐标值，$\beta$ 为旋转角度。

**（1）采用椭圆参数方程编程**

以离心角为自变量，将椭圆参数方程

$$\begin{cases} x = b\sin t \\ z = a\cos t \end{cases}$$

代入上式，得：

$$\begin{cases} z' = a\cos t\cos\beta - b\sin t\sin\beta \\ x' = a\cos t\sin\beta + b\sin t\cos\beta \end{cases}$$

**（2）采用椭圆标准方程编程**

若选择 $Z$ 为自变量，则可将标准方程转换为

$$x = b\sqrt{1 - \dfrac{z^2}{a^2}}$$

带入前式，可得：

$$\begin{cases} z' = z\cos\beta - b\sqrt{1-\dfrac{z^2}{a^2}}\sin\beta \\ x' = z\sin\beta + b\sqrt{1-\dfrac{z^2}{a^2}}\cos\beta \end{cases}$$

**【例 2-21】** 数控车削加工如图 2-52 所示含倾斜椭圆曲线段的零件外圆面,试编制其精加工宏程序。

图 2-52 含倾斜椭圆曲线零件

解:设工件坐标系原点在椭圆中心,刀具刀位点在曲线加工起点,该倾斜椭圆曲线段的加工示意图如图 2-53 所示。采用标准方程编程加工倾斜椭圆曲线段变量处理如表 2-13 所示。

图 2-53 倾斜椭圆曲线段加工示意图

表 2-13 采用标准方程编程加工倾斜椭圆曲线段变量处理

| 步　骤 | 步骤内容 | 变 量 表 示 | 宏 变 量 |
|---|---|---|---|
| 第 1 步 | 选择自变量 | $z$ | #10 |
| 第 2 步 | 确定自变量的定义域 | [25,0] | |
| 第 3 步 | 用自变量表示因变量的表达式 | $x = b\sqrt{1-\dfrac{z^2}{a^2}}$ <br> $x' = z\sin\beta + x\cos\beta$ <br> $z' = z\cos\beta - x\sin\beta$ | #11=#1*SQRT[1-#10*#10/[#0*#0]] <br> #12=#10*SIN[#2*PI/180]+#11*COS[#2*PI/180] <br> #13=#10*COS[#2*PI/180]-#11*SIN[#2*PI/180] |

采用椭圆标准方程编制加工该倾斜椭圆曲线段的部分宏程序如下:

#0=25　　　　　　　　　　　　　　　　　　　　　(椭圆长半轴赋值)

```
#1=15                                              （椭圆短半轴赋值）
#2=15                                              （椭圆旋转角度赋值）
#10=25                                             （Z 坐标赋初值）
WHILE#10GE0                                        （循环条件判断）
  #11=#1*SQRT[1-#10*#10/[#0*#0]]                   （计算旋转前的 X 坐标值）
  #12=#10*SIN[#2*PI/180]+#11*COS[#2*PI/180]        （计算旋转后的 X 坐标值）
  #13=#10*COS[#2*PI/180]-#11*SIN[#2*PI/180]        （计算旋转后的 Z 坐标值）
  G01 X[#12*2] Z[#13]                              （直线插补逼近椭圆曲线段）
  #10=#10-0.2                                      （Z 坐标递减）
ENDW                                               （循环结束）
```

采用参数方程编程加工倾斜椭圆曲线段变量处理如表 2-14 所示。

**表 2-14  采用参数方程编程加工倾斜椭圆曲线段变量处理**

| 步　骤 | 步　骤　内　容 | 变　量　表　示 | 宏　变　量 |
|---|---|---|---|
| 第 1 步 | 选择自变量 | $t$ | #10 |
| 第 2 步 | 确定自变量的定义域 | [0，90] | |
| 第 3 步 | 用自变量表示因变量的表达式 | $x = b\sin t$<br>$z = a\cos t$<br>$x' = z\sin\beta + x\cos\beta$<br>$z' = z\cos\beta - x\sin\beta$ | #11=#1*SIN[#10*PI/180]<br>#12=#0*COS[#10*PI/180]<br>#13=#12*SIN[#2*PI/180]+#11*COS[#2*PI/180]<br>#14=#12*COS[#2*PI/180]-#11*SIN[#2*PI/180] |

采用椭圆参数方程编制加工该倾斜椭圆曲线段的部分宏程序如下：

```
#0=25                                              （椭圆长半轴赋值）
#1=15                                              （椭圆短半轴赋值）
#2=15                                              （椭圆旋转角度赋值）
#10=0                                              （离心角赋初值）
WHILE#10LE90                                       （循环条件判断）
  #11=#1*SIN[#10*PI/180]                           （计算旋转前的 X 坐标值）
  #12=#0*COS[#10*PI/180]                           （计算旋转前的 Z 坐标值）
  #13=#12*SIN[#2*PI/180]+#11*COS[#2*PI/180]        （计算旋转后的 X 坐标值）
  #14=#12*COS[#2*PI/180]-#11*SIN[#2*PI/180]        （计算旋转后的 Z 坐标值）
  G01 X[#13*2] Z[#14]                              （直线插补逼近椭圆曲线）
  #10=#10+0.2                                      （离心角递增）
ENDW                                               （循环结束）
```

◀ **思考练习** ▶

1. 数控车削加工如图 2-54 所示含倾斜椭圆曲线的零件，请编制其外圆面的加工宏程序。

2. 如图 2-55 所示轴类零件，零件外轮廓含两段倾斜椭圆曲线，试编制其外圆面加工宏程序。

3. 数控车削加工如图 2-56 所示零件外圆面，试编制其加工宏程序。

图 2-54　含倾斜椭圆曲线的轴类零件

图 2-55　含两段倾斜椭圆曲线的轴类零件

图 2-56　含倾斜椭圆曲线零件

4. 旋转转换矩阵是否同样适用于其他倾斜曲线的加工编程？

5. 在椭圆曲线编程章节中涉及的角度都有哪些？试简单比较它们的区别。

### 2.4.6　抛物线类零件车削加工

主轴与 $Z$ 坐标轴平行的抛物线的方程、图形和顶点坐标如表 2-15 所示，方程中 $p$ 为抛物线焦点参数。

表 2-15　主轴与 $Z$ 坐标轴平行的抛物线方程、图形和顶点坐标

| 方程 | $x^2 = 2pz$ （标准方程） | $x^2 = -2pz$ | $(x-g)^2 = 2p(z-h)$ | $(x-g)^2 = -2p(z-h)$ |
|---|---|---|---|---|
| 图形 |  | | | |
| 顶点 | $A(0,0)$ | $A(0,0)$ | $A(g,h)$ | $A(g,h)$ |

为了方便在宏程序中表示，可将方程 $x^2 = \pm 2pz$ 转换为以 $X$ 坐标为自变量、$Z$ 坐标为因变量的方程式：

$$z = \pm \frac{x^2}{2p}$$

当抛物线开口朝向 $Z$ 轴正半轴时 $z = \dfrac{x^2}{2p}$，反之 $z = -\dfrac{x^2}{2p}$。

主轴与 $X$ 坐标轴平行的抛物线方程、图形和顶点坐标如表 2-16 所示。

表 2-16　主轴与 $X$ 坐标轴平行的抛物线方程、图形和顶点坐标

| 方程 | $z^2 = 2px$ （标准方程） | $z^2 = -2px$ | $(z-h)^2 = 2p(x-g)$ | $(z-h)^2 = -2p(x-g)$ |
|---|---|---|---|---|
| 图形 |  | | | |
| 顶点 | $A(0,0)$ | $A(0,0)$ | $A(g,h)$ | $A(g,h)$ |

【例 2-22】编制如图 2-57 所示含抛物曲线段零件的数控车削加工宏程序，抛物曲线方程为 $z = -x^2/8$。

图 2-57　数控车削加工抛物线零件

解：若选择 $X$ 为自变量编程加工该零件中抛物线段，其定义域区间为[0，16]，则编程变量处理如表 2-17 所示。

**表 2-17 以 $X$ 为自变量编程加工抛物线段变量处理**

| 步　骤 | 步　骤　内　容 | 变　量　表　示 | 宏　变　量 |
|---|---|---|---|
| 第 1 步 | 选择自变量 | $X$ | #10 |
| 第 2 步 | 确定自变量的定义域 | [0，16] | |
| 第 3 步 | 用自变量表示因变量的表达式 | $z=-x^2/8$ | #11=−#10*#10/8 |

设工件坐标原点在抛物线顶点，编制抛物线段加工部分宏程序如下。

```
#10=0                        （X坐标赋初值）
WHILE#10LE16                 （循环加工条件判断）
  #11=-#10*#10/8             （计算Z坐标值）
  G01 X[2*#10] Z[#11]        （直线插补逼近抛物曲线）
  #10=#10+0.05               （X坐标递增）
ENDW                         （循环结束）
```

若选择 $Z$ 为自变量编程加工该零件中抛物线段，其定义域区间为[0，−32]，则编程变量处理如表 2-18 所示。

**表 2-18 以 $Z$ 为自变量编程加工抛物线段变量处理**

| 步　骤 | 步　骤　内　容 | 变　量　表　示 | 宏　变　量 |
|---|---|---|---|
| 第 1 步 | 选择自变量 | $Z$ | #10 |
| 第 2 步 | 确定自变量的定义域 | [0，−32] | |
| 第 3 步 | 用自变量表示因变量的表达式 | $x=\sqrt{-8z}$ | #11=SQRT[−8*#10] |

设工件坐标原点在抛物线顶点，编制该零件加工宏程序如下。

```
%2110
M03 S1000 T0101 F150         （加工参数设定）
G00 X100 Z100                （快进到起刀点）
X40 Z2                       （快进到循环起点）
G71 U2 R0.5 P1 Q2 X0.6 Z0.1  （循环加工参数设定）
  N1 G00 X0 Z2               （刀具定位）
  G01 Z0                     （直线插补到切削起点）
  #10=0                      （Z坐标赋初值）
  WHILE#10GE-32              （循环条件判断）
    #11=SQRT[-8*#10]         （计算X坐标值）
    G01 X[2*#11] Z[#10]      （直线插补逼近抛物曲线）
    #10=#10-0.2              （Z坐标递减）
  ENDW                       （循环结束）
  N2 G00 X40                 （退刀）
G00 X100 Z100                （返回起刀点）
M30                          （程序结束）
```

 思考练习

1. 在数控车床上加工如图 2-58 所示含抛物线段的轴类零件，抛物线的开口距离为 40mm，

抛物线方程为 $x^2 = -10z$ ，试编制该零件的数控加工程序。

图 2-58　含抛物线段的轴类零件

2.试编制数控车削加工如图 2-59 所示含抛物线段零件的宏程序，抛物线方程为 $z = -x^2/2$。

图 2-59　含抛物线段零件

3．如图 2-60 所示零件外轮廓包含一段抛物曲线，抛物线方程为 $z^2 = -20x$ ，试编制该零件外轮廓的加工宏程序。

提示：由图可得零件中包含主轴与 $X$ 坐标轴平行抛物线段，本题编程思路有两种，一是直接运用主轴与 $X$ 坐标轴平行的抛物线方程编程，二是运用主轴与 $Z$ 坐标轴平行抛物线的方程结合旋转转换矩阵编程。

图 2-60　含抛物曲线零件

## 2.4.7 双曲线类零件车削加工

双曲线方程、图形与中心坐标见表 2-19，方程中的 $a$ 为双曲线实半轴长，$b$ 为虚半轴长。

表 2-19 双曲线方程、图形与中心坐标

| 方程 | $\dfrac{z^2}{a^2}-\dfrac{x^2}{b^2}=1$（标准方程） | $-\dfrac{z^2}{a^2}+\dfrac{x^2}{b^2}=1$ | $\dfrac{(z-h)^2}{a^2}-\dfrac{(x-g)^2}{b^2}=1$ |
|---|---|---|---|
| 图形 | | | |
| 中心 | $G\,(0,\,0)$ | $G\,(0,\,0)$ | $G\,(g,\,h)$ |

【例 2-23】 数控车削加工如图 2-61 所示含双曲线段的轴类零件外圆面，试编制其加工宏程序。

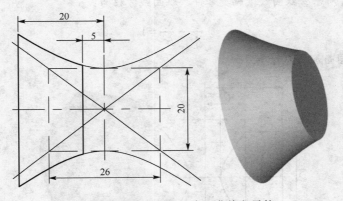

图 2-61 数控车削加工含双曲线段零件

解：双曲线段加工示意图如图 2-62 所示，双曲线段的实半轴长 13mm，虚半轴长 10mm，选择 $Z$ 坐标作为自变量，$X$ 作为 $Z$ 的函数，将双曲线方程

$$-\frac{z^2}{13^2}+\frac{x^2}{10^2}=1$$

改写为

$$x=\pm 10\times\sqrt{1+\frac{z^2}{13^2}}$$

由于加工线段开口朝向 $X$ 轴正半轴，所以该段双曲线的 $X$ 值为

$$x=10\times\sqrt{1+\frac{z^2}{13^2}}$$

图 2-62 双曲线段加工示意图

数控车削加工双曲线段编程变量处理如表 2-20 所示。

**表 2-20 数控车削加工双曲线段编程变量处理**

| 步　骤 | 步　骤　内　容 | 变量表示 | 宏　变　量 |
|---|---|---|---|
| 第 1 步 | 选择自变量 | $z$ | #10 |
| 第 2 步 | 确定自变量的定义域 | $[-5，-20]$ | |
| 第 3 步 | 用自变量表示因变量的表达式 | $x=10\times\sqrt{1+\dfrac{z^2}{13^2}}$ | #11=10*SQRT[1+[#10*#10]/[13*13]] |

编制加工部分宏程序如下。

```
#10=-5                           （Z坐标赋初值）
WHILE#10GE-20                    （循环条件判断）
 #11=10*SQRT[1+#10*#10/[13*13]]  （计算X坐标值）
 G01 X[2*#11] Z[#10]             （直线插补逼近双曲线）
 #10=#10-0.2                     （Z坐标递减）
ENDW                            （循环结束）
```

**思考练习**

1. 如图 2-63 所示含双曲线段轴类零件，双曲线方程为

$$\frac{z^2}{4^2}-\frac{x^2}{5^2}=1$$

试编制其外圆面加工宏程序。

图 2-63　含双曲线段轴类零件

2. 数控车削加工如图 2-64 所示含双曲线段零件，试编制其外圆面加工宏程序。

图 2-64　含双曲线段零件

3. 如图 2-65 所示含双曲线段轴类零件，试编制数控车削加工该零件外轮廓的宏程序。

图 2-65　含双曲线轴类零件

## 2.4.8　正弦曲线类零件车削加工

如图 2-66 所示，正弦曲线的峰值（极值）为 $A$，则该曲线方程为

$$X = A\sin\theta$$

其中，$X$ 为半径值。设曲线上任一点 $P$ 的 $Z$ 坐标值为 $Z_P$，对应的角度为 $\theta_P$，由于曲线一个周期（360º）对应在 $Z$ 坐标轴上的长度为 $L$，则有

$$\frac{Z_P}{L} = \frac{\theta_P}{360}$$

那么 $P$ 点在曲线方程中对应的角度

$$\theta_P = \frac{Z_P \times 360}{L}$$

如图 2-66 所示，正弦曲线上任一点 $P$ 以 $Z$ 坐标为自变量表示其 $X$ 坐标值（半径值）的方程为：

$$\begin{cases} \theta_P = \dfrac{Z_P \times 360}{L} \\ X_P = A\sin\theta_P \end{cases}$$

若以角度 $\theta$ 为自变量，则正弦曲线上任一点 $P$ 的 $X$ 和 $Z$ 坐标值（$X$ 坐标值为半径值）方程为：

$$\begin{cases} X_P = A\sin\theta \\ Z_P = \dfrac{L\theta}{360} \end{cases}$$

【例 2-24】　如图 2-67 所示含正弦曲线段的轴类零件，试编制数控车削加工该零件外圆面的宏程序。

解：如图 2-67 所示，正弦曲线极值为

图 2-66　正弦曲线

3mm，一个周期对应的 $Z$ 轴长度为 30mm，设工件坐标原点在工件右端面与轴线的交点上，则正弦曲线自身坐标原点在工件坐标系中的坐标值为（20，−30）。

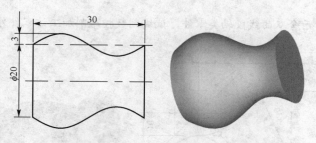

图 2-67　含正弦曲线的轴类零件

**表 2-21　以 $Z$ 为自变量编制数控车削加工正弦曲线段宏程序变量处理**

| 步　骤 | 步　骤　内　容 | 变　量　表　示 | 宏　变　量 |
|---|---|---|---|
| 第 1 步 | 选择自变量 | $Z$ | #10 |
| 第 2 步 | 确定自变量的定义域 | [30，0] | |
| 第 3 步 | 用自变量表示因变量的表达式 | $\begin{cases} \theta = \dfrac{Z \times 360}{L} \\ X = A\sin\theta \end{cases}$ | #11=#10*360/#1 <br> #12=#0*SIN[#11*PI/180] |

　　以 $Z$ 为自变量编制该零件中正弦曲线段数控车削加工程序变量处理见表 2-21，编制精加工部分宏程序如下。

```
#0=3                        （正弦曲线极值赋值）
#1=30                       （正弦曲线一个周期对应的 Z 坐标长度赋值）
#10=30                      （Z 坐标赋初值）
WHILE#10GE0                 （循环条件判断）
    #11=#10*360/#1          （计算 θ 值）
    #12=#0*SIN[#11*PI/180]  （计算 X 坐标值）
    G01 X[2*#12+20] Z[#10-30]  （直线插补逼近正弦曲线）
    #10=#10-0.2             （Z 坐标递减）
ENDW                        （循环结束）
```

**表 2-22　以角度 $\theta$ 为自变量编制数控车削加工正弦曲线段宏程序变量处理**

| 步　骤 | 步　骤　内　容 | 变　量　表　示 | 宏　变　量 |
|---|---|---|---|
| 第 1 步 | 选择自变量 | $\theta$ | #10 |
| 第 2 步 | 确定自变量的定义域 | [360，0] | |
| 第 3 步 | 用自变量表示因变量的表达式 | $\begin{cases} X_P = A\sin\theta \\ Z_P = \dfrac{L\theta}{360} \end{cases}$ | #11=#0*SIN[#10*PI/180] <br> #12=#1*#10/360 |

　　以角度 $\theta$ 为自变量编制加工该零件中正弦曲线段的宏程序变量处理见表 2-22，加工宏程序如下。

```
%2130
#0=3                        （正弦曲线极值赋值）
#1=30                       （正弦曲线一个周期对应的 Z 坐标长度赋值）
T0101 M03 S1000 F150        （加工参数设定）
G00 X100 Z100               （刀具快进到起刀点）
X32 Z2                      （快进到循环起点）
G71 U2 R0.5 P1 Q2 X0.6 Z0.1 （循环加工参数设定）
```

```
N1 G00 X20 Z2                    （刀具定位）
G01 Z0                           （直线插补到切削起点）
#10=360                          （角度 θ 赋初值）
WHILE#10GE0                      （循环条件判断）
  #11=#0*SIN[#10*PI/180]         （计算 X 坐标值）
  #12=#1*#10/360                 （计算 Z 坐标值）
  G01 X[2*#11+20] Z[#12-30]      （直线插补逼近正弦曲线）
  #10=#10-0.2                    （角度 θ 递减）
ENDW                             （循环结束）
N2 G00 X32                       （退刀）
G00 X100 Z100                    （返回起刀点）
M30                              （程序结束）
```

**思考练习**

1. 如图 2-68 所示轴类零件外圆面为一段 1/2 周期的正弦曲线，试编制该零件加工宏程序。

图 2-68　含正弦曲线段轴类零件

2. 编制宏程序完成如图 2-69 所示含余弦曲线零件的数控车削加工。

提示：余弦曲线可看作是正弦曲线在 Z 向适当平移后得到的，即起点位置不同的正弦曲线。该零件曲线部分由两个周期的余弦曲线组成，一个周期对应的 Z 向长度为 20mm，曲线极值为 3mm。

图 2-69　含余弦曲线零件

3. 如图 2-70 所示为一正弦螺纹式轧辊零件，螺纹的牙型轮廓为正弦曲线，曲线方程为 $X = 3.5\sin\theta$，螺距为 12mm（即一个周期的正弦曲线对应 $Z$ 轴上的长度为 12mm），试编制其加工宏程序。

图 2-70  正弦螺纹式轧辊零件

## 2.4.9  其他公式曲线类零件车削加工

**【例 2-25】** 如图 2-71 所示含三次方曲线段轴类零件，试编制数控车削加工该零件外圆面的宏程序。

图 2-71  含三次曲线的零件图

解：如图 2-71 所示，若选定三次曲线的 $X$ 坐标为自变量 #10，起点 $S$ 的 $X$ 坐标值为 $-28.171+12 = -16.171$，终点 $T$ 的 $X$ 坐标值为 $-\sqrt[3]{2/0.005} = -7.368$，即 #10 的初始值为 16.171，终止值为 7.368。数控车削加工含三次曲线零件的程序变量处理如表 2-23 所示。

表 2-23  含三次曲线零件加工程序变量处理

| 步　骤 | 步骤内容 | 变量表示 | 宏变量 |
|---|---|---|---|
| 第 1 步 | 选择自变量 | $X$ | #10 |
| 第 2 步 | 确定自变量的定义域 | $[-16.171，-7.368]$ | |
| 第 3 步 | 用自变量表示因变量的表达式 | $z = -0.005x^3$ | #11=0.005*#10*#10*#10 |

设工件坐标原点在工件右端面与轴线的交点上，则曲线自身坐标原点在工件坐标系中的坐标值为（56.342，−26.144），编制该零件外轮廓数控加工宏程序如下。

```
%2140
T0101 M03 S1200 F150                          （加工参数设定）
G00 X100 Z100                                  （刀具快进到起刀点）
X60 Z2                                          （快进到循环起点）
G71 U2 R0.5 P1 Q2 X0.6 Z0.1                     （循环加工参数设定）
  N1 G00 X24 Z2                                 （刀具定位）
  G01 Z-5                                       （直线插补）
  #10=-16.171                                   （X坐标赋值）
  WHILE#10LE-7.368                              （循环条件判断）
    #11=-0.005*#10*#10*#10                      （计算Z坐标值）
    G01 X[#10*2+56.342] Z[#11-26.144]           （直线插补逼近三次曲线）
    #10=#10+0.2                                 （X坐标递增）
  ENDW                                          （循环结束）
  G01 X41.606 Z-24.144                          （直线插补）
  X46                                           （直线插补）
  G03 X50 Z-26.144 R2                           （圆弧插补）
  G01 Z-30                                       （直线插补）
  G02 X54 Z-32 R2                                （圆弧插补）
  G01 X56                                        （直线插补）
  Z-42                                           （直线插补）
  N2 G00 X60                                     （退刀）
G00 X100 Z100                                   （返回起刀点）
M30                                             （程序结束）
```

1. 如图2-72所示零件外圆面为一正切曲线段，曲线方程为

$$\begin{cases} x = -3t \\ z = 2\tan(57.2957t) \end{cases}$$

试为下面已编制好的精加工部分宏程序的每一个程序段填写注释。

提示：设工件坐标系原点在工件右端面与轴线的交点上，则正切曲线的原点在工件坐标系中的坐标值为（30，−10）。曲线右端起点在正切曲线本身坐标系中的Z坐标值为10，则由

$$z = 2\tan(57.2957t) = 10$$

解得该起点的参数$t = 1.3734$，相应的终点的参数$t = -1.3734$。精加工部分宏程序如下：

```
#1=1.3734      （                    ）
WHILE#1GE-1.3734（                    ）
```

图2-72　含正切曲线段零件

```
    #2=-3*#1                                (          )
    #3=2*TAN[57.2957*#1*PI/180]             (          )
    G01 X[2*#2+30] Z[#3-10]                 (          )
    #1=#1-0.01                              (          )
ENDW                                        (          )
```

下面是将上述程序作了适当修改后的宏程序。

```
#0=ATAN[10/2]/57.2957                       (          )
#1=#0                                        (          )
WHILE#1GE-#0                                 (          )
    #2=-3*#1                                (          )
    #3=2*TAN[57.2957*#1*PI/180]             (          )
    G01 X[2*#2+30] Z[#3-10]                 (          )
    #1=#1-0.01                              (          )
ENDW                                        (          )
```

2. 数控车削加工如图 2-73 所示的玩具喇叭凸模，该零件含一段曲线，曲线方程为

$$x = 36/z + 3$$

曲线方程中 $X$ 值为半径值，曲线方程原点在图中 $O$ 点位置。

图 2-73　含曲线段零件数控车削加工

3. 完成填空：在工件（编程）原点建立的坐标系称为工件（编程）坐标系，在曲线方程原点建立的坐标系称为方程坐标系。由于数控车削加工程序中 $X$ 应为直径值，但对应曲线方程中 $X$ 值是半径值，所以数控车削加工某曲线方程

$$z = f(x)$$

若工件原点与方程原点在同一位置时，则该曲线在工件坐标系下的方程表示为

$$Z = f(X/2) = f(x)$$

若方程原点在工件坐标系下坐标值为（$G$，$H$），则该曲线在工件坐标系下的方程表示为

$$(Z-H) = f(X/2-G) = f(x-G/2)$$

即

$$Z = f(X/2-G) + H = f(x-G/2) + H$$

换言之，若曲线上一点 $P$ 在方程坐标系下坐标值为（10，15），则在工件原点与方程原点在同一点的工件坐标系下该点的坐标值应为（10×2，15），即（__，__），若方程原点在工件坐标系下坐标值为（3，14），则该点在该工件坐标系下的坐标值为（10×2+3，15+14），即（__，__）。

## 2.4.10 圆弧插补逼近公式曲线

除了采用直线插补逼近公式曲线之外，还可以采用圆弧插补逼近公式曲线。之前本章各公式曲线均采用直线插补逼近法编程，本节以椭圆曲线为例来介绍圆弧插补逼近公式曲线。

采用圆弧插补逼近相对于直线插补逼近椭圆曲线得到的表面加工质量更佳。采用圆弧插补逼近椭圆曲线的难点在于计算曲线上任一点的曲率半径 $R$ 值。

设曲线的参数方程为：

$$\begin{cases} x = \varphi(t) \\ y = \psi(t) \end{cases}$$

则曲线上任一点的曲率公式为：

$$K(t) = \frac{\left| \varphi'(t)\psi''(t) - \varphi''(t)\psi'(t) \right|}{\left[ \varphi'^2(t) + \psi'^2(t) \right]^{\frac{3}{2}}}$$

曲率半径 $R$ 与曲率 $K$ 互为倒数，即 $R = \dfrac{1}{K}$。

由椭圆参数方程

$$\begin{cases} x = b\sin t \\ z = a\cos t \end{cases}$$

求得的椭圆曲线上离心角为 $t$ 的点的曲率半径为：

$$R = \frac{\left[ (a\sin t)^2 + (b\cos t)^2 \right] \times \sqrt{(a\sin t)^2 + (b\cos t)^2}}{ab}$$

【例2-26】 如图 2-74 所示，椭圆曲线终点 $P$ 对应的圆心角 $\theta = 144.43°$，试采用圆弧插补逼近法编制该零件椭圆曲线段的加工宏程序。

图 2-74　含椭圆曲线轴类零件

解：椭圆曲线终点 $P$ 对应的圆心角 $\theta=144.43°$，则该点的离心角 $t$ 值为：

$$t = \arctan\left(\frac{a}{b}\tan\theta\right) = \arctan\left(\frac{40}{24}\times\tan 144.43°\right) = \arctan\left(-\frac{40}{20}\times\tan 35.57°\right)$$

$$= 180° - \arctan\left(\frac{40}{24}\times\tan 35.57°\right) \approx 130°$$

采用圆弧插补逼近椭圆曲线编制加工该零件的宏程序如下。

```
%2150
M03 S1000 T0101 F120                    （加工参数设定）
G00 X60 Z2                              （刀具快进到循环起点）
G71 U1.5 R0.5 P1 Q2 X0.6 Z0.1          （循环参数设定）
  N1 G00 X0 Z2                         （快进到切削起点）
  G01 Z0                               （直线插补）
  #10=10                               （离心角 t 赋初值）
  WHILE#10LE130                        （当#10小于或等于130°时执行循环）
    #1=24*SIN[#10*PI/180]              （计算下一点的 X 坐标值）
    #2=40*COS[#10*PI/180]              （计算下一点的 Z 坐标值）
    #3=24*COS[[#10-5]*PI/180]          （计算中间点的 bcost 的值）
    #4=40*SIN[[#10-5]*PI/180]          （计算中间点的 asint 的值）
    #5=[#3*#3+#4*#4]*SQRT[#3*#3+#4*#4]/960  （计算中间点的曲率半径 R 值）
    #10=#10+10                         （离心角 t 递增10°）
    G03 X[#1*2] Z[#2-40] R[#5]         （圆弧插补逼近椭圆曲线）
  ENDW                                 （循环结束）
  G01 Z-90                             （直线插补）
  N2 X52                               （直线插补加工台阶面）
G00 X100 Z50                           （返回起刀点）
M30                                    （程序结束）
```

**思考练习**

数控车削加工如图 2-75 所示轴类零件，零件表面含一段 $z=-0.1x^2$ 的抛物曲线，试编制采用圆弧插补逼近法加工该曲线的宏程序。

图 2-75　含抛物曲线的轴类零件

## 2.4.11　数值计算与加工循环分离编程加工公式曲线

宏指令是一种更接近高级语言的指令形式，具有顺序、分支选择、循环的流程结构，另外还有进行多种数学运算的能力。因此如何合理安排程序结构，使程序更易读、易维护，运行效率、加工效果更好，加工方式更合理是宏程序编写时必须解决的问题。如下程序段：

```
WHILE #1LE3            （加工条件判断）
#2=…                  （坐标值计算）
#3=…                  （坐标值计算）
G01 X[#2] Y[#3]        （插补加工）
#1=#1+1               （计数器递增）
ENDW                  （加工循环结束）
```

在上面的程序中，我们可以看到在循环内共有三个数值计算语句。数值计算会占用大量的机器时间，特别是当计算为浮点、三角函数、求根等运算时，占用机器时间更多。此时机床处于进给暂停状态。具有加工经验的人应该知道这种状态下在刀具停顿处会产生"过切"现象，从而造成工件表面出现刀痕，影响表面质量，在大余量、大进给切削条件下甚至会影响到尺寸精度。此时我们就要想办法尽量缩短机床的暂停时间。除了简化计算公式、优化加工路径等方法外，一个比较有效的方法就是设法将数值计算与加工循环分离。比如我们可将前面的程序改为下面的形式：

```
（数值计算循环）
#1=1                      （变量计数器赋初值）
WHILE #1LE3*2              （数值计算循环条件判断）
  #[#1+1]=…                （坐标值计算）
  #[#1+2]=…                （坐标值计算）
  #1=#1+2                  （变量计数器递增）
ENDW                      （数值计算循环结束）
（加工循环）
#1=1                      （变量计数器赋初值）
WHILE #1LE3               （加工条件判断）
  G01 X[#[#1+1]] Y[#[#1+2]]  （插补加工）
  #1=#1+2                  （变量计数器递增）
ENDW                      （加工循环结束）
```

从上面的例子可以看出，我们将原循环中的数值计算部分单独拿出作为一个循环。在机床实际执行加工 G 代码之前，先将占用大量机器时间的计算工作完成。这样一来，在实际的加工循环中，原来复杂的数值计算就被简单的变量下标计算替代。这类计算都为简单的整数运算，大大缩短运算时间，从而使切削的连续性大大提高。

尽管从程序表面上看，这样做似乎增加了程序的长度，增大了程序输入量。但实际上这种程序结构由于将复杂的计算与标准 G 代码分离，使程序的可读性大大提高。

程序员在编制程序时可将精力更集中，解决单独的运算问题或加工指令，避免了两种性质完全不同的编程工作混杂在一起造成思路上的混乱，且程序的可维护性也大大提高，修改程序可单独地修改计算或加工段，避免在一堆混杂的代码之间跳来跳去，减少了出错的可能性。如果程序的计算量非常大，程序非常长，使用这种结构，你会发现将大大节省修改、调试的时间。程序长度的少许增加换来后继工作时间的大大缩短还是相当合算的。

当然这种结构的缺点也很明显，就是占用了更多的变量。一般数控系统由于硬件的限制，变量寄存器的数量都非常有限。以需要大量变量的加工为例，上面的结构显然会产生变量可用数目不足的问题。这种情况下，我们可将加工问题进行合理分解，利用循环嵌套多段数值计算和加工循环的方法来重复利用变量寄存器。程序结构如下（用伪代码表示）：

[WHILE，加工结束条件]
　（阶段数值计算循环）
　　[WHILE，变量计数器<最大可用变量标号]
　　[#[变量标号计算]=数值计算]
　　…（更多数值计算）
　　[变量计数器=变量计数器+赋值变量的个数]
　　[ENDW]
　　　（阶段加工循环）
　　　[WHILE，阶段加工循环条件]
　　　[加工循环]
　　　[ENDW]
　　　[加工结束条件进行增量计算]
[ENDW]

可以看到，简单地在循环后面加是否结束加工的判断就可以反复地利用同一个区段的变量与加工循环配合最终完成加工任务。利用这种结构就可重复利用变量寄存器，大大扩展可编程的空间。这种方法的难点并不在于编程，而在于操作者如何对加工轨迹进行合理的分解，从而使分段重复计算可行。

【例 2-27】 试采用数值计算与加工循环分离编程加工公式曲线的方法来编程实现数控车削加工如图 2-74 所示含椭圆曲线轴类零件。

解：由于宏程序因计算延迟导致加工过程边算边加工出现停顿现象、影响加工质量的问题始终无法得到有效解决，下面程序采用了将数值计算提前，并"转储"，待算完后再加工的加工编程思路。

```
%2160
#10=10                            （离心角 t 赋初值）
#17=0                             （存储地址计数器赋初值 0）
WHILE#10LE130                     （当#10 小于或等于 130°时执行循环）
  #1=24*SIN[#10*PI/180]           （计算下一点的 X 坐标值）
  #2=40*COS[#10*PI/180]           （计算下一点的 Z 坐标值）
  #3=24*COS[[#10-5]*PI/180]       （计算中间点的 bcost 的值）
  #4=40*SIN[[#10-5]*PI/180]       （计算中间点的 asint 的值）
  #[103+#17*3]=[#3*#3+#4*#4]*SQRT[#3*#3+#4*#4]/960
                                  （计算中间点的曲率半径值并存储）
  #[#17*3+101]=2*#1               （存储 X 坐标值）
  #[#17*3+102]=#2-40              （存储 Z 坐标值）
  #10=#10+10                      （离心角 t 递增 10°）
  #17=#17+1                       （存储地址计数器递增）
ENDW                              （循环结束）
M03 S700 T0101 F120               （加工参数设定）
```

```
G00 X60 Z2                               (快进到循环起点)
G71 U1.5 R0.5 P1 Q2 X0.6 Z0.1            (循环参数设定)
  N1 G00 X0 Z2                           (快进到切削起点)
  G01 Z0                                 (直线插补)
  #19=0                                  (读取地址计数器置0)
  WHILE#19LE[#17-1]              (当#19小于或等于#17减1时执行循环)
    G03 X[#[101+#19*3]] Z[#[102+#19*3]] R[#[103+#19*3]]
                                         (圆弧插补逼近椭圆曲线)
    #19=#19+1                            (读取地址计数器递增)
  ENDW                                   (循环结束)
  G01 Z-90                               (直线插补)
  N2 G01 X52                             (直线插补)
G00 X100 Z50                             (返回起刀点)
M30                                      (程序结束)
```

**思考练习**

试采用数值计算与加工循环分离的方法编程实现数控车削加工如图 2-75 所示抛物曲线。

# 第 **3** 章  数控铣削加工宏程序编程

## 3.1  概述

**（1）数控铣削加工刀具**

常用数控铣削加工刀具主要有立铣刀、球头铣刀、牛鼻刀（R 刀）、端铣刀和键槽铣刀等几种。通常情况下，选择立铣刀或球头刀已能完成绝大部分加工需求，立铣刀主要用于平面零件内外轮廓、凸台、凹槽和小平面的加工，曲面、型腔、型芯的加工主要选择球头刀。

**（2）刀具半径补偿**

数控系统提供了刀具半径补偿功能，采用刀具半径补偿指令后，编程时只需按零件轮廓编制，数控系统能自动计算刀具中心轨迹，并使刀具按此轨迹运动，使编程简化。采用半径补偿指令编制的加工程序在加工时候应在系统中设定刀具直径值（即在程序中无需体现刀具直径值）。

为了能在程序中清楚体现刀具直径，多数情况下编制宏程序时可不采用刀具半径补偿指令编程。若不采用刀具半径补偿，则需要按刀具的中心轨迹编程，此时宏程序编制时应注意刀具半径的变化对程序的影响。

**（3）铣削加工刀具轨迹形式**

铣削加工刀具轨迹形式很多，按切削加工特点来分，可分为等高铣削、曲面铣削、曲线铣削和插式铣削等几类。

等高铣削通常称为层铣，它按等高线一层一层地加工来移除加工区域内的加工材料。等高铣削在零件加工中主要用于需要刀具受力均匀的加工条件以及直壁或者斜度不大的侧壁的加工。应用等高铣削通常可以完成数控加工中约 80%的工作量，而且采用等高铣削刀轨编程加工简单易懂，加工质量较高，因此等高铣削广泛用于非曲面零件轮廓的粗、精加工和曲面零件轮廓的粗加工。

曲面铣削简称面铣，指各种按曲面进行铣削的刀轨形式，主要用于曲面精加工。曲线铣削简称线铣，可用于三维曲线的铣削，也可以将曲线投影到曲面上进行沿投影线的加工，通常应用于生成型腔的沿口和刻字等。插式铣削也称为钻铣，是一种加工效率最高的粗加工方法。

**（4）走刀方式**

针对相同的刀具轨迹形式可以选择不同的走刀方式，通常走刀方式有平行切削和环绕切削等。选择合理的走刀方式，可以在付出同样加工时间的情况下，获得更好的表面加工质量。

平行切削也称为行切法加工，是指刀具以平行走刀的方式切削工件，有单向和往复两种方式。平行切削在粗加工时有很高的效率，一般其切削的步距可以达到刀具直径的70%~90%，在精加工时可获得刀痕一致、整齐美观的加工表面，具有广泛的适应性。

环绕切削也称为环切法加工，是指以绕着轮廓的方式切削，并逐渐加大或减小轮廓，直到加工完毕。环绕切削可以减少提刀，提高铣削效率。

行切法加工在手工编程时多用于规则矩形平面、台阶面和矩形下陷加工。环切法加工主要用于轮廓的半精、精加工及粗加工，用于粗加工时其效率比行切法加工低，但可方便编程实现。

**（5）特征元**

构成复杂零件的基本组成单元称为特征元，是一系列可供宏程序编程实现数控加工的典型和基础的零件几何特征，常见复杂件可看作由若干特征元组合变换而成。特征元在数控宏程序编程与加工中的作用和地位类似于机械产品中的标准件和通用件。数控加工宏程序编程的任务可看作一系列数控加工特征元与特征变换的编程实现，并形成一个特征元库和多种特征变换模型，方便实际编程加工的调用。

例如图 3-1 所示为数控铣削加工常见的四种型腔特征元，图 3-2 为常见特征变换方式示意图。

（a）圆形型腔　　　（b）矩形型腔　　　（c）腰形型腔　　　（d）椭圆形型腔

图 3-1　常见型腔特征元

 **思考练习**

1. 数控铣削加工常用的刀具有哪些？
2. 常用的铣削加工刀具轨迹形式有哪些？
3. 行切法加工和环切法加工各有什么优缺点？

图 3-2　常见特征变换方式示意图

# 3.2　系列零件数控铣削加工

## 3.2.1　不同尺寸规格系列零件铣削加工

加工生产中经常遇到形状相同、但尺寸数值不尽相同的系列零件加工的情况，加工程序基本相似、又有区别，通常需要重新编程或通过修改原程序中的相应数值来满足加工要求，效率不高且容易出现错误。针对这种系列零件的加工，我们可以事先编制出加工宏程序，加工时根据具体情况给变化的数值赋值即可，无需修改程序或重新编程。

【例3-1】 如图3-3所示，数控铣削加工矩形外轮廓，矩形长55mm，宽30mm，试编制可适用不同尺寸矩形外轮廓的加工宏程序。

图3-3 矩形外轮廓铣削加工

解：设矩形长 $L$，宽 $B$，设工件坐标原点在左前角点，选用刀具直径为 $\phi12$mm 的立铣刀铣削加工矩形外轮廓，编制加工宏程序如下。

```
%3001
#0=55                        （矩形长 L 赋值）
#1=30                        （矩形宽 B 赋值）
G54 G00 X100 Y100            （工件坐标系设定）
M03 S1000 F250              （加工参数设定）
G00 G41 X[#0] Y[#1+10] D01  （进刀到切削起点）
G01 Y0                       （直线插补）
X0                           （直线插补）
Y[#1]                        （直线插补）
X[#0+5]                      （直线插补）
G00 G40 X100 Y100           （返回起刀点）
M30                          （程序结束）
```

【例3-2】 如图3-4所示新月形零件，试编制铣削加工该零件外轮廓的加工宏程序。

图3-4 新月形零件

解：新月形零件几何参数模型如图 3-5 所示，设 $R$ 为外半径，$r$ 为内半径，$l$ 为圆心距（$O_1O_2$，$0<l<R+r$ 且 $l>R-r$），$\alpha$ 为新月形张开角度。如图所示，半径为 $R$ 的外圆弧与半径为 $r$ 的内圆弧的交点 $A$ 和 $B$ 的计算是程序设计的难点，由于 $A$ 和 $B$ 点关于 $O_1O_2$ 对称，因此仅需要计算 $A$ 的坐标值即可，设坐标原点在 $O_1$，则有：

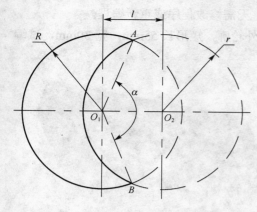

$$\begin{cases} X_A = R\cos\dfrac{\alpha}{2} \\ Y_A = R\sin\dfrac{\alpha}{2} \end{cases}$$

由余弦定理可得：$\cos\dfrac{\alpha}{2} = \dfrac{R^2 + l^2 - r^2}{2Rl}$，则

$$\sin\frac{\alpha}{2} = \sqrt{1 - \left(\cos\frac{\alpha}{2}\right)^2}\ .$$

图 3-5　新月形零件几何参数模型

编制加工宏程序如下。

```
%3002
#0=20                                    （外半径 R 赋值）
#1=20                                    （内半径 r 赋值）
#2=15                                    （圆心距 l 赋值）
#10=[#0*#0+#2*#2-#1*#1]/[2*#0*#2]        （计算 cos α/2 的值）
#11=SQRT[1-#10*#10]                       （计算 sin α/2 的值）
#12=#0*#10                               （计算 XA 的值）
#13=#0*#11                               （计算 YA 的值）
G54 G00 X0 Y0 Z50                        （工件坐标系设定）
M03 S800 F300                           （主轴旋转，进给速度设定）
G00 G41 X[#2+#1] D01                     （建立刀具半径补偿）
Z-5                                      （下刀到加工平面）
G03 X[#12] Y[-#13] R[-#1]                （加工半径为 r 的圆弧段，注意圆弧切入）
G02 Y[#13] R[-#0]                        （加工半径为 R 的圆弧段）
G00 Z50                                  （抬刀）
G00 G40 X0 Y0                            （返回，取消刀具半径补偿）
M30                                      （程序结束）
```

 思考练习

1. 在新月形零件中，是否外半径为 $R$ 的圆弧始终为优弧（圆心角大于 $180°$ 的圆弧），内半径为 $r$ 的圆弧始终为劣弧（圆心角小于 $180°$ 的圆弧）？

2. 在新月形零件中，圆心距 $l$ 的取值范围为：$0<l<R+r$，能否在程序中加入判断 $l$ 是否取值得当的语句？若能，试编程。

3. 如图 3-6 所示正六边形，其外接圆半径为 $R20$mm，数控铣削加工该零件外轮廓，试编制其加工宏程序。

图 3-6 正六边形

提示：正多边形几何参数模型如图 3-7 所示，圆曲线本质上就是边数等于 $n$ 的正多边形，所以圆的曲线方程实际上就是正多边形节点 $P$ 的坐标方程：

$$\begin{cases} x = R\cos t \\ y = R\sin t \end{cases}$$

其中，$R$ 为正多边形外接圆半径，$t$ 为动径 $OP$ 与 $X$ 坐标轴正方向的夹角。

4. 如图 3-8 所示为某菱形系列零件中的一件，两端小圆弧半径为 $R10$mm，中心距 60mm，中间连接大圆弧半径为 $R20$mm，试编制其外轮廓铣削加工宏程序。

图 3-7 正多边形几何参数模型

图 3-8 菱形零件

提示：设该菱形系列零件的几何参数模型如图 3-9 所示，设两端小圆弧半径为 $r$，中心距为 $L$，中间连接大圆弧半径为 $R$。

5. 数控铣削加工如图 3-10 所示离合器零件齿形侧面，试编制其加工宏程序。

6. 数控铣削加工如图 3-11 所示离合器系列零件齿侧面，共 4 个齿，齿形外圆周直径为 $\phi 60$mm，内圆周直径为 $\phi 40$mm，齿侧面夹角为 30°，齿高 5mm，试编制适用该系列零件齿侧面的加工宏程序。

图 3-9 菱形件几何参数模型

图 3-10　离合器零件齿形的加工

图 3-11　离合器零件

### 3.2.2　相同轮廓的重复铣削加工

在实际加工中，还有一类属于刀具轨迹相同、但是位置参数不同的系列零件，即相同轮廓的重复加工。相同轮廓的重复加工主要有同一零件上相同轮廓在不同位置多次出现或在不同坯料上加工多个相同轮廓零件两种情况。如图 3-12 所示为同一零件上相同轮廓在深度［图 3-12（a）］、矩形阵列［图 3-12（b）］和环形阵列［图 3-12（c）］三种不同位置的重复铣削加工示意图。

（a）深度重复铣削加工　　　（b）矩形阵列重复铣削加工　　　（c）环形阵列重复铣削加工

图 3-12　相同轮廓在不同位置的重复铣削加工示意图

实现相同轮廓重复铣削加工的方法主要有三种：

① 用增量方式定制轮廓加工子程序，在主程序中用绝对方式对轮廓进行定位，再调用子程序完成加工；

② 用绝对方式定制轮廓加工子程序，并解决坐标系平移的问题来完成加工；

③ 用宏程序来完成加工。

【例 3-3】 如图 3-13 所示等分圆弧槽零件，大圆半径为 $R40$，在大圆周边均布 8 个圆弧槽（圆缺），圆弧槽半径为 $R5$，零件已完成粗加工，试设计精铣外形轮廓数控铣削加工宏程序。

图 3-13　等分圆弧槽零件

解：等分圆弧槽零件模型如图 3-14 所示，大圆半径为 $R$，圆缺半径为 $r$，圆缺数量 $n$，圆缺起点 $A$ 与 $X$ 正半轴的夹角为 $\alpha$，中点 $C$ 的夹角为 $\theta$，$A$、$C$ 点的夹角为 $\beta$。下面分别采用坐标值逐点计算和坐标旋转方式两种方法编程。

方法一：坐标值逐点计算方式编程。

该零件的主要加工表面为外形轮廓的 $R40$ 的 8 段凸圆弧和 $R5$ 的 8 段凹圆弧，圆弧与圆弧交点及凹圆弧中心点的计算是程序设计的难点。由图 3-14 知：

图 3-14　等分圆弧槽零件模型

$$\theta = 360°/n$$
$$\alpha = \theta - \beta$$
$$\sin(\beta/2) = (AC/2)/AO = (r/2)/R$$
$$\beta = 2\arcsin[(r/2)/R]$$

对应第二个圆缺角度 $\alpha_2 = 2\theta - \beta$，第三个圆缺角度 $\alpha_3 = 3\theta - \beta$，第 $i$ 个圆缺角度 $\alpha_i = i\theta - \beta$。

以一段凸圆弧与其后的一段凹圆弧作为每次切削循环的加工区段，则第 $i$ 个圆缺的凸圆弧终点坐标：

$$\begin{cases} x_i = R\cos\alpha_i = R\cos(i\theta - \beta) \\ y_i = R\sin\alpha_i = R\sin(i\theta - \beta) \end{cases}$$

凹圆弧终点坐标：

$$\begin{cases} x_i = R\cos(i\theta + \beta) \\ y_i = R\sin(i\theta + \beta) \end{cases}$$

考虑凹圆弧的加工精度，同时保证刀具的刚度，选用$\phi 8mm$圆柱铣刀，采用逆铣方式完成轮廓加工，加工程序如下。

```
%3010
#10=40                                （大圆半径 R 赋值）
#11=5                                 （圆缺半径 r 赋值）
#2=8                                  （圆缺数量 n 赋值）
#3=5                                  （铣削深度赋值）
G54 G00 X0 Y0 Z50                     （工件坐标系设定）
M03 S800 F300                        （主轴转，进给速度设定）
G00 G41 X[#10] Y0 D01                （进刀至起刀点，建立刀具半径补偿）
Z[-#3]                               （下刀到加工平面）
#0=1                                 （计数器赋初值1）
#12=360/#2                           （计算 θ 值）
#14=2*ATAN[[#11/2]/SQRT[#10*#10-[#11/2]*[#11/2]]]
                                     （计算 β 值）
WHILE #0LE#2                         （循环条件判断）
  #15=#0*#12                         （计算 iθ 的值）
  #16=#10*COS[[#15-#14]*PI/180]      （计算凸圆弧终点 x 坐标值）
  #17=#10*SIN[[#15-#14]*PI/180]      （计算凸圆弧终点 y 坐标值）
  #18=#10*COS[[#15+#14]*PI/180]      （计算凹圆弧终点 x 坐标值）
  #19=#10*SIN[[#15+#14]*PI/180]      （计算凹圆弧终点 y 坐标值）
  G03 X[#16] Y[#17] R[#10]           （逆时针加工凸圆弧）
  G02 X[#18] Y[#19] R[#11]           （顺时针加工凹圆弧）
  #0=#0+1                            （计数器递增）
ENDW                                 （循环结束）
G00 Z50
G40 X0 Y0
M30
```

方法二：采用坐标旋转指令编程。

为简化编程，可先将半径为 $R$ 的外圆弧加工完毕后再加工 $n$ 个半径为 $r$ 的圆缺，半径为 $R$ 的外圆弧的加工程序略。

```
%3011
#0=40                                （大圆半径 R 赋值）
#1=5                                 （圆缺半径 r 赋值）
#2=40                                （圆心距 l 赋值）
#3=8                                 （圆缺数量 n 赋值）
IF [#2LE0]OR[#2GE[#0+#1]]            （条件判断）
M30                                  （程序结束）
ENDIF                                （条件不成立时执行本程序段之后的程序）
#10=[#0*#0+#2*#2-#1*#1]/[2*#0*#2]    （计算 cos α/2 的值）
```

```
#11=SQRT[1-#10*#10]                    （计算 sin α/2 的值）

#12=#0*#10                             （计算 X_A 的值）

#13=#0*#11                             （计算 Y_A 的值）

G54 G00 X0 Y0 Z50                      （工件坐标系设定）

M03 S800 F300                          （主轴旋转，进给速度设定）

Z2                                     （下刀到安全平面）

#20=1                                  （计数器赋初值）

#21=0                                  （旋转角度赋初值）

#22=360/#3                             （计算 θ 值）

WHILE #20LE#3                          （加工圆缺个数条件判断）

  G17 G68 X0 Y0 P[#21]                 （坐标旋转）

  G00 G41 X[#2+#1] D01                 （刀具定位，建立刀具半径补偿）

  Z-5                                  （下刀到加工平面）

  G02 X[#12] Y[#13] R[-#1]            （加工半径为 r 的圆缺，注意圆弧切入）

  G00 Z2                               （抬刀到安全平面）

  G00 G40 X0 Y0                        （返回，取消刀具半径补偿）

  G69                                  （取消坐标旋转）

  #21=#21+#22                          （旋转角度递增）

  #20=#20+1                            （计数器累加）

ENDW                                   （循环结束）

G00 Z50                                （抬刀）

X0 Y0                                  （返回）

M30                                    （程序结束）
```

## 思考练习

1. 采用坐标旋转指令编制加工程序的方法二中，加工每一个圆缺时的刀具定位及建立和取消刀具半径补偿是在加工平面进行的还是在安全平面进行的？为什么？

2. 如图 3-15 所示六等分圆弧槽零件，试编制其数控铣削加工该零件外轮廓的宏程序。

图 3-15　六等分圆弧槽零件

3. 某等分圆弧槽零件如图 3-16 所示，其中包含 8 个圆缺，试编制适宜加工该类零件的宏程序完成该零件外轮廓的数控铣削加工。

图 3-16　含圆缺零件

4. 数控铣削加工如图 3-17 所示对称零件外轮廓，试编制该零件加工宏程序。

图 3-17　外轮廓铣削加工

5. 如图 3-18 所示，数控铣削加工该零件内轮廓，该轮廓由 12 段 $R7mm$ 的圆弧绕半径为 $R22mm$ 的圆周均布，深度为 5mm，试编制其加工宏程序。

图 3-18　内轮廓铣削加工

6. 如图 3-19 所示，数控铣削加工该花形型孔，该型孔由 4 个半径为 *R*18mm 的圆弧段组成，各圆弧圆心在直径为 $\phi$30mm 的圆周上均匀分布，试编制适用该类型内孔的系列零件的铣削加工宏程序。

图 3-19  花形型孔

7. 如图 3-20 所示，在 60mm×20mm 的矩形坯料上刻标尺，分别有长 10mm 和 6mm 的两种刻线槽，间隔距离均为 3mm，各刻线槽宽 0.5mm，深 0.5mm，试编制其加工宏程序。

图 3-20  标尺铣削加工

# 3.3  零件平面数控铣削加工

## 3.3.1  矩形平面铣削加工

矩形平面铣削加工策略如图 3-21 所示，大体分为单向平行铣削［图 3-21（a）］、双向平行铣削［图 3-21（b）］和环绕铣削［图 3-21（c）］三种，从编程难易程度及加工效率等方面综合考虑，以双向平行铣削加工为佳。

（a）单向平行铣削          （b）双向平行铣削          （c）环绕铣削

图 3-21  矩形平面铣削加工策略

【例 3-4】 如图 3-22 所示，长方体零件上表面为一长 80mm、宽 50mm 的矩形平面，数控铣削加工该平面，铣削深度为 2mm，试编制其加工宏程序。

图 3-22 矩形平面铣削加工

解: 如图 3-23 所示为矩形平面几何参数模型，设该矩形平面长 L，宽 B，铣削深度 H，采用直径为 D 的立铣刀铣削加工。设工件坐标原点在工件上表面的左前角，采用双向平行铣削加工，编制加工宏程序如下。

图 3-23 矩形平面几何参数模型

```
%3020
#1=80                              （矩形平面长 L 赋值）
#2=50                              （矩形平面宽 B 赋值）
#3=2                               （铣削深度 H 赋值）
#4=12                              （立铣刀刀具直径 D 赋值）
#5=0.7*#4                          （计算行距值，行距取 0.7 倍刀具直径）
#10=0                              （加工 y 坐标值赋值）
G54 G00 X100 Y100 Z50              （工件坐标系设定）
M03 S1000 F300                     （加工参数设定）
X-10 Y0                            （刀具定位）
Z[-#3]                             （刀具下降到加工平面）
G01 X0                             （直线插补到切削起点）
WHILE #10LE[#2-0.5*#4+#5]          （加工条件判断）
    G90 G01 Y[#10]                 （Y 向移动一个行距）
    G91 X[#1]                      （行切加工）
    #10=#10+#5                     （加工 y 坐标值递增一个行距）
    #1=-1*#1                       （反向）
ENDW                               （循环结束）
G90 G00 Z50                        （抬刀）
X100 Y100                          （返回起刀点）
M30                                （程序结束）
```

 思考练习

1. 如图 3-24 所示，在长方体毛坯上铣削一个长 70mm、宽 30mm、深 5mm 的台阶，试编制其加工宏程序。

图 3-24　台阶面铣削加工

2. 如图 3-25 所示，在长方形毛坯上铣削加工出三步台阶（零件上表面亦需加工），试编制其加工宏程序。

图 3-25　台阶零件

### 3.3.2　圆形平面铣削加工

数控铣削加工圆形平面的策略（方法）主要有如图 3-26（a）所示双向平行铣削和如图 3-26（b）所示环绕铣削两种。比较而言，环绕铣削加工方法比平行铣削加工方法更容易编程实现。

（a）双向平行铣削　　　　　（b）环绕铣削

图 3-26　圆形平面铣削策略

【例3-5】 如图3-27所示，圆形平面圆周直径为$\phi 60mm$，数控铣削加工该平面，试编制其加工宏程序。

图3-27　圆形平面铣削加工

解：设圆形平面圆周直径为$D$，铣削深度为$H$，设工件坐标原点在工件上表面圆心，选用刀具直径$d$为$\phi 12mm$的立铣刀铣削加工该平面，编制加工宏程序如下。

```
%3030
#1=60                          （圆形平面圆周直径D赋值）
#2=0                           （铣削深度H赋值）
#3=12                          （刀具直径d赋值）
#4=0.7*#3                       （计算行距值，行距取0.7倍刀具直径）
#10=0.5*#1                      （加工圆周半径赋初值）
G54 G00 X100 Y100 Z50          （工件坐标系设定）
M03 S1000 F300                 （加工参数设定）
X[#10+10] Y0                   （刀具定位）
Z[-#2]                         （刀具下降到加工平面）
  WHILE #10GE[0.5*#3-#4]       （加工条件判断）
  G01 X[#10]                   （定位到切削起点）
  G02 I[-#10]                  （圆弧插补）
  #10=#10-#4                   （加工圆周半径递减）
  ENDW                         （循环结束）
G00 Z50                        （抬刀）
X100 Y100                      （返回起刀点）
M30                            （程序结束）
```

◆◆◆◆◆◆◆◆◆◆ 思考练习 ◆◆◆◆◆◆◆◆◆◆

1. 如图 3-28 所示，在圆柱体零件毛坯上铣削加工一个圆环形台阶，圆环外圆周直径为$\phi 70mm$，内圆周直径为$\phi 20mm$，高度 5mm，试编制其铣削加工宏程序。

2. 数控铣削加工如图 3-29 所示圆环形平面，外圆周直径为$\phi 70mm$，内圆周直径为$\phi 20mm$，试编制其铣削加工宏程序。

图 3-28　圆环形台阶

图 3-29　圆环形平面

# 3.4　含公式曲线类零件数控铣削加工

## 3.4.1　工件原点在椭圆中心的正椭圆类零件铣削加工

【例 3-6】　如图 3-30 所示椭圆，椭圆长轴长 60mm，短轴长 32mm，试编制数控铣削加工该椭圆外轮廓的宏程序。

解：① 采用标准方程加工椭圆。

椭圆标准方程为

$$\frac{x^2}{a^2} + \frac{y^2}{b^2} = 1$$

图 3-30　椭圆外轮廓加工

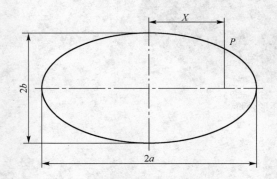

图 3-31　椭圆标准方程参数模型

如图 3-31 所示，图中 $a$ 为椭圆长半轴长，$b$ 为椭圆短半轴长。采用标准方程编程时，以 $x$ 或 $y$ 为自变量进行分段逐步插补加工椭圆曲线均可。若以 $x$ 坐标为自变量，则 $y$ 坐标为因变量，那么可将标准方程转换成用 $x$ 表示 $y$ 的方程为：

$$y = \pm b\sqrt{1 - \frac{x^2}{a^2}}$$

当加工椭圆曲线上任一点 $P$ 在以椭圆中心建立的自身坐标系中第 I 象限或第 II 象限时

$$y = b\sqrt{1 - \frac{x^2}{a^2}}$$

而在第 III 象限或第 IV 象限时

$$y = -b\sqrt{1 - \frac{x^2}{a^2}}$$

因此在数控铣床上采用标准方程加工椭圆时，一个循环内只能加工椭圆曲线的局部，最多一半，第 I 象限和第 II 象限或第 III 象限和第 IV 象限内可以在一次循环中加工完毕的，若是要加工完整椭圆，必须至少分两次循环编程。

标准方程编制椭圆曲线加工程序变量处理如表 3-1 所示。

表 3-1　标准方程编制椭圆曲线加工程序变量处理

| 步　骤 | 步骤内容 | 变量表示 | 宏变量 |
| --- | --- | --- | --- |
| 第 1 步 | 选择自变量 | $X$ | #10 |
| 第 2 步 | 确定自变量的定义域 | $[30，-30]$ | — |
| 第 3 步 | 用自变量表示因变量的表达式 | $y = \pm 16 \times \sqrt{1 - \frac{x^2}{30^2}}$ | #11=±16*SQRT[1−[#10*#10]/[30*30]] |

设工件坐标系原点在椭圆中心，选用直径为 $\phi 10$mm 的立铣刀铣削加工该零件外轮廓，编制加工程序如下。

```
%3040
#0=30                    （椭圆长半轴 a 赋值）
#1=16                    （椭圆短半轴 b 赋值）
#2=10                    （刀具直径 D 赋值）
```

```
#10=#0                                    （加工 x 坐标值赋初值）
G54 G00 X100 Y100                         （工件坐标系设定）
M03 S800 F250                             （加工参数设定）
G00 G41 X[#0] Y[#2] D01                   （建立刀具半径补偿）
G01 Y0                                    （插补至切削起点）
    WHILE #10GT[-#0]                      （Ⅲ、Ⅳ象限椭圆曲线加工循环条件判断）
    #11=-#1*SQRT[1-#10**10/[#0*#0]]       （计算 y 坐标值）
    G01 X[#10] Y[#11]                     （直线插补逼近椭圆曲线）
    #10=#10-0.2                           （x 坐标值递减）
    ENDW                                  （循环结束）
      WHILE #10LT#0                       （Ⅰ、Ⅱ象限椭圆曲线加工循环条件判断）
      #11=#1*SQRT[1-#10**10/[#0*#0]]      （计算 y 坐标值）
      G01 X[#10] Y[#11]                   （直线插补逼近椭圆曲线）
      #10=#10+0.2                         （x 坐标值递增）
      ENDW                                （循环结束）
G00 G40 X100 Y100                         （返回起刀点）
M30                                       （程序结束）
```

② 采用参数方程加工椭圆。

椭圆参数方程为

$$\begin{cases} x = a\cos t \\ y = b\sin t \end{cases}$$

如图 3-32 所示，方程中 $a$、$b$ 分别为椭圆长、短半轴长，$t$ 为离心角，是与 $P$ 点对应的同心圆（半径为 $a$、$b$）的半径与 $X$ 坐标轴正方向的夹角。

在数控铣床上通过参数方程编制宏程序加工椭圆可以加工任意角度，即使是完整椭圆也不需要分两次循环编程，直接通过参数方程编制宏程序加工即可。

参数方程编制椭圆曲线加工程序变量处理如表 3-2 所示。

图 3-32　椭圆参数方程参数模型

表 3-2　参数方程编制椭圆曲线加工程序变量处理

| 步　骤 | 步　骤　内　容 | 变　量　表　示 | 宏　变　量 |
|---|---|---|---|
| 第 1 步 | 选择自变量 | $t$ | #10 |
| 第 2 步 | 确定自变量的定义域 | $[0°，360°]$ | — |
| 第 3 步 | 用自变量表示因变量的表达式 | $\begin{cases} x = 30\cos t \\ y = 16\sin t \end{cases}$ | $\begin{cases} \#11 = 30*\sin[\#10*PI/180] \\ \#12 = 16*\cos[\#10*PI/180] \end{cases}$ |

设工件坐标系原点在椭圆中心，选用直径为 φ10mm 的立铣刀铣削加工该零件外轮廓，编制加工程序如下。

```
%3041
#0=30                                     （椭圆长半轴 a 赋值）
#1=16                                     （椭圆短半轴 b 赋值）
```

```
#2=10                            （刀具直径 D 赋值）
#10=0                            （离心角 t 赋初值）
G54 G00 X100 Y100                （工件坐标系设定）
M03 S800 F250                    （加工参数设定）
G00 G42 X[#0] Y[-#2] D01         （建立刀具半径补偿）
G01 Y0                           （插补至切削起点）
    WHILE #10LT360               （椭圆曲线加工循环条件判断）
    #11=#0*COS[#10*PI/180]       （计算 x 坐标值）
    #12=#1*SIN[#10*PI/180]       （计算 y 坐标值）
    G01 X[#11] Y[#12]            （直线插补逼近椭圆曲线）
    #10=#10+0.2                  （离心角递增）
    ENDW                         （循环结束）
G00 G40 X100 Y100                （返回起刀点）
M30                              （程序结束）
```

 思考练习

1. 数控铣削加工如图 3-33 所示椭圆型腔，长半轴 25mm，短半轴长 15mm，深 5mm，试编制其加工宏程序。

图 3-33　椭圆型腔

2. 数控加工如图 3-34 所示椭圆凸台，椭圆长轴长 60mm，短轴长 40mm，高 5mm，试编制该椭圆凸台外轮廓的加工程序。

3. 数控铣削加工如图 3-35 所示含椭圆曲线零件的外轮廓，椭圆长轴 50mm，短轴 35mm，椭圆圆心角为 45°，试编制其加工宏程序。

提示：椭圆上任一点与椭圆中心的连线和水平向右轴线（X 坐标轴）的夹角称为圆心角，与任一点对应的同心圆（半径为 $a$、$b$）的半径和 X 轴正方向的夹角称为离心角。如图 3-36 所示，椭圆上 $P$ 点的椭圆圆心角为 $\theta$，离心角为 $t$。

图 3-34　椭圆凸台外轮廓加工

图 3-35　含椭圆曲线段零件

离心角 $t$ 应按照椭圆的参数方程来确定，因为它们并不总是等于椭圆圆心角 $\theta$，仅当 $\theta = \dfrac{K\pi}{2}$ 时，才使 $\theta = t$。设 $P$ 点坐标值 $(x, y)$，由

$$\tan\theta = \frac{y}{x} = \frac{b\sin t}{a\cos t} = \frac{b}{a}\tan t$$

可得

$$t = \arctan\left(\frac{a}{b}\tan\theta\right)$$

另外，通过直接计算出来的数值与实际角度有 0°、180° 或 360° 的差距需要考虑。

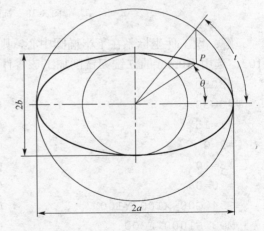

图 3-36　椭圆圆心角 $\theta$ 与离心角 $t$ 的关系示意图

## 3.4.2　工件原点不在椭圆中心的正椭圆类零件铣削加工

坐标轴的平移如图 3-37 所示，$P$ 点在原坐标系 $XOY$ 中的坐标值为 $(x, y)$，在新坐标系 $X'O'Y'$ 中的坐标值为 $(x', y')$，原坐标系原点 $O$ 在新坐标系中的坐标值为 $(g, h)$，则它们的关系为：

$$\begin{cases} x' = x + g \\ y' = y + h \end{cases}$$

图 3-37  坐标平移

**【例 3-7】** 精铣如图 3-38 所示含两段椭圆曲线的零件外轮廓，椭圆曲线长半轴 30mm，短半轴 15mm，试编制其加工宏程序。

图 3-38  铣削加工椭圆曲线

解：设工件坐标系在下半椭圆中心，则上半椭圆中心在工件坐标系中的坐标值为（0，10），选用 φ10mm 的立铣刀铣削加工该零件外轮廓，编制加工程序如下。

```
%3050
#0=30                            （椭圆长半轴 a 赋值）
#1=15                            （椭圆短半轴 b 赋值）
#2=0                             （上半椭圆中心在工件坐标系中的 x 坐标值赋值）
#3=10                            （上半椭圆中心在工件坐标系中的 y 坐标值赋值）
#10=0                            （离心角 t 赋初值）
G54 G00 X100 Y100                （工件坐标系设定）
M03 S1000 F300                   （加工参数设定）
G00 G42 X30 Y-5 D01              （建立刀具半径补偿）
G01 Y10                          （直线插补）
   WHILE #10LT180                （加工循环条件判断）
   #20=#0*COS[#10*PI/180]        （计算 x 坐标值）
   #21=#1*SIN[#10*PI/180]        （计算 y 坐标值）
   G01 X[#20+#2] Y[#21+#3]       （直线插补逼近上半椭圆曲线）
   #10=#10+0.5                   （离心角递增）
   ENDW                          （循环结束）
```

```
   G01 X-30 Y0                    （直线插补）
      #10=180                     （离心角 t 赋初值）
      WHILE #10LT360              （加工循环条件判断）
      #20=#0*COS[#10*PI/180]      （计算 x 坐标值）
      #21=#1*SIN[#10*PI/180]      （计算 y 坐标值）
      G01 X[#20] Y[#21]           （直线插补逼近下半椭圆曲线）
      #10=#10+0.5                 （离心角递增）
      ENDW                        （循环结束）
   G00 G40 X100 Y100              （返回起刀点）
   M30                            （程序结束）
```

**思考练习**

1. 如图 3-39 所示，该零件由两段椭圆曲线组成，椭圆长半轴 30mm，短半轴 18mm，试编制其外轮廓数控铣削加工宏程序。

图 3-39　含椭圆曲线段零件外轮廓铣削加工

2. 如图 3-40 所示，该零件由三个椭圆凸台组成，椭圆长半轴分别为 15mm、22.5mm、30mm，短半轴分别为 10mm、15mm、20mm，试编制其外轮廓加工程序。

图 3-40　椭圆凸台零件

### 3.4.3 倾斜椭圆类零件铣削加工

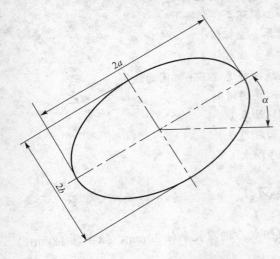

图 3-41 倾斜椭圆几何参数模型

倾斜椭圆类零件铣削加工编程可利用高等数学中的坐标变换公式进行坐标变换或者利用坐标旋转指令来实现。

**（1）坐标变换**

如图 3-41 所示，利用旋转转换矩阵

$$\begin{bmatrix} \cos\alpha & -\sin\alpha \\ \sin\alpha & \cos\alpha \end{bmatrix}$$

对曲线方程进行旋转变换可得如下方程（旋转后的曲线在原坐标系下的方程）：

$$\begin{cases} x' = x\cos\alpha - y\sin\alpha \\ y' = x\sin\alpha + y\cos\alpha \end{cases}$$

其中，$x$、$y$ 为旋转前的坐标值，$x'$、$y'$ 为旋转后的坐标值，$\alpha$ 为曲线旋转角度。

**（2）坐标旋转指令（G68/G69）**

华中数控系统中坐标旋转指令为 G68/G69，其指令格式为：

```
G68  X__  Y__  P__        （坐标旋转模式建立）
...                        （坐标旋转模式）
G69                        （坐标旋转取消）
```

其中，X、Y 为指定的旋转中心坐标，缺省值为 X0Y0，即省略不写 X 和 Y 值时认为当前工件坐标系原点为旋转中心；P 为旋转角度，逆时针方向角度为正，反之为负。

需要特别注意的是：刀具半径补偿的建立和取消应该在坐标旋转模式中完成，即有刀具半径补偿时的编程顺序应为 G68→G41（G42）→G40→G69。

**【例 3-8】** 如图 3-42 所示，椭圆长轴长 50mm，椭圆短轴长 30mm，绕 $X$ 轴旋转 30°，试编制铣削加工该零件外轮廓的宏程序。

图 3-42 斜椭圆数控铣削加工

解：设工件坐标系原点在椭圆中心，选用直径 $\phi$10mm 的立铣刀数控铣削加工该零件外轮廓，编制加工程序如下。

① 采用坐标变换公式结合椭圆参数方程编程。

```
%3060
#0=25                                                    （椭圆长半轴长 a 赋值）
#1=15                                                    （椭圆短半轴长 b 赋值）
#2=30                                                    （旋转角度 α 赋值）
#10=0                                                    （离心角 t 赋初值）
G54 G00 X100 Y100                                        （工件坐标系设定）
M03 S1000 F300                                           （加工参数设定）
G42 G00 X[#0*COS[#2*PI/180]+5] Y[#0*SIN[#2*PI/180]] D01
                                                         （建立刀具半径补偿）

G01 U-5                                                  （插补到切削起点）
    WHILE #10LT360                                       （加工条件判断）
    #20=#0*COS[#10*PI/180]                               （计算 x 坐标值）
    #21=#1*SIN[#10*PI/180]                               （计算 y 坐标值）
    #30=#20*COS[#2*PI/180]-#21*SIN[#2*PI/180]            （计算 x'坐标值）
    #31=#20*SIN[#2*PI/180]+#21*COS[#2*PI/180]            （计算 y'坐标值）
    G01 X[#30] Y[#31]                                    （直线插补逼近）
    #10=#10+0.5                                          （离心角 t 递增）
    ENDW                                                 （循环结束）
G00 G40 X100 Y100                                        （返回起刀点）
M30                                                      （程序结束）
```
② 采用坐标变换公式结合椭圆标准方程编程。
```
%3061
#0=25                                                    （椭圆长半轴长 a 赋值）
#1=15                                                    （椭圆短半轴长 b 赋值）
#2=30                                                    （旋转角度 α 赋值）
G54 G00 X100 Y100                                        （工件坐标系设定）
M03 S1000 F300                                           （加工参数设定）
G42 G00 X[#0*COS[#2*PI/180]+5] Y[#0*SIN[#2*PI/180]] D01
                                                         （建立刀具半径补偿）

G01 U-5                                                  （插补到切削起点）
    #10=#0                                               （加工 x 坐标赋初值）
    WHILE #10GT[-#0]                                     （加工条件判断）
    #11=#1*SQRT[1-#10*#10/[#0*#0]]                       （计算 y 坐标值）
    #20=#10*COS[#2*PI/180]-#11*SIN[#2*PI/180]            （计算 x'坐标值）
    #21=#10*SIN[#2*PI/180]+#11*COS[#2*PI/180]            （计算 y'坐标值）
    G01 X[#20] Y[#21]                                    （直线插补逼近）
    #10=#10-0.2                                          （加工 x 坐标递减）
    ENDW                                                 （循环结束）
        #10=-#0                                          （加工 x 坐标赋初值）
        WHILE #10LT#0                                    （加工条件判断）
        #11=-#1*SQRT[1-#10*#10/[#0*#0]]                  （计算 y 坐标值）
        #20=#10*COS[#2*PI/180]-#11*SIN[#2*PI/180]        （计算 x'坐标值）
        #21=#10*SIN[#2*PI/180]+#11*COS[#2*PI/180]        （计算 y'坐标值）
        G01 X[#20] Y[#21]                                （直线插补逼近）
```

```
        #10=#10+0.2                              （加工 x 坐标递增）
        ENDW                                     （循环结束）
G00 G40 X100 Y100                                （返回起刀点）
M30                                              （程序结束）
```

③ 采用坐标旋转指令编程。

```
%3062
#0=25                                            （椭圆长半轴长 a 赋值）
#1=15                                            （椭圆短半轴长 b 赋值）
#2=30                                            （旋转角度 α 赋值）
#10=0                                            （离心角 t 赋初值）
G54 G00 X100 Y100                                （工件坐标系设定）
M03 S1000 F300                                   （加工参数设定）
G68 X0 Y0 P[#2]                                  （坐标旋转设定）
G42 G00 X[#0+5] Y0 D01                           （建立刀具半径补偿）
G01 U-5                                          （插补到切削起点）
        WHILE #10LT360                           （加工条件判断）
        #20=#0*COS[#10*PI/180]                   （计算 x 坐标值）
        #21=#1*SIN[#10*PI/180]                   （计算 y 坐标值）
        G01 X[#20] Y[#21]                        （直线插补逼近）
        #10=#10+0.5                              （离心角 t 递增）
        ENDW                                     （循环结束）
G00 G40 X60                                      （取消刀具半径补偿）
G69                                              （取消坐标旋转）
G00 X100 Y100                                    （返回起刀点）
M30                                              （程序结束）
```

 思考练习

1. 如图 3-43 所示零件由 3 个椭圆曲线截成，椭圆长轴长 60mm，短轴长 40mm，数控铣削加工该零件外轮廓，试编制其加工宏程序。

图 3-43　含椭圆曲线段零件外轮廓铣削加工

2. 如图 3-44 所示零件由 3 个椭圆曲线截成，椭圆长轴长 60mm，短轴长 40mm，数控铣削加工该零件内轮廓，试编制其加工宏程序。

图 3-44　含椭圆曲线段零件内轮廓铣削加工

3. 数控铣削加工如图 3-45 所示含椭圆曲线零件外轮廓，试编制其加工宏程序。

图 3-45　椭圆凸台零件

## 3.4.4　抛物线类零件铣削加工

抛物线方程、图形和顶点如表 3-3 所示。由于右边三个图可看成是将左图分别逆时针方向旋转 180°、90°、270° 后得到，因此可以只用标准方程 $y^2 = 2px$ 和其图形编制加工宏程序即可。

表 3-3　抛物线方程、图形和顶点

| 方程 | $y^2 = 2px$（标准方程） | $y^2 = -2px$ | $x^2 = 2py$ | $x^2 = -2py$ |
|---|---|---|---|---|
| 图形 | | | | |
| 顶点 | $A$（0，0） | $A$（0，0） | $A$（0，0） | $A$（0，0） |
| 对称轴 | $X$ 正半轴 | $X$ 负半轴 | $Y$ 正半轴 | $Y$ 负半轴 |

　　**【例 3-9】**　如图 3-46 所示，数控铣削加工含抛物曲线段零件的外轮廓，抛物曲线方程为 $y^2 = 18x$，试编制其加工宏程序。

　　解：如图 3-47 所示，抛物线方程为 $y^2 = 2px$，设工件坐标原点在抛物曲线顶点，则加工起始点的坐标值为（$I$，$A$），加工终点的坐标值为（$J$，$-B$），若选择 $y$ 坐标值为自变量，则变量处理如表 3-4 所示，编制宏程序如下。

图 3-46　含抛物曲线段零件　　　　　　　　　　图 3-47　含抛物曲线段零件几何参数模型

表 3-4　含抛物曲线零件数控铣削加工宏程序变量处理

| 步　骤 | 步骤内容 | 变量表示 | 宏变量 |
|---|---|---|---|
| 第 1 步 | 选择自变量 | $y$ | #0 |
| 第 2 步 | 确定自变量的定义域 | $y[y_1，y_2] = y[21.21，-25.1]$ | — |
| 第 3 步 | 用自变量表示因变量的表达式 | $x = \dfrac{y^2}{2p}$ | #10=#0*#0/18 |

```
%3070
#0=21.21                    （曲线起点 y 坐标值赋值）
#1=-25.1                    （曲线终点 y 坐标值赋值）
G54 G00 X100 Y100          （工件坐标系设定）
M03 S1000 F300             （加工参数设定）
G42 G00 X30 Y21.21 D01     （刀具半径补偿设定）
```

```
G01 X25                        （直线插补到切削起点）
  WHILE #0GE#1                 （加工条件判断）
  #10=#0*#0/18                 （计算 x 坐标值）
  G01 X[#10] Y[#0]             （直线插补逼近曲线）
  #0=#0-0.2                    （y 坐标值递减）
  ENDW                         （循环结束）
G01 X35 Y-25.1                 （直线插补）
X25 Y21.21                     （直线插补）
G00 G40 X100 Y100             （返回起刀点）
M30                            （程序结束）
```

若选择 x 坐标值为自变量，则变量处理如表 3-5 所示，编制宏程序如下。

表 3-5  含抛物曲线零件数控铣削加工宏程序变量处理

| 步　骤 | 步　骤　内　容 | 变　量　表　示 | 宏　变　量 |
|---|---|---|---|
| 第 1 步 | 选择自变量 | $x$ | #0 |
| 第 2 步 | 确定自变量的定义域 | $x[x_1,\ x_2]=x[25,\ 0]$<br>$x[x_1,\ x_2]=x[0,\ 35]$ | — |
| 第 3 步 | 用自变量表示因变量的表达式 | $y=\pm\sqrt{2px}$ | #10=SQRT[18*#0]<br>#10=-SQRT[18*#0] |

```
%3071
#0=25                          （曲线起点 x 坐标值赋值）
#1=35                          （曲线终点 x 坐标值赋值）
G54 G00 X100 Y100             （工件坐标系设定）
M03 S800 F250                 （加工参数设定）
G42 G00 X30 Y21.21 D01        （刀具半径补偿建立）
G01 X25                        （插补到切削起点）
  WHILE #0GE0                  （上半部分抛物线加工条件判断）
  #10=SQRT[18*#0]             （计算抛物曲线的 y 坐标值）
  G01 X[#0] Y[#10]            （直线插补逼近抛物曲线）
  #0=#0-0.2                    （x 坐标值递减）
  ENDW                         （循环结束）
    WHILE #0LT#1               （下半部分抛物线加工条件判断）
    #0=#0+0.2                  （x 坐标值递增）
    #10=-SQRT[18*#0]          （计算抛物曲线的 y 坐标值）
    G01 X[#0] Y[#10]          （直线插补逼近抛物曲线）
    ENDW                       （循环结束）
G01 X35 Y-25.1                 （直线插补）
X25 Y21.21                     （直线插补）
G00 G40 X100 Y100             （刀具返回）
M30                            （程序结束）
```

如图 3-48 所示零件，该零件由两段抛物曲线组成，其曲线方程为 $y^2 = 10x$，试编制其外轮廓的数控铣削加工宏程序。

图 3-48　含抛物曲线段零件外轮廓铣削加工

## 3.4.5　双曲线类零件铣削加工

双曲线方程、图形与中心坐标如表 3-6 所示。

表 3-6　双曲线方程、图形与中心

| 方程 | $\dfrac{x^2}{a^2} - \dfrac{y^2}{b^2} = 1$（标准方程） | $-\dfrac{x^2}{a^2} + \dfrac{y^2}{b^2} = 1$ |
|---|---|---|
| 图形 | | |
| 中心坐标 | $G$（0, 0） | $G$（0, 0） |
| 半轴 | 实半轴 $a$、虚半轴 $b$ | 实半轴 $b$、虚半轴 $a$ |

表 3-6 中左图第 Ⅰ、Ⅳ 象限（右部）内的双曲线段可表示为

$$x = a\sqrt{1 + \frac{y^2}{b^2}}$$

第 Ⅱ、Ⅲ 象限（左部）内的双曲线可以看作由该双曲线段绕中心旋转 180° 所得；右图中第 Ⅰ、Ⅱ 象限（上部）内的双曲线段可以看作由该双曲线段旋转 90° 所得，第 Ⅲ、Ⅳ 象限（下部）内的双曲线段可以看作由该双曲线段旋转 270° 所得。也就是说，任何一段双曲线段均可看作由 $x = a\sqrt{1 + \dfrac{y^2}{b^2}}$ 的双曲线段经过适当旋转所得。

【例 3-10】　数控铣削加工如图 3-49 所示含双曲线零件的外轮廓，双曲线方程为 $\dfrac{x^2}{12^2} - \dfrac{y^2}{20^2} = 1$，试编制精加工该零件外轮廓的宏程序。

图 3-49　含双曲线零件的铣削加工

**解：** 由曲线方程可得双曲线的实半轴 $a=12$，虚半轴 $b=20$。双曲线段铣削加工变量处理如表 3-7 所示，设工件坐标系原点在双曲线中心，编制加工宏程序如下。

表 3-7　双曲线段铣削加工变量处理

| 曲线段 | 步骤 | 步骤内容 | 变量表示 | 宏变量 |
|---|---|---|---|---|
| 左部双曲线段 | 第 1 步 | 选择自变量 | $y$ | #10 |
| | 第 2 步 | 确定自变量的定义域 | $[15,-10]$ | — |
| | 第 3 步 | 用自变量表示因变量的表达式 | $x=-a\sqrt{1+\dfrac{y^2}{b^2}}$ | #11=-#0*SQRT[1+#10*#10/[#1*#1]] |
| 右部双曲线段 | 第 1 步 | 选择自变量 | $y$ | #10 |
| | 第 2 步 | 确定自变量的定义域 | $[-10,15]$ | — |
| | 第 3 步 | 用自变量表示因变量的表达式 | $x=a\sqrt{1+\dfrac{y^2}{b^2}}$ | #11=#0*SQRT[1+#10*#10/[#1*#1]] |

```
%3080
#0=12                              （双曲线实半轴 a 赋值）
#1=20                              （双曲线虚半轴 b 赋值）
G54 G00 X100 Y100                  （工件坐标系设定）
M03 S1000 F300                     （加工参数设定）
G00 G42 X20 Y15 D01                （建立刀具半径补偿）
G01 X-15                           （直线插补）
  #10=15                           （左部曲线段加工 y 坐标值赋初值）
  WHILE #10GE-10                   （加工条件判断）
  #11=-#0*SQRT[1+#10*#10/[#1*#1]]  （计算 x 坐标值）
  G01 X[#11] Y[#10]                （直线插补逼近左部曲线）
  #10=#10-0.2                      （y 坐标值递减）
  ENDW                             （循环结束）
G03 X13.415 Y-10 R-14             （圆弧插补）
  #10=-10                          （右部曲线段加工 y 坐标值赋初值）
  WHILE #10LE15                    （加工条件判断）
  #11=#0*SQRT[1+#10*#10/[#1*#1]]   （计算 x 坐标值）
  G01 X[#11] Y[#10]                （直线插补逼近右部曲线）
```

```
    #10=#10+0.2                              （y坐标值递增）
    ENDW                                     （循环结束）
G00 G40 X100 Y100                            （返回起刀点）
M30                                          （程序结束）
```

如图 3-50 所示含双曲线段的凸台零件，双曲线方程为 $\dfrac{x^2}{4^2}-\dfrac{y^2}{3^2}=1$，试编制该零件双曲线部分轮廓的加工宏程序。

图 3-50　含双曲线凸台零件的加工

### 3.4.6　正弦曲线类零件铣削加工

【例 3-11】 数控铣削加工如图 3-51 所示空间曲线槽，该曲线槽由一个周期的两条正弦曲线 $y=25\sin\theta$ 和 $z=5\sin\theta$ 叠加而成，刀具中心轨迹如图 3-52 所示。试编制其加工宏程序。

图 3-51　正弦曲线槽铣削加工

图 3-52　正弦曲线 $y=25\sin\theta$ 和 $z=5\sin\theta$

解：为了方便编制程序，采用粗微分方法忽略插补误差来加工，即以 $X$ 为自变量，取相邻两点间的 $X$ 向距离相等，间距为 0.2mm，然后用正弦曲线方程 $y=25\sin\theta$ 和 $z=5\sin\theta$ 分别计算出各点对应的 $Y$ 值和 $Z$ 值，进行空间直线插补，以空间直线来逼近空间曲线。正弦空间曲线槽槽底为 $R$4mm 的圆弧，加工时采用球半径为 $SR$4mm 的球头铣刀在平面实体零件上铣削出该空间曲线槽。加工该空间曲线槽的变量处理如表 3-8 所示。

表 3-8　空间曲线槽加工变量处理

| 步　骤 | 步 骤 内 容 | 变 量 表 示 | 宏 变 量 |
|---|---|---|---|
| 第 1 步 | 选择自变量 | $x$ | #10 |
| 第 2 步 | 确定自变量的定义域 | [0,72] | — |
| 第 3 步 | 用自变量表示因变量的表达式 | $\begin{cases} \theta = \dfrac{360x}{72} \\ y = 25\sin\theta \\ z = 5\sin\theta \end{cases}$ | #11=360*#10/72<br>#12=25*SIN[#11*PI/180]<br>#13=5*SIN[#11*PI/180] |

注意：正弦曲线一个周期（360°）对应的 $X$ 轴长度为 72mm，因此任意 $X$ 值对应角度 $\theta = \dfrac{360x}{72}$。正弦曲线槽铣削加工宏程序如下。

```
%3090
G54 G00 X100 Y100 Z50          （工件坐标系设定）
M03 S1000 F300                 （加工参数设定）
X0 Y0                          （加工起点上平面定位）
  #0=1                         （加工深度 z 坐标值赋初值）
  WHILE #0LE6                  （加工深度条件判断）
G01 Z[-#0]                     （直线插补切削至加工深度）
  #10=0                        （x 值赋初值）
  WHILE #10LT72                （加工条件判断）
  #10=#10+0.2                  （x 值加增量）
  #11=360*#10/72               （计算对应的角度值）
  #12=25*SIN[#11*PI/180]       （计算 y 坐标值）
  #13=5*SIN[#11*PI/180]-#0     （计算 z 坐标值）
  G01 X[#10] Y[#12] Z[#13]     （切削空间直线逐段逼近空间曲线）
  ENDW                         （循环结束）
G00 Z30                        （退刀）
```

```
      X0 Y0                              （加工起点上平面定位）
      #0=#0+2.5                          （加工深度递增）
      ENDW                               （循环结束）
   G00 Z50                               （抬刀）
   X100 Y100                             （返回起刀点）
   M30                                   （程序结束）
```

 思考练习

1. 在例题程序中，加工曲线槽时在 Z 向分了几层加工？每一层加工起点的 z 坐标值分别为多少？

2. 如图 3-53 所示，该零件含振幅为 10 的正弦曲线，试编制数控铣削加工该曲线部分的宏程序。

图 3-53　含正弦曲线零件的加工

### 3.4.7　阿基米德螺线类零件铣削加工

阿基米德螺线参数方程式为

$$\begin{cases} R = \alpha T / 360 \\ x = R\cos\alpha \\ y = R\sin\alpha \end{cases}$$

式中，$R$ 为阿基米德螺线上旋转角为 $\alpha$ 的点的半径值，$T$ 为螺线螺距；$x$ 和 $y$ 分别为该点在螺线自身坐标系中的 $X$ 和 $Y$ 坐标值。

【例 3-12】　数控铣削加工如图 3-54 所示阿基米德螺线凹槽，试编制该凹槽的加工宏程序。

解：如图所示，螺线螺距为 20mm，加工螺线段起始点角度为 165°，终止点角度为 560°，凹槽宽度 6mm，深度 5mm。加工该凹槽的变量处理如表 3-9 所示。

设 G54 工件坐标系原点在工件上表面的阿基米德螺线中心上，选择 $\phi$6mm 键槽立铣刀加工，编制加工宏程序如下。

图 3-54　阿基米德螺线凹槽类零件铣削加工

表 3-9　阿基米德螺线凹槽加工变量处理

| 步骤 | 步骤内容 | 变量表示 | 宏变量 |
|---|---|---|---|
| 第 1 步 | 选择自变量 | $\alpha$ | #10 |
| 第 2 步 | 确定自变量的定义域 | [165,560] | — |
| 第 3 步 | 用自变量表示因变量的表达式 | $\begin{cases} R = \alpha T/360 \\ x = R\cos\alpha \\ y = R\sin\alpha \end{cases}$ | #11=#10*#2/360<br>#12=#11*COS[#10*PI/180]<br>#13=#11*SIN[#10*PI/180] |

```
%3100
#0=165                              (加工螺线段起始点角度赋值)
#1=560                              (加工螺线段终止点角度赋值)
#2=20                               (螺线螺距 T 赋值)
#3=5                                (加工深度 H 赋值)
G54 G00 X100 Y100 Z50               (工件坐标系设定)
M03 S1000. F300                     (加工参数设置)
#10=#0                              (将加工螺线段起始点角度赋给#10)
#11=#10*#2/360                      (计算螺线起始点半径 R)
#12=#11*COS[#10*PI/180]             (计算螺线起始点的 x 坐标值)
#13=#11*SIN[#10*PI/180]             (计算螺线起始点的 y 坐标值)
G00 X[#12] Y[#13]                   (刀具定位)
G01 Z[-#3]                          (刀具下降到加工平面)
   WHILE #10LE#1                    (加工条件判断)
   #11=#10*#2/360                   (计算加工点的 R 值)
   #12=#11*COS[#10*PI/180]          (计算加工点的 x 坐标值)
   #13=#11*SIN[#10*PI/180]          (计算加工点的 y 坐标值)
   G03 X[#12] Y[#13] R[#11]         (圆弧插补逼近螺线)
   #10=#10+1                        (加工角度递增)
   ENDW                             (循环结束)
G00 Z50                             (抬刀)
```

```
X100 Y100                           （返回起刀点）
M30                                 （程序结束）
```

数控铣削加工如图 3-55 所示等速螺线凸轮外轮廓，如下宏程序分别对上下对称的两段螺线编程完成加工，先填空完成下表，然后仔细阅读加工宏程序后填写注释内容。

提示：注意本程序中计算 $R$、$X$、$Y$ 值和角度 $\alpha$ 选取与例题程序的区别。图中上半段螺线从 $0°\sim180°$，半径从 $40\sim60$mm 增加了 $20$mm，因此程序中 $20/180°$ 为每度半径的变化量。

| 条　件 | 起始角度 | 终止角度 | 起始半径 | 终止半径 |
|---|---|---|---|---|
| 上半段螺线 | 0° | | 40 | |
| 下半段螺线 | 180° | | 60 | |

图 3-55　等速螺线凸台

```
%3101
G54 G00 X100 Y100 Z50
M03 S1500 F200
Z-5
G42 X50 Y0 D01
G01 X40
  #1=0                        (                    )
  WHILE #1LE180               (                    )
  #2=20/180**#1               (                    )
  #3=[40+#2]*COS[#1*PI/180]   (                    )
  #4=[40+#2]*SIN[#1*PI/180]   (                    )
  G01 X[#3] Y[#4]             (                    )
  #1=#1+1                     (                    )
  ENDW                        (                    )
    #5=180                    (                    )
```

```
      WHILE #5LE360       (                    )
      #6=20/180*#5        (                    )
      #7=[80-#6]*COS[#5*PI/180] (              )
      #8=[80-#6]*SIN[#5*PI/180] (              )
      G01 X[#7] Y[#8]     (                    )
      #5=#5+1             (                    )
      ENDW                (                    )
   G00 Z50
   G40 X100 Y100
   M30
```

### 3.4.8 其他公式曲线类零件铣削加工

利用变量编制零件的加工宏程序，一方面针对具有相似要素的零件，另一方面是针对具有某些规律需要进行插补运算的零件（如由非圆曲线构成的轮廓）。对这些要素编程就如同解方程，首先要寻找模型的参数，确定变量及其限定条件，设计逻辑关系，然后编写加工程序。

【例 3-13】 星形线方程为

$$\begin{cases} x = a\cos^3 \theta \\ y = a\sin^3 \theta \end{cases}$$

其中 $a$ 为定圆半径。如图 3-56 所示为定圆直径 $\phi80\text{mm}$ 的星形线凸台零件，所以该曲线的方程为

$$\begin{cases} x = 40\cos^3 \theta \\ y = 40\sin^3 \theta \end{cases}$$

试编制数控铣削精加工该曲线外轮廓的宏程序。

图 3-56 星形线凸台零件

解：星形线凸台零件加工变量处理如表 3-10 所示，设 G54 工件坐标系原点在工件上表面对称中心，编制精加工宏程序如下（未考虑刀具半径补偿）。

### 表 3-10　星形线凸台零件加工变量处理

| 步骤 | 步 骤 内 容 | 变量表示 | 宏 变 量 |
|------|------------|----------|----------|
| 第1步 | 选择自变量 | $\theta$ | #1 |
| 第2步 | 确定自变量的定义域 | [0°,360°] | — |
| 第3步 | 用自变量表示因变量的表达式 | $\begin{cases} x = 40\cos^3\theta \\ y = 40\sin^3\theta \end{cases}$ | #2=40*COS[#1*PI/180]*COS[#1*PI/180]*COS[#1*PI/180]<br>#3=40*SIN[#1*PI/180]*SIN[#1*PI/180]*SIN[#1*PI/180] |

```
%3110
G54 G00 X100 Y100 Z50          （选择 G54 工件坐标系，刀具快进到起刀点）
M03 S800 F200                  （加工参数设定）
Z-5                            （下刀到加工平面）
X50 Y0                         （快进到切削起点）
G01 X40                        （直线插补至曲线加工起点）
  #1=0                         （θ赋初值）
  WHILE #1LT360                （加工条件判断）
  #1=#1+1                      （θ递增）
  #2=40*COS[#1*PI/180]*COS[#1*PI/180]*COS[#1*PI/180]
                               （计算 X 坐标值）
  #3=40*SIN[#1*PI/180]*SIN[#1*PI/180]*SIN[#1*PI/180]
                               （计算 Y 坐标值）
  G01 X[#2] Y[#3]              （直线插补逼近星形线）
  ENDW                         （循环结束）
G00 Z50                        （抬刀）
X100 Y100                      （返回起刀点）
M30                            （程序结束）
```

下面是考虑刀具半径补偿后编制的加工宏程序。

```
%3111
G54 G00 X100 Y100 Z50          （选择 G54 工件坐标系，刀具快进到起刀点）
M03 S800 F200                  （加工参数设定）
  #10=0                        （旋转角度赋初值）
  WHILE #10LE360               （旋转条件判断）
  G68 X0 Y0 P[#10]             （坐标旋转设定）
  G00 G42 X50 Y0 D01           （建立刀具半径补偿）
  Z-5                          （下刀到加工平面）
  G01 X40                      （直线插补至曲线加工起点）
    #1=0                       （θ赋初值）
    WHILE #1LT90               （加工条件判断）
    #1=#1+1                    （θ递增）
    #2=40*COS[#1*PI/180]*COS[#1*PI/180]*COS[#1*PI/180]
                               （计算 X 坐标值）
    #3=40*SIN[#1*PI/180]*SIN[#1*PI/180]*SIN[#1*PI/180]
                               （计算 Y 坐标值）
```

```
    G01 X[#2] Y[#3]                    （直线插补逼近星形线）
    ENDW                               （循环结束）
  G69                                  （取消坐标旋转）
  G00 Z50                              （抬刀）
  G40 X100 Y100                        （取消刀具半径补偿）
  #10=#10+90                           （旋转角度递增）
  ENDW                                 （循环结束）
M30                                    （程序结束）
```

 **思考练习**

1. 完成填空：在工件（编程）原点建立的坐标系称为工件（编程）坐标系，在曲线方程原点建立的坐标系称为方程坐标系。数控铣削加工某曲线方程 $y=f(x)$，若工件原点与方程原点在同一位置时，则该曲线在工件坐标系下的方程表示为 $Y=f(X)=f(x)$，若方程原点在工件坐标系下坐标值为（$G$，$H$），则该曲线在工件坐标系下的方程表示为 $(Y-H)=f(X-G)=f(x-G)$，即（_____）。换言之，若曲线上一点 $P$ 在方程坐标系下坐标值为（10，15），则在工件原点与方程原点在同一点的工件坐标系下该点的坐标值应为（10，15），若方程原点在工件坐标系下坐标值为（3，14），则该点在该工件坐标系下的坐标值为（10+3，15+14），即（_____，_____）。

2. 如图 3-57 所示心形曲线（心脏线）方程为 $R=B\cos(\alpha/2)$，试编制精铣加工 $B$=50mm、深度为 5mm 的心形曲线内轮廓的宏程序。

图 3-57   心形曲线内轮廓的加工

3. 数控铣削加工如图 3-58 所示由上下对称的两段渐开线组成的零件，试编制其加工宏程序（不考虑刀具半径）。

提示：如图 3-59 所示，当直线 $AB$ 沿半径为 $r$ 的圆作纯滚动，直线上任一点 $P$ 的轨迹 $DPE$ 称为该圆的渐开线，这个圆称为渐开线的基圆，直线 $AB$ 称为发生线。渐开线方程为：
$$\begin{cases} x=r(\cos\theta+\theta\sin\theta) \\ y=r(\sin\theta-\theta\cos\theta) \end{cases}$$

图 3-58　渐开线曲线的加工

式中，$x$、$y$ 为渐开线上任一点 $P$ 的 $X$、$Y$ 坐标值，$r$ 为渐开线基圆半径，$\theta$ 为 $OC$ 与 $X$ 轴的夹角，实际计算时将 $\theta$ 转换为弧度制，则方程变换为：

$$\begin{cases} x = r(\cos\theta + \dfrac{\theta\pi}{180}\sin\theta) \\ y = r(\sin\theta - \dfrac{\theta\pi}{180}\cos\theta) \end{cases}$$

# 3.5　孔系数控铣削加工

## 3.5.1　矩形阵列孔系铣削加工

【例 3-14】　如图 3-60 所示，矩形网式点阵孔系共 4 行 6 列，行间距为 10mm，列间距为 12mm，其中左下角孔孔位 $O$（孔的圆心位置）在工件坐标系中的坐标值为（20，10），试编制其加工宏程序。

图 3-59　渐开线的形成示意图

图 3-60　矩形网式点阵孔系

解：矩形网式点阵孔系几何模型如图 3-61 所示，设行数为 $M$，列数为 $N$，行间距为 $b$，列间距为 $l$，左下角孔孔位 $O$（$x$，$y$），则第 $M$ 行 $N$ 列的孔的坐标值方程：

$$\begin{cases} X = l(N-1) + x \\ Y = b(M-1) + y \end{cases}$$

编制矩形网式点阵孔系加工宏程序如下。

```
%3120
#0=4              （行数 M 赋值）
#1=6              （列数 N 赋值）
#2=10             （行间距 b 赋值）
#3=12             （列间距 l 赋值）
#4=20             （左下角孔在工件坐标系
                    中的 X 坐标值）
```

图 3-61  矩形网式点阵孔系几何模型

```
#5=10                                （左下角孔在工件坐标系中的 Y 坐标值）
G54 G00 X100 Y100 Z50                 （工件坐标系设定）
M03 S800 F150                        （加工参数设定）
  #10=1                              （行计数器赋初值）
  WHILE #10LE#0                      （行加工条件判断）
    #20=1                            （列计数器赋初值）
    WHILE #20LE#1                    （列加工条件判断）
    G81 X[#3*[#20-1]+#4] Y[#2*[#10-1]+#5] Z-5 R2   （孔加工）
    #20=#20+1                        （列计数器累加）
    ENDW                             （循环结束）
  #10=#10+1                          （行计数器累加）
  ENDW                               （循环结束）
G00 Z50                              （抬刀）
X100 Y100                            （返回起刀点）
M30                                  （程序结束）
```

下面是另一种思路编制的该孔系加工宏程序。

```
%3121
#0=4                                 （行数 M 赋值）
#1=6                                 （列数 N 赋值）
#2=10                                （行间距 b 赋值）
#3=12                                （列间距 l 赋值）
#4=20                                （左下角孔在工件坐标系中的 X 坐标值）
#5=10                                （左下角孔在工件坐标系中的 Y 坐标值）
G54 G00 X100 Y100 Z50                 （工件坐标系设定）
M03 S800 F150                        （加工参数设定）
  #10=1                              （行计数器赋初值）
  WHILE #10LE#0                      （列加工条件判断）
  G90 G81 X[#4] Y[[#10-1]*#2+#5] Z-5 R2   （各行左侧第一孔位加工）
  G91 X[#3] L[#1-1]                  （孔系加工）
  #10=#10+1                          （行计数器累加）
```

```
    ENDW                        （循环结束）
    G90 G00 Z50                 （抬刀）
    X100 Y100                   （返回起刀点）
    M30                         （程序结束）
```

 **思考练习**

1. 如图 3-62 所示平行四边形网式点阵孔系，该孔系 5 行 6 列，行间距 10mm，列间距 15mm，孔系行中心线与 X 正半轴的夹角为 15°，行中心线与列中心线夹角为 60°，试编制其加工宏程序。

图 3-62　平行四边形网式点阵孔系

2. 如图 3-63 所示矩形框式点阵孔系，矩形长 50mm，宽 30mm，孔间距 10mm，矩形框与 X 正半轴的夹角为 15°，试编制其加工宏程序。

图 3-63　矩形框式点阵孔系

3. 数控铣削加工如图 3-64 所示直线点阵孔系，该孔系共 8 个，孔间距为 11mm，孔系中心线与 X 轴正半轴夹角为 30°，试编制其加工宏程序。

4. 铣削加工如图 3-65 所示正三角形网式点阵孔系，正三角形边长为 60mm，三角形边上均布了 5 个孔，孔间距为 15mm，试编制其加工宏程序。

图 3-64　直线点阵孔系

图 3-65　正三角形网式点阵孔系

### 3.5.2　环形阵列孔系铣削加工

本节以扇形均布孔系（圆周均布孔系可看作扇形均布孔系的特殊情况）铣削加工为例来介绍环形阵列孔系的宏程序编制。扇形均布孔系铣削加工宏程序编程的关键是计算每个孔的圆心坐标值，而计算各孔圆心的坐标值主要有坐标方程、坐标旋转和极坐标三种方法。

【例 3-15】　如图 3-66 所示，在半径为 $R40$mm 的扇形上均匀分布有 5 个孔，相邻孔间夹角为 25°，第一个孔（图中"3 点钟"位置孔）与 $X$ 正半轴的夹角为 15°，孔系所在扇形的圆心 $O$ 在工件坐标系中的坐标值为（20,10），试编制其加工宏程序。

图 3-66　扇形均布孔系

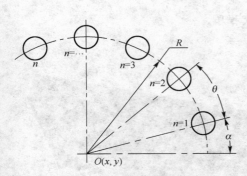

图 3-67  扇形均布孔系几何模型

解：扇形均布孔系几何模型如图 3-67 所示，设孔系所在扇形半径为 $R$，扇形圆心 $O$ 的坐标值为 $(x, y)$，孔个数为 $n$，第一个孔与 $X$ 正半轴的夹角为 $\alpha$，相邻孔间夹角为 $\theta$。

① 采用坐标方程计算扇形均布孔系各孔圆心坐标值。

由扇形均布孔系几何模型可得，第 $n$ 个孔的圆心坐标方程为：

$$\begin{cases} X = R\cos[(n-1)\theta + \alpha] + x \\ Y = R\sin[(n-1)\theta + \alpha] + y \end{cases}$$

下面是采用坐标方程计算扇形均布孔系各孔圆心坐标值的方法编制的加工宏程序。

```
%3130
#0=40                                    （孔系所在扇形半径 R 赋值）
#1=20                                    （扇形圆心 O 的 X 坐标赋值）
#2=10                                    （扇形圆心 O 的 Y 坐标赋值）
#3=5                                     （孔个数 n 赋值）
#4=15                                    （起始角度 α 赋值）
#5=25                                    （相邻孔夹角 θ 赋值）
G54 X100 Y100 Z50                        （工件坐标系设定）
M03 S1000 F300                           （加工参数设定）
  #10=1                                  （孔数计数器置 1）
  WHILE #10LE#3                          （加工条件判断）
  #11=#0*COS[[[#10-1]*#5+#4]*PI/180]+#1  （计算孔圆心的 X 坐标值）
  #12=#0*SIN[[[#10-1]*#5+#4]*PI/180]+#2  （计算孔圆心的 Y 坐标值）
  G81 X[#11] Y[#12] Z-5 R2               （钻孔加工）
  #10=#10+1                              （孔数计数器累加）
  ENDW                                   （循环结束）
G80 G00 Z50                              （抬刀）
X100 Y100                                （返回起刀点）
M30                                      （程序结束）
```

下面是将上述程序作适当修改后的宏程序，3132 号子程序仅计算各孔圆心坐标值，供主程序调用用于钻孔加工，主程序中对各变量赋值。

```
%3131                                    （主程序号）
G54 X100 Y100 Z50                        （工件坐标系设定）
M03 S1000 F300                           （加工参数设定）
G81 X0 Y0 Z-5 R2 L0                      （钻孔加工）
M98 P3132 A40 B20 C10 D5 E15 F25         （调用 3132 号宏程序加工）
                                         （A=#0——孔系所在扇形半径 R 值）
                                         （B=#1——扇形圆心 O 的 X 坐标值）
                                         （C=#2——扇形圆心 O 的 Y 坐标值）
                                         （D=#3——孔个数 n）
                                         （E=#4——起始角度 α）
                                         （F=#5——相邻孔夹角 θ）
```

```
G80 G00 Z50                              （抬刀）
X100 Y100                                （返回起刀点）
M30                                      （程序结束）
%3132                                    （宏子程序号）
#10=1                                    （计数器置1）
WHILE #10LE#3                            （加工条件判断）
#11=#0*COS[[[#10-1]*#5+#4]*PI/180]+#1    （计算X坐标值）
#12=#0*SIN[[[#10-1]*#5+#4]*PI/180]+#2    （计算Y坐标值）
X[#11] Y[#12]                            （当前点的坐标值）
#10=#10+1                                （计数器累加）
ENDW                                     （循环结束）
M99                                      （子程序结束返回主程序）
```

② 采用坐标旋转指令计算扇形均布孔系各孔圆心坐标值。

下面是采用坐标旋转指令计算扇形均布孔系各孔圆心坐标值编制的加工宏程序。

```
%3133
#0=40                                    （孔系所在扇形半径R赋值）
#1=20                                    （扇形圆心O的X坐标赋值）
#2=10                                    （扇形圆心O的Y坐标赋值）
#3=5                                     （孔个数n赋值）
#4=15                                    （起始角度α赋值）
#5=25                                    （相邻孔夹角θ赋值）
G54 X100 Y100 Z50                        （工件坐标系设定）
M03 S1000 F300                           （加工参数设定）
  #10=1                                  （孔数计数器置1）
  WHILE #10LE#3                          （加工条件判断）
  G68 X[#1] Y[#2] P[[#10-1]*#5+#4]       （坐标旋转设定）
  G81 X[#0+#1] Y[#2] Z-5 R2              （钻孔加工）
  #10=#10+1                              （孔数计数器累加）
  ENDW                                   （循环结束）
G80 G69 G00 Z50                          （抬刀）
X100 Y100                                （返回起刀点）
M30                                      （程序结束）
```

③ 采用极坐标指令计算扇形均布孔系各孔圆心坐标值。

下面是采用极坐标指令计算扇形均布孔系各孔圆心坐标值编制的加工宏程序。

```
%3134
#0=40                                    （孔系所在扇形半径R赋值）
#1=20                                    （扇形圆心O的X坐标赋值）
#2=10                                    （扇形圆心O的Y坐标赋值）
#3=5                                     （孔个数n赋值）
#4=15                                    （起始角度α赋值）
#5=25                                    （相邻孔夹角θ赋值）
G54 X100 Y100 Z50                        （工件坐标系设定）
M03 S1000 F300                           （加工参数设定）
  #10=1                                  （孔数计数器置1）
```

```
    WHILE #10LE#3                          （加工条件判断）
    G38 X[#1] Y[#2]                        （极坐标设定）
    G81 AP=[[#10-1]*#5+#4] RP=[#0] Z-5 R2  （钻孔加工）
    #10=#10+1                              （孔数计数器累加）
    ENDW                                   （循环结束）
  G80 G00 Z50                              （抬刀）
  X100 Y100                                （返回起刀点）
  M30                                      （程序结束）
```

思考练习

1. 在毛坯尺寸为 80mm × 80mm × 12mm 的铝板上加工如图 3-68 所示 6 个圆周均布通孔，试编制其加工宏程序。

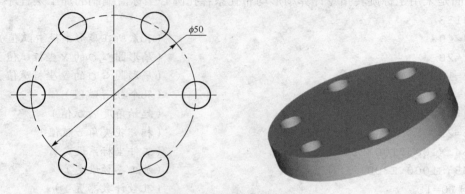

图 3-68　圆周均布孔系的加工

2. 如图 3-69 所示，在半径为 SR200mm 的凹球面上加工出 60 个 $\phi$4mm 的孔，最内圈节圆直径为 $\phi$20mm，均匀分布 6 个孔，从内向外每圈递增 6 个孔，节圆直径递增 20mm，各圈孔均布，孔深均为 2mm，试编制其孔加工宏程序。

图 3-69　孔系的铣削加工

# 3.6 型腔数控铣削加工

## 3.6.1 圆形型腔铣削加工

利用立铣刀采用螺旋插补方式铣削加工圆形型腔，在一定程度上可以实现以铣代钻、以铣代铰、以铣代镗，一刀多用，一把铣刀就够了，不必频繁地换刀，因此与传统的"钻→铰"或"钻→扩→镗"等孔加工方法相比，提高了整体加工效率，并且可大大地减少使用的刀具；另外，由于铣刀侧刃的背吃刀量总是从零开始均匀增大至设定值，可有效减少刀具让刀现象，保证型腔的形状精度。

【例 3-16】 铣削加工如图 3-70 所示圆形型腔，圆孔直径 $\phi40$mm，孔深 10mm，试采用螺旋插补指令编制其数控铣削加工宏程序。

图 3-70 圆形型腔铣削加工

解：圆形型腔几何参数模型如图 3-71 所示，圆孔直径为 $D$，孔深 $H$。设工件坐标原点在工件上表面的对称中心，选用刀具直径 $d$ 为 $\phi12$mm 的立铣刀铣削加工，编制精加工宏程序如下。

图 3-71 圆形型腔几何参数模型

```
%3140
#0=40                    （型腔直径 D 赋值）
#1=10                    （型腔深度 H 赋值）
#2=12                    （立铣刀直径 d 赋值）
G54 G00 X100 Y100 Z50    （工件坐标系设定）
M03 S1200 F300           （加工参数设定）
G00 X[#0/2-#2/2] Y0      （刀具定位）
Z2                       （刀具下降）
  #10=0                  （加工深度赋初值）
```

```
    WHILE #10LT#1              （加工条件判断）
    G03 I[#2/2-#0/2] Z[-#10]   （螺旋插补加工）
    #10=#10+3                   （加工深度递增）
    ENDW                       （循环结束）
  G03 I[#2/2-#0/2] Z[-#1]      （螺旋插补到型腔底部）
  I[#2/2-#0/2]                 （型腔底部铣削加工）
  G00 Z50                      （抬刀）
  X100 Y100                    （返回起刀点）
  M30                          （程序结束）
```

下面是采用螺旋插补指令编制的铣削加工圆形型腔的粗、精加工宏程序。

```
%3141
#0=40                          （型腔直径 D 赋值）
#1=10                          （型腔深度 H 赋值）
#2=12                          （立铣刀直径 d 赋值）
#3=[#0-#2]/2                    （计算加工半径值）
G54 G00 X0 Y0 Z50              （工件坐标系设定）
M03 S1200 F300                （加工参数设定）
  #10=0                        （加工半径赋初值）
  WHILE #10LT#3               （加工半径条件判断）
  #10=#10+#2*0.6               （加工半径递增一个步距 0.6 倍刀具直径）
  IF #10GT#3                   （若加工半径大于#3）
  #10=#3                       （将#3 赋给#10）
  ENDIF                        （条件结束）
  G00 Z2                       （刀具 Z 轴定位）
  X[#10] Y0                    （刀具 XY 平面定位）
    #20=0                      （加工深度赋初值）
    WHILE #20LT#10            （加工深度条件判断）
    G03 I[-#10] Z[-#20]        （螺旋插补加工）
    #20=#20+5                   （加工深度递增）
    ENDW                      （循环结束）
  G03 I[-#10] Z[-#1]           （螺旋插补到型腔底部）
  I[-#10]                      （型腔底部圆弧插补加工）
  G00 X0 Y0                    （退刀）
  ENDW                        （循环结束）
G00 Z50                        （抬刀）
M30                            （程序结束）
```

 思考练习

1. 本节例题采用的是同心圆法铣削加工圆形型腔。采用同象限点法铣削加工圆形型腔的刀具轨迹如图 3-72 所示（图中细实线），设圆形型腔直径 D，深度 H，刀具直径为 d，刀具轨迹半径递增量 B，试编制其加工宏程序。

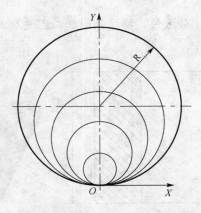

图 3-72　同象限法铣削加工圆形型腔刀具轨迹

2. 如图 3-73 所示为一个含椭圆曲线型腔的零件，试编制其型腔的数控铣削加工宏程序。

图 3-73　含椭圆曲线段型腔零件

3. 铣削加工如图 3-74 所示内螺纹，螺纹尺寸为 M40×2.5，螺纹长度 36mm，试编制其铣削加工宏程序。

提示：小直径的内螺纹一般采用丝锥攻螺丝完成，大直径内螺纹在数控机床上可通过螺纹铣刀采用螺旋插补指令铣削加工完成。螺纹铣刀的寿命是丝锥的十多倍，不仅寿命长，而且对螺纹直径尺寸的控制十分方便，螺纹铣削加工已逐渐成为螺纹加工的主流方式。

图 3-74　大直径内螺纹铣削加工

大直径的内螺纹铣刀一般为机夹式，以单刃结构居多，与车床上使用的内螺纹车刀相似。内螺纹铣刀在加工内螺纹时，编程一般不采用半径补偿指令，而是直接对螺纹铣刀刀心进行编程，如果没有特殊需求，应尽量采用顺铣方式。

内螺纹铣刀铣削内螺纹的工艺分析如表 3-11 所示。需要注意的是，单向切削螺纹铣刀只允许单方向切削（主轴 M03），另外机夹式螺纹铣刀适用于较大直径（$D > 25\text{mm}$）的螺纹加工。

表 3-11　内螺纹铣刀铣削螺纹的工艺分析

| 主 轴 转 向 | Z 轴移动方向 | 螺 纹 种 类 | | | |
| --- | --- | --- | --- | --- | --- |
| | | 右 旋 螺 纹 | | 左 旋 螺 纹 | |
| | | 插补指令 | 铣削方式 | 插补指令 | 铣削方式 |
| 主轴正转（M03） | 自上而下 | G02 | 逆铣 | G03 | 顺铣 |
| | 自下而上 | G03 | 顺铣 | G02 | 逆铣 |

### 3.6.2　矩形型腔铣削加工

矩形型腔通常采用等高层铣的方法铣削加工，此外还可以采用插铣法铣削加工。

插铣法又称为 Z 轴铣削法，是实现高切除率金属切削最有效的加工方法之一。插铣法最大的特点是非常适合粗加工和半精加工，特别适用于具有复杂几何形状零件的粗加工（尤其是深窄槽），可从顶部一直铣削到根部，插铣深度可达 250mm，而不会发生振颤或扭曲变形，加工效率高。

此外，插铣加工还具有以下优点：侧向力小，减小了零件变形；加工中作用于铣床的径向切削力较小，使主轴刚度不高的机床仍可使用而不影响工件的加工质量；刀具悬伸长度较大，适合对工件深槽的表面进行铣削加工，而且也适用于对高温合金等难切削材料进行切槽加工。

【例 3-17】　铣削加工如图 3-75 所示矩形型腔，型腔长 40mm，宽 25mm，深 30mm，转角半径 R5mm，试编制采用插铣法粗加工该型腔的宏程序。

解：矩形型腔几何模型如图 3-76 所示，型腔长 L，宽 B，深 H，转角半径 R。设工件坐标原点在零件上表面的对称中心，选用直径为 $\phi 10\text{mm}$ 的插铣刀实现该型腔的粗加工，编制加工宏程序如下。

图 3-75　矩形型腔铣削加工　　　　　　　　　图 3-76　矩形型腔几何参数模型

```
%3150
#0=40                                （型腔长 L 赋值）
#1=25                                （型腔宽 B 赋值）
#2=30                                （型腔深 H 赋值）
#3=5                                 （转角半径 R 赋值）
#4=10                                （刀具直径 D 赋值）
#5=0.6*#4                            （加工步距赋值，步距值取 0.6 倍刀具直径）
#6=[#1-#4]/2                         （计算加工半宽值）
#7=[#0-#4]/2                         （计算加工半长值）
IF [#4*0.5]GT#3                      （刀具直径判断）
M30                                  （程序结束）
ENDIF                                （条件结束）
G54 G00 X100 Y100 Z50               （工件坐标系设定）
M03 S600 F150                        （加工参数设定）
  #10=-#6-#5                         （加工 Y 坐标赋初值）
  WHILE #10LT#6                      （加工条件判断）
  #10=#10+#5                         （Y 向坐标增加一个步距）
  IF #10GE#6                         （加工 Y 坐标值判断）
  #10=#6                             （将最终 Y 坐标值赋给#10）
  ENDIF                              （条件结束）
    #20=-#7-#5                       （加工 X 坐标赋初值）
    WHILE #20LT#7                    （加工条件判断）
    #20=#20+#5                       （X 坐标增加一个步距）
    IF #20GE#7                       （加工 X 坐标值判断）
    #20=#7                           （将最终 X 坐标值赋给#20）
    ENDIF                            （条件结束）
    G81 X[#20] Y[#10] Z[-#2] R2      （插铣加工）
    ENDW                             （循环结束）
  ENDW                               （循环结束）
```

```
G00 Z50                            （抬刀）
X100 Y100                          （返回起刀点）
M30                                （程序结束）
```

数控铣削加工如图 3-77 所示矩形型腔，长 50mm，宽 30mm，圆角半径为 R6mm，深 10mm，试采用等高层铣编程加工该型腔。

图 3-77　矩形型腔零件

### 3.6.3　腰形型腔铣削加工

腰形型腔是机械加工领域常见的一种结构，特别是在齿轮和齿轮座类零件上。虽然腰形型腔的加工并不是一个难题，但是在利用宏程序来提高生产效率方面，它具有一定的代表性。由于腰形型腔的多样性，在数控加工中频繁地编制类似的程序将消耗大量准备时间，而编制一个通用的腰形型腔加工程序，每次使用时只要修改其中几个参数就可以大大提高效率和可靠性。

内腔轮廓铣削加工时，需要刀具垂直于材料表面进刀。按照进刀的要求，最直接的方法是选择键槽刀，因为键槽刀的端刃从侧刃贯穿至刀具中心，这样可以使用键槽刀直接向材料内部进刀。而立铣刀的端刃为副切削刃，端刃主要在刀具的边缘部分，中心处没有切削刃，所以不能用立铣刀直接向材料内部垂直进刀。但是有时考虑到同样直径的立铣刀的刀体直径大于键槽刀的刀体直径，因此同样直径的立铣刀刚性要强于键槽刀，且立铣刀的侧刃一般有三齿或四齿，而键槽刀只有两齿，相同主轴转速下，齿数越多，每齿切削厚度越小，加工平顺性越好，所以在加工中要尽可能地使用立铣刀。那如何使用立铣刀在加工内腔轮廓时，向材料内部进刀，又不损坏刀具呢？数控铣加工中常采用的方法有螺旋下刀和斜线下刀。

【例 3-18】　数控铣削加工如图 3-78 所示连线为直线的腰形孔，孔长 20mm，孔宽 10mm，孔深 10mm，旋转角度 30°，试编制其加工宏程序。

解：如图 3-79 所示是连线为直线的腰形孔几何参数模型，设腰形孔长 $L$，宽 $2R$（拐角半径 $R$），深 $H$，旋转角度 $\theta$。设工件坐标原点在腰形孔旋转中心的上表面，选用直径 $D$ 为 10mm 的键槽立铣刀斜线下刀分层铣削加工该孔，编制加工宏程序如下。

图 3-78 连线为直线的腰形孔  图 3-79 连线为直线的腰形孔几何参数模型

```
%3160
#0=20                                （腰形孔长 L 赋值）
#1=5                                 （腰形孔半宽 R 赋值）
#2=10                                （腰形孔深 H 赋值）
#3=30                                （腰形孔旋转角度 θ 赋值）
#4=10                                （键槽立铣刀刀具直径 D 赋值）
#5=4                                 （深度进给量赋值）
#10=0                                （加工深度 h 赋初值）
G54 G00 X100 Y100 Z50                （工件坐标系设定）
M03 S1000 F300                       （加工参数设定）
X0 Y0                                （刀具定位）
Z2                                   （下降到安全平面）
G01 Z0                               （插补至工件上表面）
WHILE #10LT#2                        （加工深度条件判断）
#10=#10+#5                           （加工深度递增）
IF #10GE#2                           （如果加工深度大于或等于孔深度）
#10=#2                               （将#2 的值赋给#10）
ENDIF                                （条件结束）
  IF #4GT[2*#1]                      （刀具直径判断，若刀具直径大于孔宽）
  M30                                （程序结束）
  ENDIF                              （条件结束）
  IF #4EQ[2*#1]                      （刀具直径判断，若刀具直径等于孔宽）
  G01 X[#0*COS[#3*PI/180]] Y[#0*SIN[#3*PI/180]] Z[-#10]
                                     （斜插加工）
  X0 Y0                              （加工返回）
  ELSE                               （否则，若刀具直径小于孔宽）
  G68 X0 Y0 P[#3]                    （坐标旋转设定）
  G01 X0 Y[#4*0.5-#1]               （直线插补）
  X[#0] Z[-#10]                      （斜插加工）
  G03 Y[#1-#4*0.5] R[#1-#4*0.5]     （圆弧插补）
  G01 X0                             （直线插补）
  G03 Y[#4*0.5-#1] R[#1-#4*0.5]     （圆弧插补）
  G01 X[#0]                          （直线插补）
```

```
    G00 X0                              (快速返回)
    G69                                 (取消坐标旋转)
    ENDIF                               (条件结束)
  ENDW                                  (循环结束)
  G00 Z50                               (抬刀)
  X100 Y100                             (返回起刀点)
  M30                                   (程序结束)
```

**【例 3-19】** 数控铣削加工如图 3-80 所示连线为圆弧的腰形孔，腰形孔所在圆的半径为 35mm，腰孔孔宽 10mm，起始角度 15°，圆心角 45°，孔深 8mm，试编制其加工宏程序。

图 3-80　连线为圆弧的腰形孔

图 3-81　连线为圆弧的腰形孔几何参数模型

解：如图 3-81 所示是连线为圆弧的腰形孔几何参数模型，设腰形孔所在圆的半径为 $r$，腰孔孔宽 $2R$（拐角半径 $R$），起始角度 $\alpha$，圆心角 $\beta$，孔深 $H$。设工件坐标原点在腰形孔所在圆的圆心上，选用直径 $D$ 为 10mm 的键槽立铣刀斜线下刀分层铣削加工该孔，编制加工宏程序如下。

```
%3161
#0=35                               (腰形孔所在圆半径 r 赋值)
#1=5                                (腰形孔半宽 R 赋值)
#2=15                               (腰形孔起始角度 α 赋值)
#3=45                               (腰形孔圆心角 β 赋值)
#4=8                                (腰形孔深 H 赋值)
#5=10                               (键槽立铣刀刀具直径 D 赋值)
#6=4                                (深度进给量赋值)
#10=0                               (加工深度 h 赋初值)
G54 G00 X100 Y100 Z50               (工件坐标系设定)
M03 S1000 F300                      (加工参数设定)
X[#0*COS[#2*PI/180]] Y[#0*SIN[#2*PI/180]]     (刀具定位)
Z2                                  (下降到安全平面)
G01 Z0                              (插补至工件上表面)
```

```
WHILE #10LT#4                                          （加工深度条件判断）
#10=#10+#6                                             （加工深度递增）
IF #10GE#4                                             （如果加工深度大于或等于孔深度）
#10=#4                                                 （将#4 的值赋给#10）
ENDIF                                                  （条件结束）
  IF #5GT[2*#1]                                        （刀具直径判断，若刀具直径大于孔宽）
  M30                                                  （程序结束）
  ENDIF                                                （条件结束）
  IF #5EQ[2*#1]                                        （刀具直径判断，若刀具直径等于孔宽）
  G17 G03 X[#0*COS[[#2+#3]*PI/180]] Y[#0*SIN[[#2+#3]*PI/180]] R[#0]
  Z[-#10]
                                                       （螺旋插补加工）
  G02 X[#0*COS[#2*PI/180]] Y[#0*SIN[#2*PI/180]] R[#0]
                                                       （加工返回）
  ELSE                                                 （否则，若刀具直径小于孔宽）
  G01 X[[#0+#1-#5*0.5]*COS[#2*PI/180]] Y[[#0+#1-#5*0.5]*SIN[#2*
  PI/180]]                                             （直线插补）
  G17 G03 X[[#0+#1-#5*0.5]*COS[[#2+#3]*PI/180]] Y[[#0+#1-#5*0.5]
  *SIN[[#2+#3]*PI/180]] R[#0+#1-#5*0.5] Z[-#10]        （螺旋插补加工）
  X[[#0-#1+#5*0.5]*COS[[#2+#3]*PI/180]] Y[[#0-#1+#5*0.5]*SIN[[#2+
  #3]*PI/180]] R[#1-#5*0.5]                            （圆弧插补）
  G02 X[[#0-#1+#5*0.5]*COS[#2*PI/180]] Y[[#0-#1+#5*0.5]*SIN[#2*PI/
  180]] R[#0-#1+#5*0.5]                                （圆弧插补）
  G03 X[[#0+#1-#5*0.5]*COS[#2*PI/180]] Y[[#0+#1-#5*0.5]*SIN[#2*PI/
  180]] R[#1-#5*0.5]                                   （圆弧插补）
  X[[#0+#1-#5*0.5]*COS[[#2+#3]*PI/180]] Y[[#0+#1-#5*0.5]*SIN[[#2+
  #3]*PI/180]] R[#0+#1-#5*0.5]                         （圆弧插补）
  G02 X[[#0+#1-#5*0.5]*COS[#2*PI/180]] Y[[#0+#1-#5*0.5]*SIN[#2*PI/
  180]] R[#0+#1-#5*0.5]                                （圆弧插补）
  ENDIF                                                （条件结束）
ENDW                                                   （循环结束）
G00 Z50                                                （抬刀）
X100 Y100                                              （返回起刀点）
M30                                                    （程序结束）
```

**思考练习**

　　数控铣削加工如图 3-82 所示 4 个连线为直线的腰形孔和 4 个连线为圆弧的腰形孔，孔宽 6mm，孔深 8mm，试编制其加工宏程序。

图 3-82　腰形型腔铣削加工

# 3.7　球面数控铣削加工

## 3.7.1　凸球面铣削加工

### （1）凸球面加工刀具

如图 3-83 所示，凸球面加工使用的刀具可以选用立铣刀或球头铣刀。一般来说，凸球面粗加工使用立铣刀以保证加工效率，精加工时使用球头铣刀以保证表面加工质量。

（a）球头刀加工　　　　　　　　　　　　（b）立铣刀加工

图 3-83　凸球面加工刀具、刀轨及参数模型示意图

采用球头刀加工凸球曲面时如图 3-83（a）所示，曲面加工是球刃完成的，其刀具中心轨迹是球面的同心球面，与球半径 $R$ 相差一个球头刀刀具半径（$D/2$），即刀具中心轨迹半径为 $R+D/2$。

采用立铣刀加工凸球曲面时如图 3-83（b）所示，曲面加工是刀尖完成的，当刀尖沿圆弧运动时，其刀具中心运动轨迹是与球半径 $R$ 相等的圆弧，只是位置相差一个立铣刀刀具半径（$D/2$）。

### （2）凸球面加工走刀路线

凸球面加工走刀路线可以选用等高加工、切片加工和放射加工三种方式。

等高铣削加工凸球面如图 3-84（a）所示，刀具沿用一系列水平截球面截得的截交线形成的一组不同高度和直径的同心圆运动来完成走刀。在进刀控制上有从上向下进刀和从下向上进刀两种，一般应使用从下向上进刀来完成加工，此时主要利用铣刀侧刃切削，表面质量较好，端刃磨损较小，同时切削力将刀具向欠切方向推，有利于控制加工尺寸。采用从下向上进刀来完成加工时，先在半球底部铣整圆，之后 $Z$ 轴进行抬高并改变上升后整圆的半径。

行切法（切片法）加工如图 3-84（b）所示，刀具沿用一系列垂直截球面截得的截交线形成的一组同心圆运动来完成走刀。

放射加工如图 3-84（c）所示，刀具沿从球顶向球底面均匀放射的一组圆弧运动来完成走刀，加工路线形成一种特殊的"西瓜纹"。

（a）等高铣削加工　　　　　　　（b）行切法加工　　　　　　　（c）放射加工

图 3-84　凸球面加工走刀路线

### （3）等高铣削加工进刀控制算法

凸球面加工一般选用等高铣削加工，其进刀控制算法主要有两种。一种计算方法如图 3-85（a）所示，先根据允许的加工误差和表面粗糙度，确定合理的 $Z$ 向进刀量（$\Delta h$），再根据给定加工高度 $h$ 计算出加工圆的半径 $r=\sqrt{R^2-h^2}$，这种算法走刀次数较多。另一种计算方法如图 3-85（b）所示，是先根据允许的加工误差和表面粗糙度，确定两相邻进刀点相对球心的角度增量（$\Delta\theta$），再根据角度计算进刀点的加工圆半径 $r$ 和加工高度 $h$ 值，即 $h=R\sin\theta$，$r=R\cos\theta$。

（a）以 $Z$ 为自变量　　　　　　　　　　（b）以 $\theta$ 为自变量

图 3-85　等高铣削加工进刀控制算法示意图

**【例 3-20】** 数控铣削加工如图 3-86 所示凸半球面，球半径为 $SR30$mm，试编制其精加工宏程序。

图 3-86  凸半球面数控铣削加工

解：设 G54 工件坐标系原点在球心，下面分别采用直径为 $\phi8$mm 的立铣刀和球头刀采用不同方法实现该凸半球面的精加工，编制加工程序如下。

① 立铣刀精加工凸半球面。

```
%3170
#1=30                              （球半径 R 赋值）
#2=8                               （立铣刀刀具直径 D 赋值）
#10=0                              （加工角度赋初值）
G54 G00 X100 Y100 Z50              （选择 G54 工件坐标系）
M03 S1000 F300                     （加工参数设定）
X[#1+#2] Y0                        （刀具定位）
Z0                                 （刀具下降到球底面）
  WHILE #10LT90                    （当角度小于 90° 时执行循环）
  #20=#1*COS[#10*PI/180]+#2/2      （计算 X 坐标值）
  #21=#1*SIN[#10*PI/180]           （计算 Z 坐标值）
  G01 X[#20] Z[#21]                （直线插补至切削圆的起始点）
  G02 I[-#20]                      （圆弧插补加工水平截交圆）
  #10=#10+0.5                      （角度递增）
  ENDW                            （循环结束）
G00 Z50                            （抬刀）
X100 Y100                          （返回起刀点）
M30                                （程序结束）
```

② 球头刀精加工凸半球面。

```
%3171
#1=30                              （球半径 R 赋值）
#2=8                               （球头刀刀具直径 D 赋值）
#10=0                              （加工角度赋初值）
G54 G00 X100 Y100 Z50              （选择 G54 工件坐标系）
M03 S1000 F300                     （加工参数设定）
X[#1+#2] Y0                        （刀具定位）
```

```
Z0                                    （刀具下降到球底面）
  WHILE #10LT90                       （当角度小于 90° 时执行循环）
  #20=[#1+#2/2]*COS[#10*PI/180]       （计算 X 坐标值）
  #21=[#1+#2/2]*SIN[#10*PI/180]       （计算 Z 坐标值）
  G01 X[#20] Z[#21]                   （直线插补至切削圆的起始点）
  G02 I[-#20]                         （圆弧插补加工水平截交圆）
  #10=#10+0.5                         （角度递增）
  ENDW                                （循环结束）
G00 Z50                               （抬刀）
X100 Y100                             （返回起刀点）
M30                                   （程序结束）
```

③ 球头刀螺旋铣削精加工凸半球面。

```
%3172
#1=30                                 （球半径 R 赋值）
#2=8                                  （球头刀刀具直径 D 赋值）
#10=0                                 （加工角度赋初值）
G54 G00 X100 Y100 Z50                 （选择 G54 工件坐标系）
M03 S1000 F300                        （加工参数设定）
Z0                                    （刀具下降到球底面）
G01 X[#1+#2/2] Y0                     （进刀到切削起点）
  WHILE #10LT90                       （当角度小于 90° 时执行循环）
  #20=[#1+#2/2]*COS[#10*PI/180]       （计算 X 坐标值）
  #21=[#1+#2/2]*SIN[#10*PI/180]       （计算 Z 坐标值）
  G17 G02 X[#20] I[-#20] Z[#21]       （螺旋插补加工）
  #10=#10+0.5                         （角度递增）
  ENDW                                （循环结束）
G00 Z50                               （抬刀）
X100 Y100                             （返回起刀点）
M30                                   （程序结束）
```

④ 球头刀放射形精加工凸半球面。

```
%3173
#1=30                                 （球半径 R 赋值）
#2=8                                  （球头刀刀具直径 D 赋值）
#10=0                                 （旋转角度赋初值）
#11=#1+#2/2                           （计算 R+D/2）
G54 G00 X100 Y100 Z50                 （选择 G54 工件坐标系）
M03 S1000 F300                        （加工参数设定）
  WHILE #10LT180                      （当角度小于 180° 时执行循环）
  G17 G68 X0 Y0 P[#10]                （坐标旋转设定）
    G00 X[#1+#2] Y0                   （刀具定位）
```

```
        #20=0                              （角度赋初值）
        WHILE #20LT180                     （圆弧加工条件判断）
        #30=#11*COS[#20*PI/180]            （计算圆弧加工的 X 坐标值）
        #31=#11*SIN[#20*PI/180]            （计算圆弧加工的 Y 坐标值）
        G01 X[#30] Z[#31]                  （直线插补加工圆弧）
        #20=#20+0.5                        （角度递增）
        ENDW                               （循环结束）
        G00 Z[#1+#2]                       （抬刀）
      G69                                  （取消坐标旋转）
      #10=#10+0.5                          （角度递增）
      ENDW                                 （循环结束）
    G00 Z50                                （抬刀）
    G17 X100 Y100                          （返回起刀点）
    M30                                    （程序结束）
```

⑤ 球头刀采用刀具半径补偿倒圆角方式精加工编程。

```
%3174
#3=8                                       （球头刀直径 D 赋值）
#17=30                                     （球半径 R 赋值）
#20=0                                      （角度 θ 计数器置零）
#21=#3/2+#17                               （计算球刀中心与倒圆中心连线距离）
G54 G00 X100 Y100 Z50                      （工件坐标系设定）
M03 S1000 F300                             （加工参数设定）
WHILE #20LE90                              （循环条件判断）
#22=#21*SIN[#20*PI/180]                    （计算球头刀的 Z 轴动态值）
#100=#21*COS[#20*PI/180]-#17              （计算动态变化的刀具半径 r 补偿值）
G00 Z[#22]                                 （刀具下降至初始加工平面）
G41 X[#17+#3] Y0 D100                      （建立刀具半径补偿）
  G01 X[#17+#3/2]                          （插补到切削起点）
  G02 I[-#17+#3/2]                         （圆弧插补加工外轮廓）
G40 G00 X[#17+#3]                          （取消刀具半径补偿）
#20=#20+0.5                                （角度计数器加增量）
ENDW                                       （循环结束）
G00 Z50                                    （抬刀）
X100 Y100                                  （返回起刀点）
M30                                        （程序结束）
```

【例 3-21】 如图 3-87 所示，在 60mm×60mm 的方形坯料上加工出球半径为 $SR25mm$ 的凸半球面，试编制其数控铣削粗加工宏程序。

解：① 采用立铣刀从上至下等高铣削粗加工。

设工件坐标系原点在上表面中心（即球顶点），采用直径为 $\phi 8$ 的立铣刀从上至下等高铣削粗加工，编制加工程序如下。

图 3-87　凸半球面

```
%3175
#1=25                    （球半径 R 赋值）
#2=60                    （方形毛坯边长赋值）
#3=8                     （立铣刀刀具直径 D 赋值）
#10=0.7                  （粗加工行距系数赋值，行距系数=行距/刀具直径）
#11=3                    （每层加工深度赋值）
#12=0                    （加工深度赋初值）
G54 G00 X100 Y100 Z50    （选择 G54 工件坐标系）
M03 S1000 F300           （加工参数设定）
WHILE #12LT#1            （加工深度条件判断）
IF [#12+#11]GE#1         （Z 轴方向最后一层加工条件判断）
#12=#1                   （将球半径#1 赋给加工深度#12）
ENDIF                    （结束条件）
G00 X[SQRT[2]*[#2/2]+#3/2] Y0      （刀具移动到工件之外）
Z[-#12]                            （刀具下降到加工平面）
   #20=SQRT[2]*[#2/2]              （计算方形毛坯外接圆半径）
   #21=SQRT[#1*#1-[#1-#12]*[#1-#12]] （计算加工层的截圆半径）
   WHILE #20GT#21                  （每层加工循环条件判断）
   IF [#20-#10*#3]LE#21            （XY 平面最后一圈加工条件判断）
   #20=#21+0.1                     （XY 平面最后一圈留 0.1mm 精加工余量）
   ENDIF                           （结束条件）
   G01 X[#20+#3/2] Y0              （直线插补至切削起点）
   G02 I[-#20-#3/2]               （粗加工圆弧插补）
   #20=#20-#10*#3                 （粗加工圆半径递减）
   ENDW                           （每层加工循环结束）
```

```
#12=#12+#11                          （加工深度递增）
ENDW                                 （深度加工循环结束）
G00 Z50                              （抬刀）
X100 Y100                            （返回）
M30                                  （程序结束）
```

② 采用球头刀插式铣削粗加工。

设工件坐标系原点在上表面中心（即球顶点），采用直径为 φ8 的球头刀沿圆形循环加工路线插式铣削粗加工，编制加工程序如下。

```
%3176
#1=25                                （球半径 R 赋值）
#2=60                                （方形毛坯边长赋值）
#3=8                                 （球头刀刀具直径 D 赋值）
#10=0.7                              （粗加工行距系数赋值，行距系数=行距/刀具直径）
#11=SQRT[2]*#2*0.5                   （圆形循环加工路线在 XY 平面的投影圆半径赋初值）
#12=#1+#3/2                          （计算球半径加球头刀半径的值）
#13=5                                （角度增量赋初值）
G54 G00 X100 Y100 Z50               （选择 G54 工件坐标系）
M03 S1000 F300                       （加工参数设定）
WHILE #11GT0                         （加工循环条件判断）
  IF #11GE#12                        （条件满足时）
  #20=#1-#3/2                        （加工深度赋值）
  ELSE                               （条件不满足时）
  #20=#1-SQRT[#12*#12-#11*#11]       （加工深度计算）
  ENDIF                              （结束条件）
    #30=0                            （角度赋初值）
    WHILE #30LT360                   （加工条件判断）
    #31=#11*COS[#30*PI/180]          （计算 X 坐标值）
    #32=#11*SIN[#30*PI/180]          （计算 Y 坐标值）
    IF [ABS[#31]LE[#2/2]]OR[ABS[#32]LE[#2/2]]
                                     （判断加工点是否在方形毛坯之外）
    G81 X[#31] Y[#32] Z[-#20] R[#3]  （插式铣削）
    ENDIF                            （结束条件）
    #30=#30+#13                      （角度递增）
    ENDW                             （加工循环结束）
#13=#13+1                            （每向内加工一圈，角度递增1°）
#11=#11-#10*#3                       （投影圆半径递减）
ENDW                                 （坐标循环结束）
G00 Z50                              （抬刀）
X100 Y100                            （返回）
M30                                  （程序结束）
```

◀ 思考练习 ▶

1. 数控铣削加工如图 3-88 所示的球冠面，球半径为 SR30mm，球冠高度为 20mm，试编制该零件的精加工宏程序。

图 3-88    球冠面铣削加工

2. 若采用仅将精加工程序中的球半径赋值从大至小赋值实现粗加工是否可行？

3. 数控铣削加工如图 3-89 所示凸半球，球半径 $R$ 为 20mm，方形毛坯长 $L$ 的值为 70mm，宽 $B$ 的值为 60mm，试用行切法加工并编制其铣削加工宏程序。

图 3-89    凸半球铣削加工

## 3.7.2    凹球面铣削加工

凹球面数控铣削加工可选用立铣刀或球头铣刀加工，设球面半径为 $R$，刀具直径为 $D$，采用立铣刀和球头铣刀加工的刀具轨迹及几何参数模型分别如图 3-90（a）、（b）所示，立铣刀刀位点轨迹为偏移了一个刀具半径的与球半径 $R$ 相同半径的圆弧，球头刀刀位点轨迹

为一个半径为 $R-D/2$ 的与球同心的圆弧。

（a）立铣刀铣削加工　　　　　　　　（b）球头刀铣削加工

图 3-90　立铣刀和球头刀加工凹球面刀具轨迹及参数模型

由于立铣刀加工内球面与球头刀加工凹球面相比，效率较高，质量较差，并且无法加工凹球面顶部。如图 3-91（a）所示阴影部分为过切区域，为保证不过切，如图 3-91（b）所示可加工至凹球面上的 *A* 点，所以可选择立铣刀粗加工凹球面，然后采用球头刀精加工。

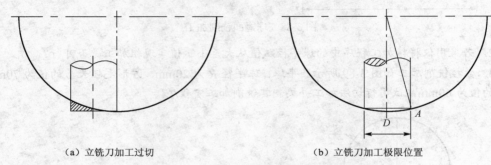

（a）立铣刀加工过切　　　　　　　　（b）立铣刀加工极限位置

图 3-91　立铣刀加工凹球面

【例 3-22】　数控铣削加工如图 3-92 所示球半径为 *SR*25mm 的凹球面，试编制其球面加工宏程序。

图 3-92　数控铣削加工凹球面

解：设工件坐标原点在球心，选用直径为$\phi$8mm的球头刀螺旋铣削加工该凹球面，编制加工宏程序如下。

```
%3180
#1=25                                （凹球半径R赋值）
#2=8                                 （球头刀直径D赋值）
#3=#1-#2/2                           （计算R-D/2）
#10=0                                （加工角度赋初值）
G54 G00 X0 Y0 Z50                    （工件坐标系设定）
M03 S1000 F300                      （加工参数设定）
Z0                                  （下刀）
G02 X[#3] Y0 R[#3/2]                （圆弧切入）
WHILE #10LT90                       （加工循环条件判断）
  #20=#3*COS[#10*PI/180]            （计算r值，亦即X坐标值）
  #21=#3*SIN[#10*PI/180]            （计算加工深度h值）
  G17 G02 X[#20] I[-#20] Z[-#21]    （螺旋插补加工凹球面）
  #10=#10+0.5                       （加工角度递增）
ENDW                                （循环结束）
G00 Z50                             （抬刀）
M30                                 （程序结束）
```

**思考练习**

1. 如图3-93所示，凹球面半径为$SR$40mm，球心距离工件上表面10mm，试编制其加工宏程序。

图3-93　凹球面铣削加工

2. 如图3-94所示凹球面，凹球面半径为$SR$25mm，球底距离工件上表面20mm，试编制其加工宏程序。

3. 数控铣削加工如图3-95所示喇叭形凸台零件的外侧面，试编制其加工宏程序。

图 3-94　凹球面的加工

图 3-95　喇叭形凸台

### 3.7.3　椭球面铣削加工

如图 3-96 所示半椭球，椭球半轴长分别为 $a$、$b$、$c$，其标准方程为

$$\frac{x^2}{a^2} + \frac{y^2}{b^2} + \frac{z^2}{c^2} = 1$$

椭球的特征之一是用一组水平截平面去截切椭球，则任一截平面与椭球面的截交线均为椭圆（特殊情况下为圆，如图 3-97 所示）。

如图 3-97 所示为在某一 $Z$ 轴高度上用 $XOY$ 平面截椭球截得的椭圆（图中细实线，所在高度用 $z$ 表示，椭圆半轴分别用 $a'$、$b'$表示），由图可得 $a'$、$b'$和 $z$ 的计算式为：

$$\begin{cases} a' = a\cos t \\ b' = b\cos t \\ z = c\sin t \end{cases}$$

图 3-96    椭球面

图 3-97    椭球几何关系示意图

式中，$a$、$b$、$c$ 分别为椭球的长半轴、中半轴、短半轴；$t$ 为离心角。宏程序中可以 $t$ 值的递增来改变截面 $Z$ 轴高度。

数控铣削加工椭球面时，可选用球头刀或立铣刀采用从下往上或从上往下在 $Z$ 轴上分层等高环绕铣削完成椭球面的加工，即刀具先定位到某一 $Z$ 值高度的 $XOY$ 平面，在 $XOY$ 平面内走一个椭圆，该椭圆为用 $XOY$ 平面截椭球得到的截面形状，然后将刀具在 $Z$ 轴方向提升（降低）一个高度，刀具在这个 $Z$ 轴高度上再加工一个用 $XOY$ 平面截椭球得到的新椭圆截面，如此不断重复，直到加工完整个椭球。

【例 3-23】    数控铣削加工如图 3-98 所示椭半球，椭圆长轴 72mm，中轴 44mm，短半轴 20mm，试编制其椭球面加工宏程序。

图 3-98    椭半球面铣削加工

解：① 立铣刀铣削加工椭球面。

立铣刀加工凸椭球面可采用等高层内加刀具半径补偿方式，用矢量运算的方法生成理想的刀具中心运动轨迹。采用立铣刀加工椭球面，编程相对容易，但精度及表面粗糙度较差。

设工件坐标系原点在椭球中心，若选用直径为 $\phi10mm$ 立铣刀铣削加工，编制加工程序如下。

```
%3190
#0=36                               （椭圆长半轴 a 赋值）
#1=22                               （椭圆中半轴 b 赋值）
#2=20                               （椭圆短半轴 c 赋值）
#10=0                               （XZ 平面椭圆离心角 t 赋初值）
G54 G00 X100 Y100 Z50               （工件坐标系设定）
M03 S100 F300                       （加工参数设定）
Z0                                  （刀具下降到加工底平面）
G42 G00 X[#0] Y-10 D01              （建立刀具半径补偿）
G01 Y0                              （直线插补至切削起点）
WHILE #10LE90                       （加工条件判断）
#11=#0*COS[#10*PI/180]              （计算 a' 值）
#12=#1*COS[#10*PI/180]              （计算 b' 值）
#13=#2*SIN[#10*PI/180]              （计算 z 坐标值）
G01 X[#11] Z[#13]                   （直线插补至加工截平面）
  #20=0                             （XY 截平面椭圆离心角 t 赋初值）
  WHILE #20LE360                    （截平面椭圆截交线加工条件判断）
  #21=#11*COS[#20*PI/180]           （计算 x 坐标值）
  #22=#12*SIN[#20*PI/180]           （计算 y 坐标值）
  G01 X[#21] Y[#22]                 （直线插补逼近椭圆截交线）
  #20=#20+0.5                       （XY 截平面椭圆离心角 t 递增）
  ENDW                              （循环结束）
#10=#10+0.5                         （XZ 平面椭圆离心角 t 递增）
ENDW                                （循环结束）
G00 Z50                             （抬刀）
G40 X100 Y100                       （返回起刀点）
M30                                 （程序结束）
```

② 球头刀铣削加工椭球面。

考虑要获得较高的加工精度，宜采用球头刀以由下至上的等高环绕切削法加工椭球面。对于球头刀加工凸椭球面可采用球刀刀具中心走将椭球长、中、短半轴均增大一个刀具半径值所形成的椭球面包络线来实现，即如 XY 平面参数方程为

$$\begin{cases} x = (a+r)\cos t \\ y = (b+r)\sin t \end{cases}$$

的椭圆，但该方程与原椭圆的轴长、刀具半径、离心角均有关，所以这种近似代替可能在一定条件下会带来较大的形状误差。为避免这种情况，下面采用另外一种处理方法。

通过分析可得，球头刀在椭球面上加工切触点位置与椭球面相切，则球刀中心轨迹为向外偏置球刀半径后的等距线，在 XOZ 平面内的椭圆等距线的参数方程为（推导过程略）：

$$\begin{cases} x = a\cos t + m \\ z = c\sin t + n \end{cases}$$

$XO'Y$ 水平截平面内的椭圆等距线参数方程为:

$$\begin{cases} x = a'\cos t' + \dfrac{b'm\cos t'}{\sqrt{(a'\sin t')^2 + (b'\cos t')^2}} \\ y = b'\sin t' + \dfrac{a'm\sin t'}{\sqrt{(a'\sin t')^2 + (b'\cos t')^2}} \end{cases}$$

其中,$a' = a\cos t$,$b' = b\cos t$,$m = \dfrac{cr\cos t}{\sqrt{(a\sin t)^2 + (c\cos t)^2}}$,$n = \dfrac{ar\sin t}{\sqrt{(a\sin t)^2 + (c\cos t)^2}}$,$t$ 为 $XZ$ 平面内椭圆离心角,$t'$ 为 $XY$ 平面内椭圆离心角。

设工件坐标原点在椭球中心,选用直径为 $\phi 8mm$ 的球头刀铣削加工椭球面,编制加工程序如下。

```
%3191
#0=20                                         (椭球长半轴 a 赋值)
#1=15                                         (椭球中半轴 b 赋值)
#2=10                                         (椭球短半轴 c 赋值)
#3=4                                          (球头刀刀具半径 r 赋值)
G54 G00 X100 Y100 Z50                         (工件坐标系设定)
M03 S1000 F300                               (加工参数设定)
X[#0+#3+10] Y0                                (刀具定位)
Z0                                           (下刀到加工平面)
G01 X[#0+#3]                                  (直线插补到切削起点)
#10=0                                        (XZ 平面内椭圆离心角 t 赋初值)
WHILE #10LT90                                 (XZ 平面椭圆曲线加工判断)
#11=#2*#3*COS[#10*PI/180]/SQRT[#0*#0*SIN[#10*PI/180]*SIN[#10*PI/180]
+#2*#2*COS[#10*PI/180]*COS[#10*PI/180]]        (计算 m 值)
#12=#0*#3*SIN[#10*PI/180]/SQRT[#0*#0*SIN[#10*PI/180]*SIN[#10*PI/180]
+#2*#2*COS[#10*PI/180]*COS[#10*PI/180]]        (计算 n 值)
#13=#0*COS[#10*PI/180]                        (计算 a' 值)
#14=#1*COS[#10*PI/180]                        (计算 b' 值)
#15=#2*SIN[#10*PI/180]+#12                    (计算加工平面 z 坐标值)
G01 X[#13+#11] Z[#15] Y0                      (XZ 平面直线插补逼近椭圆曲线)
  #20=360                                     (XY 平面内椭圆离心角 t' 赋初值)
  WHILE #20GE0                                (XY 平面截平面椭圆曲线加工判断)
#21=#13*COS[#20*PI/180]+#14*#11*COS[#20*PI/180]/SQRT[#13*#13*SIN[
#20*PI/180]*SIN[#20*PI/180]+#14*#14*COS[#20*PI/180]*COS[#20*PI/180]]
                                              (计算 x 坐标值)
#22=#14*SIN[#20*PI/180]+#13*#11*SIN[#20*PI/180]/SQRT[#13*#13*SIN[
#20*PI/180]*SIN[#20*PI/180]+#14*#14*COS[#20*PI/180]*COS[#20*PI/180]]
                                              (计算 y 坐标值)
  G01 X[#21] Y[#22]                           (直线插补逼近 XY 平面截椭圆曲线)
```

```
    #20=#20-2                            （离心角 t′ 递减）
    ENDW                                 （循环结束）
  #10=#10+2                              （离心角 t 递增）
  ENDW                                   （循环结束）
  G00 Z50                                （抬刀）
  X100 Y100                              （返回起刀点）
  M30                                    （程序结束）
```

③ 立铣刀放射"西瓜纹"加工椭球。

如图 3-99 所示，若采用一系列绕椭球顶点旋转的铅垂面去截切椭球，其截交线为椭圆（证明过程略），则该椭圆长半轴为 $a'$（$a'$的值随着 A—A 铅垂面的旋转角度 $\theta$ 变化而变化），短半轴仍为椭球的短半轴 $c$，该截交线可作为铣削加工椭球面的加工路径（刀具切触线），沿这一系列椭圆截交线加工即可实现椭球面的交叉放射加工。则相关计算式如下：

$$a' = \sqrt{x^2 + y^2}$$
$$x' = a'\cos t'$$
$$z = c\sin t'$$

其中，$x$、$y$ 为 $P$ 点的坐标值，其值分别为 $x = a\cos t$、$y = b\sin t$；$t$ 为 $XY$ 平面椭圆 $P$ 点的离心角；$\theta$ 为 $XY$ 平面椭圆 $P$ 点的圆心角（如图所示亦即 A—A 铅垂面的旋转角度 $\theta$），离心角 $t$ 和圆心角 $\theta$ 的关系为 $\tan t = \dfrac{a}{b}\tan\theta$。$x'$、$z$ 分别为椭圆截交线上 $M$ 点在未旋转 $\theta$ 时的 $x$、$z$ 坐标值；$t'$ 为 $XZ$ 平面椭圆 $M$ 点未旋转前的离心角。

图 3-99　铅垂面截切椭球

下面采用从椭球顶点交叉放射加工的方式加工椭球面（加工刀路呈"西瓜纹"），编制加工程序如下。

```
%3192
#0=36                                   （椭圆长半轴 a 赋值）
#1=22                                    （椭圆中半轴 b 赋值）
#2=20                                    （椭圆短半轴 c 赋值）
#3=10                                    （立铣刀直径赋值）
G54 G00 X100 Y100 Z50                    （工件坐标系设定）
M03 S1000 F300                           （加工参数设定）
```

```
X[#0+#3*0.5+10] Y0                      （刀具定位）
Z0                                      （下刀到加工平面）
G01 X[#0+#3*0.5]                        （进刀到切削起点）
#10=0                                   （XY平面椭圆圆心角θ赋初值）
WHILE #10LE360                          （加工条件判断）
#11=ATAN[TAN[#10*PI/180]*#0/#1]         （计算XY平面椭圆离心角t）
#12=#0*COS[#11*PI/180]                  （计算XY平面P点的x坐标值）
#13=#1*SIN[#11*PI/180]                  （计算XY平面P点的y坐标值）
#14=SQRT[#12*#12+#13*#13]               （计算椭圆长半轴a'）
G68 X0 Y0 P[#10]                        （坐标旋转设定）
G01 X[#14+#3*0.5] Y0                    （直线插补到P点）
   #20=0                                （XZ平面椭圆离心角t赋初值）
   WHILE #20LE90                        （加工条件判断）
   #21=#14*COS[#20*PI/180]              （计算XZ平面M点的x坐标值）
   #22=#2*SIN[#20*PI/180]               （计算XZ平面M点的z坐标值）
   G01 X[#21+#3*0.5] Z[#22]             （直线插补椭圆曲线,注意考虑了刀具半径补
                                          偿值）

   #20=#20+0.5                          （XZ平面椭圆离心角t递增）
   ENDW                                 （循环结束）
G00 X[#14+#3*0.5] Y0                    （返回）
Z0                                      （下刀）
G69                                     （取消坐标旋转）
#10=#10+0.5                             （XY平面椭圆圆心角θ递增）
ENDW                                    （循环结束）
G00 Z50                                 （抬刀）
X100 Y100                               （返回起刀点）
M30                                     （程序结束）
```

### 思考练习

1. 数控铣削加工如图 3-100 所示半椭球，试编制该椭球面的加工宏程序。

图 3-100　半椭球面铣削加工

2. 数控铣削加工如图 3-101 所示凹椭球面，椭球长轴长 60mm，中轴长 40mm，短轴长 30mm，试编制其加工宏程序。

图 3-101　凹椭球面铣削加工

# 3.8　凸台面数控铣削加工

## 3.8.1　圆锥台面铣削加工

如图 3-102 所示，设圆锥台零件底圆直径为 $A$，顶圆直径为 $B$，圆台高度为 $H$，则圆锥台的锥度

$$c = \frac{A - B}{H}$$

任一高度 $h$ 上的圆锥台截圆半径为

$$R = \frac{B + hc}{2}$$

选择直径为 $D$ 的立铣刀加工任一高度 $h$ 的圆锥台截圆时，刀位点与圆锥台轴线的距离为

$$L = R + D/2$$

而选择直径为 $D$ 的球头刀加工任一高度 $h$ 的圆锥台截圆时，球头刀刀位点与圆锥台轴线的距离为

$$L = \frac{B + hc}{2} + \frac{D}{2}\cos\left(a\tan\frac{A - B}{2H}\right)$$

球头刀刀位点与圆锥台上表面的距离为

$$h_1 = h - \frac{D}{2}\sin\left(a\tan\frac{A - B}{2H}\right)$$

【例 3-24】　数控铣削加工如图 3-103 所示外圆锥台面，大径 $\phi30$mm，小径 $\phi20$mm，高度 25mm，试编制其加工宏程序。

图 3-102　圆锥台几何关系示意图

解：圆锥台几何参数模型如图 3-104 所示，设圆锥台底圆直径（大径）为 $A$，顶圆直径（小径）为 $B$，圆锥台高度为 $H$，设工件坐标系原点在圆锥台上表面中心。

图 3-103　圆锥台零件铣削加工　　　　图 3-104　圆锥台几何参数模型

① 等高铣削加工。

用一组水平的截面去截圆锥台，得到的截交线为一系列大小不同的整圆。铣圆锥台面一般采用等高加工，即沿着这些整圆截交线加工，具体加工方法是：先水平加工一整圆后，然后垂直向上抬一个层距，接着水平向圆心方向插补一小段后再加工新的一整圆，这样不断循环，直到铣到锥顶为止。

若选择直径 $\phi 8mm$ 的立铣刀从下往上逐层上升的方法等高铣削加工圆锥台面，编制加工宏程序如下。

```
%3200
#1=30                    （圆锥台大径 A 赋值）
#2=20                    （圆锥台小径 B 赋值）
#3=25                    （圆锥台高度 H 赋值）
#4=8                     （立铣刀刀具直径 D 赋值）
```

```
#10=#3                              （加工深度 h 赋初值）
G54 G00 X100 Y100 Z50               （工件坐标系设定）
M03 S1000 F300                      （加工参数设定）
WHILE #10GT0                        （循环条件判断）
  #20=[#2+#10*[#1-#2]/#3]*0.5+#4*0.5
                                    （计算立铣刀刀位点与圆锥台轴线的距离）
  G00 Z[-#10]                       （刀具定位到加工平面）
  G01 X[#20] Y0                     （刀具直线插补到截圆切削起点位置）
  G02 I[-#20]                       （圆弧插补加工截圆）
  #10=#10-0.2                       （加工深度递减）
ENDW                                （循环结束）
G00 Z50                             （抬刀）
X100 Y100                           （返回起刀点）
M30                                 （程序结束）
```

② 螺旋铣削加工。

等高铣削加工的缺点是加工出的圆锥台面有一条直线印痕，出现印痕的原因是走刀在两邻层之间有间断，若采用螺旋铣削加工的方法加工时走刀连续顺畅，切出的圆锥台面上就不会有印痕。

若选择直径 $\phi$8mm 的立铣刀从下往上螺旋上升的方法铣削加工圆锥台面，编制加工宏程序如下。

```
%3201
#1=30                               （圆锥台大径 A 赋值）
#2=20                               （圆锥台小径 B 赋值）
#3=25                               （圆锥台高度 H 赋值）
#4=8                                （立铣刀刀具直径 D 赋值）
#10=#3                              （加工深度 h 赋初值）
G54 G00 X100 Y100 Z50               （工件坐标系设定）
M03 S1000 F300                      （加工参数设定）
G00 Z[-#3]                          （刀具定位到底平面）
G01 X[#1*0.5+#4*0.5] Y0             （刀具直线插补底平面切削起点位置）
WHILE #10GT0                        （循环条件判断）
  #20=[#2+#10*[#1-#2]/#3]*0.5+#4*0.5
                                    （计算立铣刀刀位点与圆锥台轴线的距离）
  G17 G02 X[#20] I[-#20] Z[-#10]    （螺旋插补加工圆锥台面）
  #10=#10-0.2                       （加工深度递减）
ENDW                                （循环结束）
G00 Z50                             （抬刀）
X100 Y100                           （返回起刀点）
M30                                 （程序结束）
```

③ 直线斜插加工。

圆锥台面可看作由一条直母线绕圆锥台轴线旋转 360°而成，因此可采用沿着该直母线斜插加工结合旋转指令编制圆锥台面加工宏程序。

若选择直径 $\phi$8mm 的立铣刀从上往下斜插加工的方法铣削加工圆锥台面，编制加工宏程序如下。

```
%3202
#1=30                               （圆锥台大径 A 赋值）
#2=20                               （圆锥台小径 B 赋值）
#3=25                               （圆锥台高度 H 赋值）
#4=8                                （立铣刀刀具直径 D 赋值）
#10=0                               （旋转角度 θ 赋初值）
G54 G00 X100 Y100 Z50               （工件坐标系设定）
M03 S1000 F300                      （加工参数设定）
WHILE #10LE360                      （循环条件判断）
  G17 G68 X0 Y0 P[#10]             （坐标旋转设定）
  G00 Z0                           （刀具定位到圆锥台顶平面）
  G01 X[#2*0.5+#4*0.5] Y0          （刀具进给到切削起点）
  X[#1*0.5+#4*0.5] Z[-#3]          （直线斜插加工到圆锥台底平面）
  G69                              （取消坐标旋转）
  #10=#10+0.2                      （旋转角度递增）
ENDW                                （循环结束）
G00 Z50                             （抬刀）
X100 Y100                           （返回起刀点）
M30                                 （程序结束）
```

④ 刀具半径补偿倒直角方式编程等高铣削加工。

如图 3-103 所示圆锥台面的加工亦可看作是在一直径为 $\phi$ 30mm 的圆柱面上倒直角而成，直角宽度为 5mm（$\dfrac{30mm-20mm}{2}$），直角高度为 25mm，若选用直径 $\phi$8mm 的立铣刀从下往上以刀具半径补偿倒直角方式编程等高铣削加工圆锥台面，编制加工宏程序如下。

```
%3203
#1=5                                （斜角宽度 B 赋值）
#2=25                               （斜角高度 H 赋值）
#3=30                               （圆柱直径赋值）
#4=8                                （立铣刀刀具直径 D 赋值）
#10=#2                              （加工深度 h 赋初值）
G54 G00 X100 Y100 Z50              （快进到起刀点）
M03 S1000 F300                      （加工参数设定）
WHILE #10GE0                        （循环条件判断）
  #100=#4*0.5-#1*[#2-#10]/#2       （计算动态变化的刀具半径值"r"）
  G00 Z[-#10]                      （刀具移动到加工高度）
  G41 G00 X[#3*0.5] Y0 D100        （建立刀具半径补偿）
  G02 I[-#3*0.5]                   （圆弧插补加工圆柱面）
  G40 G00 X[#3*0.5+#4]             （取消刀具半径补偿）
  #10=#10-0.5                      （加工宽度递增）
ENDW                                （循环结束）
G00 Z50                             （抬刀）
X100 Y100                           （返回起刀点）
```

M30 　　　　　　　　　（程序结束）

**思考练习**

1. 数控铣削加工如图 3-105 所示内圆锥台面，圆锥台大径 $\phi50mm$，小径 $\phi40mm$，高度 15mm，试编制其加工宏程序。

图 3-105　内圆锥台面铣削加工

2. 试编制采用球头刀加工如图 3-103 所示外圆锥台面的数控铣削加工宏程序。

### 3.8.2　椭圆锥台面铣削加工

**【例 3-25】**　如图 3-106 所示，椭圆锥台上顶面椭圆长轴长 28mm，短轴长 16mm，下底面椭圆长轴长 40mm，短轴长 28mm，锥台高度 20mm，试编制其锥面加工宏程序。

解：如图 3-107 所示椭圆锥台，设上顶面椭圆长半轴为 $A$、短半轴为 $B$，下底面椭圆长半轴为 $a$、短半轴为 $b$，椭圆锥台高度为 $H$。由图可得长轴对应锥面的斜率

$$k_1 = \frac{a-A}{H}$$

短轴对应锥面的斜率

$$k_2 = \frac{b-B}{H}$$

图 3-106　椭圆锥台零件　　　　　　　　图 3-107　椭圆锥台几何参数模型

用一组平行于 $XY$ 平面的截平面去截椭圆锥台，截得的截交线为一系列的椭圆，设在任一

高度 h 上截得的截椭圆长半轴为 a'、短半轴为 b'，则可得：

$$\begin{cases} a' = A + hk_1 \\ b' = B + hk_2 \end{cases}$$

设工件坐标系原点在工件上表面的椭圆中心，选择直径为 $\phi$10mm 的立铣刀从下往上逐层上升铣削加工该锥面，编制加工程序如下。

```
%3210
#0=14                              (上顶面椭圆长半轴 A 赋值)
#1=8                               (上顶面椭圆短半轴 B 赋值)
#2=20                              (下底面椭圆长半轴 a 赋值)
#3=14                              (下底面椭圆短半轴 b 赋值)
#4=20                              (椭圆锥台高度 H 赋值)
#10=#4                             (加工深度 h 赋初值)
G54 G00 X100 Y100 Z50              (工件坐标系设定)
M03 S1000 F300                     (加工参数设定)
Z[-#4]                             (刀具下降到锥台底面)
G00 G42 X[#2] Y-10 D01             (建立刀具半径补偿)
G01 Y0                             (直线插补到切削起点)
  WHILE #10GE0                     (加工深度循环条件判断)
  G01 Z[-#10]                      (刀具定位到加工平面)
    #20=#0+#10*[#2-#0]/#4          (计算长轴对应锥面的斜率 k₁)
    #21=#1+#10*[#3-#1]/#4          (计算短轴对应锥面的斜率 k₂)
    #22=0                          (离心角 t 赋初值)
    WHILE #22LT360                 (椭圆加工循环条件判断)
    #30=#20*COS[#22*PI/180]        (计算截椭圆长半轴 a' )
    #31=#21*SIN[#22*PI/180]        (计算截椭圆短半轴 b' )
    G01 X[#30] Y[#31]              (直线插补逼近椭圆)
    #22=#22+0.5                    (离心角 t 递增)
    ENDW                           (循环结束)
  #10=#10-0.2                      (加工深度 h 递减)
  ENDW                             (循环结束)
G00 Z50                            (抬刀)
G40 X100 Y100                      (返回起刀点)
M30                                (程序结束)
```

 **思考练习**

1. 如图 3-108 所示，锥台上顶圆直径 $\phi$20mm，下底椭圆长轴 44mm、短轴 30mm，锥台高度 15mm，试编制其加工宏程序。

2. 如图 3-109 所示，椭圆内锥台上顶面椭圆长轴 60mm、短轴 40mm，下底面椭圆长轴 50mm、短轴 30mm，锥台高度 10mm，试编制其加工宏程序。

图 3-108　锥台零件

图 3-109　椭圆内锥台

### 3.8.3　天圆地方凸台面铣削加工

天圆地方凸台是一种上圆下方的渐变体，下面提供两种数控铣削加工天圆地方渐变体表面的思路。

**（1）等高加工截交线法**

用一组平行于 $XY$ 平面的截平面去截天圆地方，其截交线由 4 段直线和 4 段圆弧组成，也可看作是一个四角均倒了圆角的正方形，该截交线就是刀具等高加工天圆地方渐变体的切触点。具体加工时刀具先定位到某一 $Z$ 值高度的 $XY$ 平面，在 $XY$ 平面内加工一圈截交线，然后将刀具在 $Z$ 轴方向下降（提升）一个高度，刀具在这个 $Z$ 轴高度上再加工一个用 $XY$ 平面截渐变体得到的新截面，如此不断重复，直到加工完整个天圆地方渐变体。

采用等高加工截交线法加工天圆地方的几何关系如图 3-110 所示，设上圆半径为 $R$，

下方半边长为 $L$，高度为 $H$，在距离上表面 $h$（加工深度）的位置用一个截平面 $P$ 将天圆地方渐变体截去上半部分后，其截交线（即在该平面内外表面加工的加工路线）由 4 段长为 $2b$ 的直线和 4 段半径为 $r$ 的圆弧组成（亦可看作边长为 $2l$ 的正方形四个角均倒了圆角，圆角半径为 $r$），图中 $P_1 \sim P_8$ 分别为各直线与圆弧的交点，各参数数值计算式如下：

$$l = \frac{(L-R)h}{H} + R \qquad （由斜度 k_1 = \frac{L-R}{H} = \frac{l-R}{h} 得）$$

$$b = \frac{Lh}{H} \qquad （由斜度 k_2 = \frac{L}{H} = \frac{b}{h} 得）$$

$$r = l - b$$

## （2）放射加工母线法

天圆地方侧面可看作由四个等腰三角形平面和四个四分之一斜圆锥曲面组成，因此可以采用沿母线放射加工的方法完成加工。如图 3-111 所示，将"地方"的一边（等腰三角形底边）等分成若干份，从等分点直线插补至等腰三角形顶点，同样的方法将"天圆"四分之一段圆弧等分成若干份，并从"地方"角点直线插补至圆弧等分点，采用上述方法依次完成其余三个等腰三角形和三个四分之一圆锥面加工即可。

图 3-110　等高加工截交线法加工天圆地方的几何关系示意图

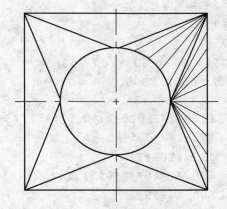

图 3-111　沿母线放射加工天圆地方渐变体示意图

**【例 3-26】**　如图 3-112 所示天圆地方渐变体，上圆直径 $\phi$30mm，下方边长 50mm，高度 30mm，试编制其外表面精加工宏程序。

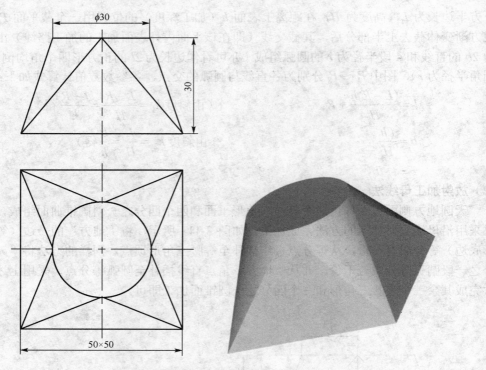

图 3-112　天圆地方渐变体

解：① 等高加工截交线法。

设工件坐标系原点在工件上表面中心，采用$\phi$6mm 的立铣刀从上往下等高逐层加工，每层沿顺时针方向加工，编制加工程序如下。

```
%3220
#1=30                                    （上圆直径赋值）
#2=50                                    （下方边长赋值）
#3=30                                    （渐变体高度赋值）
#4=6                                     （立铣刀刀具直径赋值）
#5=0                                     （加工深度赋初值,从Z0开始向下加工）
G54 G00 X100 Y100 Z50                    （工件坐标系设定）
M03 S800 F300                           （加工参数设定）
WHILE #5LE#3                            （循环条件判断）
  #10=[[#2*0.5-#1*0.5]*#5]]/#3+#1*0.5   （计算l值）
  #11=[#2*0.5*#5]/#3                     （计算b值）
  #12=#10-#11                            （计算r值）
  G00 X[#10+#4*0.5] Y[#10+#4]           （快进到工件外侧,考虑了刀具半径和安全距离）
  G00 Z[-#5]                             （下刀到加工平面）
  G01 Y[-#11]                            （直线插补到P₁点）
  G02 X[#11] Y[-[#10+#4*0.5]] R[#12+#4*0.5]  （圆弧插补到P₂点）
  G01 X[-#11]                            （直线插补到P₃点）
  G02 X[-[#10+#4*0.5]] Y[-#11] R[#12+#4*0.5]  （圆弧插补到P₄点）
  G01 Y[#11]                             （直线插补到P₅点）
  G02 X[-#11] Y[#10+#4*0.5] R[#12+#4*0.5]  （圆弧插补到P₆点）
```

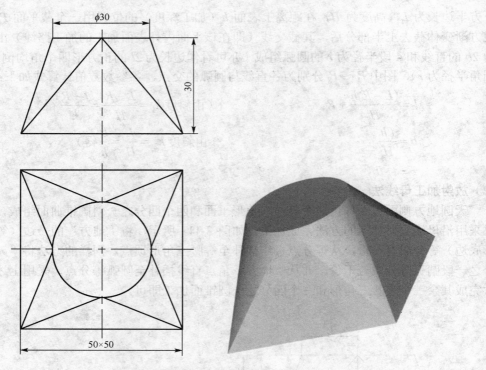

```
   G01 X[#11]                                      （直线插补到 P₇ 点）
   G02 X[#10+#4*0.5] Y[#11] R[#12+#4*0.5]          （圆弧插补到 P₈ 点）
   #5=#5+0.1                                        （深度递增）
ENDW                                               （循环结束）
G00 Z50                                            （抬刀）
X100 Y100                                          （返回起刀点）
M30                                                （程序结束）
```

② 放射加工母线法。

设工件坐标系原点在工件上表面中心，采用 φ6mm 的立铣刀放射加工母线法加工天圆地方渐变体，编制加工程序如下。为保证加工尺寸合格，考虑刀具直径后，编程时可按上圆直径 φ36mm（30+6）、下方边长 56mm（50+6）、高 30mm 的天圆地方考虑。

```
%3221
#1=30                                              （上圆直径赋值）
#2=50                                              （下方边长赋值）
#3=30                                              （渐变体高度赋值）
#4=6                                               （刀具直径赋值）
#10=0                                              （坐标旋转角度赋初值）
G54 G00 X100 Y100 Z50                              （工件坐标设定）
M03 S1000 F300                                     （加工参数设定）
Z0                                                 （刀具下降到工件上平面）
WHILE #10LT360                                     （坐标旋转条件判断）
G17 G68 X0 Y0 P[#10]                               （坐标旋转设定）
#20=-[#2+#4]/2                                     （下方边长加工 Y 坐标值赋初值）
#21=0                                              （圆弧加工角度赋初值）
   WHILE #20LT[[#2+#4]/2]                          （下方边长加工循环条件判断）
   G01 X[#1*0.5+#4*0.5] Y0                         （直线插补至等腰三角形顶点）
   X[#2*0.5+#4*0.5] Y[#20] Z[-#3]                  （直线插补至下方等分点）
   G00 Z0                                          （抬刀到上平面）
   #20=#20+0.2                                     （下方边长加工 Y 坐标值递增）
   ENDW                                            （下方边长加工循环结束）
   WHILE #21LT90                                   （圆弧加工角度循环条件判断）
   #30=[#1*0.5+#4*0.5]*COS[#21*PI/180]   （计算圆弧加工等分点的 X 坐标值）
   #31=[#1*0.5+#4*0.5]*SIN[#21*PI/180]   （计算圆弧加工等分点的 Y 坐标值）
   G01 X[#30] Y[#31]                               （直线插补至圆弧等分点）
   X[#2*0.5+#4*0.5] Y[#2*0.5+#4*0.5] Z[-#3]  （直线插补至斜圆锥锥顶）
   G00 Z0                                          （抬刀到上平面）
   #21=#21+0.2                                     （圆弧加工角度递增）
   ENDW                                            （圆弧加工循环结束）
#10=#10+90                                         （坐标旋转角度递增）
G69                                                （取消坐标旋转）
ENDW                                               （坐标旋转循环结束）
G00 Z50                                            （抬刀）
```

X100 Y100                                      （返回起刀点）
M30                                            （程序结束）

 思考练习

如图 3-113 所示天方地圆渐变体，上方边长 20mm，下圆直径$\phi$50mm，高度 30mm，试编制其外表面精加工宏程序。

图 3-113　天方地圆渐变体

提示：如图 3-114 所示为截平面将天方地圆渐变体截去上半部分后的截交线及相关参数示意图，各参数数值计算式如下：

$$l = \frac{(R-L)h}{H} + L \qquad\qquad （由斜度 k_1 = \frac{R-L}{H} = \frac{l-L}{h} 得）$$

$$b = \frac{L(H-h)}{H} \qquad\qquad （由斜度 k_2 = \frac{L}{H} = \frac{b}{H-h} 得）$$

$$r = l - b$$

### 3.8.4　水平半圆柱面铣削加工

如图 3-115 所示，水平圆柱面加工走刀路线有沿圆柱面轴向走刀［沿圆周方向往返进刀，如图 3-115（a）所示］和沿圆柱面圆周方向走刀［沿轴向往返进刀，如图 3-115（b）所示］两种。沿圆柱面轴向走刀方式的走刀路线短，加工效率高，加工后圆柱面直线度高；沿圆柱面圆周方向走刀的走刀路线较长，加工效率较低，加工后圆柱面轮廓度较好，用于加工大直径短圆柱较好。

水平圆柱面加工可采用立铣刀或球头刀加工，图 3-116（a）、（b）分别为立铣刀和球头刀刀位点轨迹与水平圆柱面的关系示意图。

图 3-114　天方地圆渐变体截切示意图　　　　　图 3-115　水平圆柱面加工走刀路线

（a）沿圆柱面轴向走刀　　　　　　（b）沿圆柱面圆周方向走刀

（a）立铣刀加工水平圆柱面　　　　　　　（b）球头刀加工水平圆柱面

图 3-116　刀位点轨迹与水平圆柱面的关系示意图

　　如图 3-116（a）所示，在采用立铣刀圆周方向走刀铣削加工水平圆柱面的走刀路线为 $A \to B \to C \to D$，其中 $AB$ 段和 $CD$ 段为与圆柱面圆心相应平移一个刀具半径值 $D/2$、半径同为 $R$ 的圆弧段，$BC$ 段为一直线。沿该走刀路线加工完一层圆柱面后轴向移动一个步距，再调向加工下一层直至加工完毕。

　　轴向走刀铣削加工水平圆柱面时，为了方便编程，将轴向走刀路线稍作处理，即按图 3-117 所示矩形箭头路线逐层走刀，在一次矩形循环过程中分别铣削加工了圆柱面左右两侧，每加工完一层后立铣刀沿圆柱面上升或下降一个步距，再按矩形箭头路线走刀。

　　【例 3-27】　数控铣削加工如图 3-118 所示水平圆柱面，试编制采用球头刀精加工该水平圆柱面的宏程序。

图 3-117　轴向走刀铣削加工水平圆柱面走刀路线示意图

图 3-118　水平圆柱面铣削加工

解：如图所示，设圆柱半径为 $R$，工件宽度为 $B$，G54 工件坐标系原点在工件前端面 $R20$ 圆弧的圆心上，选择直径 $D$ 为 $\phi 8mm$ 的球头刀沿圆柱面圆周方向走刀精加工该零件水平圆柱面，编制加工程序如下。

```
%3230
#0=20                        （圆柱半径 R 赋值）
#1=20                        （圆柱面宽度 B 赋值）
#2=8                         （球头刀直径 D 赋值）
#3=#0+#2/2                   （计算圆柱半径加球刀半径的值）
G54 G00 X100 Y0 Z50          （工件坐标设定）
M03 S1000 F300              （加工参数设定）
  #10=0                      （加工宽度赋初值）
  WHILE #10LE#1              （加工条件判断）
  G01 X[#3] Y[#10] Z0        （直线插补到切削起点）
  G18 G02 X[-#3] Z0 R[#3]    （XZ 平面内圆弧插补往）
  #10=#10+0.1                （加工宽度递增）
  G01 Y[#10]                 （刀具移动一个步距）
  G18 G03 X[#3] Z0 R[#3]     （XZ 平面内圆弧插补返）
  #10=#10+0.1                （加工宽度递增）
```

```
    ENDW                          （循环结束）
  G00 Z50                         （抬刀）
  X100 Y0                         （返回）
  M30                             （程序结束）
```

**【例 3-28】** 数控铣削加工如图 3-119 所示水平圆柱面，毛坯尺寸为 50mm×20mm×30mm 的长方体，试编制采用立铣刀铣削加工该水平圆柱面的宏程序。

图 3-119　水平圆柱面零件

解：设工件坐标系原点在工件上表面与前端面交线的对称中心点上（图中 $A$ 点位置），采用 $\phi$8mm 的立铣刀从上往下沿圆柱面轴向走刀加工，编制精加工程序如下。

```
%3231
#0=20                            （圆柱半径 R 赋值）
#1=20                            （圆柱面宽度 B 赋值）
#2=8                             （立铣刀直径 D 赋值）
G54 G00 X100 Y100 Z50            （工件坐标设定）
M03 S1000 F300                   （加工参数设定）
  #10=0                          （角度变量赋初值）
  WHILE #10LE90                  （加工条件判断）
  #11=#0*SIN[#10*PI/180]         （计算 X 坐标值）
  #12=#0*COS[#10*PI/180]         （计算加工高度值）
  G00 X[#11+#2/2] Y[#1+#2] Z[#12-#0]（刀具定位到工件右后点）
  G01 Y[-#2]                     （直线插补到工件右前点）
  G00 X[-#11-#2/2]               （刀具定位到工件左前点）
  G01 Y[#1+#2]                   （直线插补到工件左后点）
  #10=#10+0.5                    （角度变量值递增）
  ENDW                          （循环结束）
G00 Z50                         （抬刀）
X100 Y100                       （返回起刀点）
M30                             （程序结束）
```

编制粗、精加工该水平圆柱面的宏程序如下。

```
%3232
```

```
#0=20                                    (圆柱半径 R 赋值)
#1=20                                    (圆柱面宽度 B 赋值)
#2=8                                     (立铣刀直径 D 赋值)
#3=50                                    (毛坯长度 L 赋值)
G54 G00 X100 Y100 Z50                    (工件坐标设定)
M03 S1000 F300                           (加工参数设定)
  #10=0                                  (角度变量赋初值)
  WHILE #10LE90                          (加工条件判断)
  #11=#0*SIN[#10*PI/180]                 (计算 X 坐标值)
  #12=#0*COS[#10*PI/180]                 (计算加工高度值)
    #20=#3/2                             (粗加工 X 坐标值赋初值)
    WHILE #20GT[#11+#2/2]                (粗加工条件判断)
    G00 X[#20] Y[#1+#2] Z[#12-#0]        (刀具粗加工定位到工件右后点)
    G01 Y[-#2]                           (直线插补到工件右前点)
    G00 X[-#20]                          (刀具定位到工件左前点)
    G01 Y[#1+#2]                         (直线插补到工件左后点)
    #20=#20-0.6*#2                       (X 坐标值递减一个行距 0.6 倍刀具直径)
    ENDW                                 (粗加工循环结束)
  G00 X[#11+#2/2] Y[#1+#2] Z[#12-#0]
                                         (刀具精加工定位到工件右后点)
  G01 Y[-#2]                             (直线插补到工件右前点)
  G00 X[-#11-#2/2]                       (刀具定位到工件左前点)
  G01 Y[#1+#2]                           (直线插补到工件左后点)
  #10=#10+0.5                            (角度变量值递增)
  ENDW                                   (循环结束)
G00 Z50                                  (抬刀)
X100 Y100                                (返回起刀点)
M30                                      (程序结束)
```

**思考练习**

1. 数控铣削加工如图 3-120 所示半月牙形轮廓，试编制其加工宏程序。

图 3-120　半月牙形轮廓的数控铣削加工

2. 数控铣削加工如图 3-121 所示弧形面，试编制其加工宏程序。

图 3-121　弧形面的数控铣削加工

3. 数控铣削加工如图 3-122 所示两直径为 $\phi 30$mm 的正交圆柱与一直径为 $\phi 50$mm 的球相贯体（十字球铰）表面，试编制其加工宏程序。

图 3-122　十字球铰数控铣削加工

## 3.8.5　水平半圆锥台面铣削加工

【例 3-29】　如图 3-123 所示水平放置的半圆锥台零件，圆锥大径 $\phi 60$mm，小径 $\phi 40$mm，长度 40mm，试编制数控铣削精加工该圆锥台面的宏程序。

解：如图 3-124 所示，设圆锥大径为 $D$，小径为 $d$，圆锥长度为 $L$，则圆锥锥度 $C = \dfrac{D-d}{L}$。

采用沿圆锥母线（素线）加工的方式，即按 $P_1 \rightarrow P_2 \rightarrow P_3 \rightarrow P_4 \rightarrow P_1$ 路线加工，$P$ 点的坐标值随角度 $\theta$ 变化而变化，考虑刀具半径 $R$ 补偿后的水平半圆锥台尺寸如图 3-125 所示：

$$D_1 = D + RC = D + R\frac{D-d}{L}$$

$$d_1 = d - RC = d - R\frac{D-d}{L}$$

图 3-123　水平半圆锥台

图 3-124　水平半圆锥台面加工示意图

设工件坐标系原点在直径为 $d$ 圆弧的圆心，选用 $\phi8mm$ 的立铣刀，编制加工程序如下。

```
%3240
#1=60                                    （圆锥大径赋值）
#2=40                                    （圆锥小径赋值）
```

图 3-125　考虑刀具半径补偿后水平半圆锥台尺寸示意图

```
#3=40                                （圆锥长度赋值）
#4=8                                 （刀具直径赋值）
#5=0                                 （角度赋初值）
G54 G00 X100 Y100 Z50                （工件坐标系设定）
M03 S800 F300                        （加工参数设定）
Z0                                   （刀具下降到 Z0 平面）
WHILE #5LE90                         （循环条件判断）
  #10=[#1+#4*0.5*[#1-#2]/#3]*0.5*COS[#5*PI/180]
                                     （计算圆锥大端圆弧上点的 X 坐标值）
  #11=[#1+#4*0.5*[#1-#2]/#3]*0.5*SIN[#5*PI/180]
                                     （计算圆锥大端圆弧上点的 Z 坐标值）
  #20=[#2-#4*0.5*[#1-#2]/#3]*0.5*COS[#5*PI/180]
                                     （计算圆锥小端圆弧上点的 X 坐标值）
  #21=[#2-#4*0.5*[#1-#2]/#3]*0.5*SIN[#5*PI/180]
                                     （计算圆锥小端圆弧上点的 Z 坐标值）
  G01 X[#10+#4*0.5] Y[#3+#4*0.5] Z[#11]
                                     （插补到 P1 点，考虑刀具半径补偿值）
  X[-#10-#4*0.5]                     （插补到 P2 点）
  X[-#20-#4*0.5] Y[-#4*0.5] Z[#21]   （插补到 P3 点）
  X[#20+#4*0.5]                      （插补到 P4 点）
  X[#10+#4*0.5] Y[#3+#4*0.5] Z[#11]  （插补回 P1 点）
  #5=#5+0.2                          （角度递增）
ENDW                                 （循环结束）
G00 Z50                              （抬刀）
X100 Y100                            （返回起刀点）
M30                                  （程序结束）
```

　思考练习

1. 数控铣削加工如图 3-126 所示水平放置的半圆锥台面，试编制其加工宏程序。
2. 数控铣削加工如图 3-127 所示水平放置的圆锥台面，试编制其加工宏程序。

图 3-126    水平半圆锥台零件

图 3-127    水平圆锥台零件

## 3.8.6    立体五角星面铣削加工

**【例 3-30】**    如图 3-128 所示立体正五角星零件，外角点所在圆直径为 $\phi60$mm，五角星高度为 10mm，试编制其外表面铣削加工宏程序。

图 3-128    立体正五角星

解：立体五角星几何参数模型如图 3-129 所示，设五角星高度为 $H$，外角点所在圆直径为 $D$，为增加程序的通用性，将内角点所在圆直径设为 $d$。

① 等高环绕铣削加工。

采用一系列水平的截平面去截五角星，截得的截交线为平面五角星，因此可采用等高环绕铣削加工逐层铣削平面五角星即可完成加工。

设工件坐标原点在五角星顶点，选用直径为 $\phi3mm$ 的立铣刀由下至上等高环绕铣削加工该五角星外表面，编制加工宏程序如下。

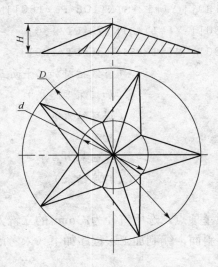

图 3-129　立体五角星几何参数模型

```
%3250
#1=10                              （五角星高度H赋值）
#2=60                              （外角点所在圆直径D赋值）
#3=#2*SIN[18*PI/180]/SIN[126*PI/180]
                                   （利用正弦定理计算内角点所在圆直径d）
                                   （非正五角星可直接对#3赋值）

#10=#1                             （加工深度h赋初值）
G54 G00 X100 Y100 Z50             （工件坐标系设定）
M03 S1000 F300                    （加工参数设定）
Z[-#10]                           （刀具下降到底平面）
G00 G41 X[#2*0.5+10] Y0 D01       （刀具半径补偿建立）
G01 X[#2*0.5]                     （直线插补到切削起点）
WHILE #10GT0                      （加工深度条件判断）
#11=#2*0.5*#10/#1                 （计算截平面中五角星截交线外角点所在圆半径）
#12=#3*0.5*#10/#1                 （计算截平面中五角星截交线内角点所在圆半径）
G01 X[#11] Z[-#10]               （直线插补到切削起点）
X[#12*COS[36*PI/180]] Y[-#12*SIN[36*PI/180]] （直线插补加工平面五角星）
```

```
X[#11*COS[72*PI/180]] Y[-#11*SIN[72*PI/180]]    （直线插补加工平面五角星）
X[#12*COS[108*PI/180]] Y[-#12*SIN[108*PI/180]]
                                  （直线插补加工平面五角星）
X[#11*COS[144*PI/180]] Y[-#11*SIN[144*PI/180]]
                                  （直线插补加工平面五角星）
X[-#12] Y0                        （直线插补加工平面五角星）
X[#11*COS[144*PI/180]] Y[#11*SIN[144*PI/180]]   （直线插补加工平面五角星）
X[#12*COS[108*PI/180]] Y[#12*SIN[108*PI/180]]   （直线插补加工平面五角星）
X[#11*COS[72*PI/180]] Y[#11*SIN[72*PI/180]]     （直线插补加工平面五角星）
X[#12*COS[36*PI/180]] Y[#12*SIN[36*PI/180]]     （直线插补加工平面五角星）
X[#11] Y0                         （直线插补加工平面五角星）
#10=#10-0.2                       （加工深度递减）
ENDW                              （循环结束）
G00 Z50                           （抬刀）
G40 X100 Y100                     （返回起刀点）
M30                               （程序结束）
```

② 斜插铣削加工。

设工件坐标原点在五角星顶点，选用直径为 $\phi 3$mm 的立铣刀采用从顶点斜插到底边的方式逐一铣削加工五角星各斜面，编制加工宏程序如下（未考虑刀具半径补偿）。

```
%3251
#1=10                             （五角星高度 H 赋值）
#2=60                             （外角点所在圆直径 D 赋值）
#3=#2*SIN[18*PI/180]/SIN[126*PI/180]  （利用正弦定理计算内角点所在圆直径 d）
                                  （非正五角星可直接对#3赋值）
#10=0                             （坐标旋转角度赋初值）
G54 G00 X100 Y100 Z50             （工件坐标系设定）
M03 S1000 F300                    （加工参数设定）
X0 Y0                             （刀具定位）
Z2                                （下刀到安全平面）
G01 Z0                            （直线插补到五角星顶点）
#21=#3*0.5*COS[36*PI/180]         （计算内角点的 x 坐标值）
#22=#3*0.5*SIN[36*PI/180]         （计算内角点的 y 坐标值）
WHILE #10LT360                    （加工条件判断）
G68 X0 Y0 P[#10]                  （坐标旋转设定）
  #30=0                           （X 轴向加工长度赋初值）
  WHILE #30LE[#2*0.5-#21]         （加工条件判断）
  G00 X0 Y0                       （到五角星顶点）
  G01 X[#2*0.5-#30] Y[-#22*#30/[#2*0.5-#21]] Z[-#1]
                                  （直线插补到底边）
  G00 Z0                          （抬刀）
```

```
#30=#30+0.5                        （X轴向加工长度递增）
ENDW                               （循环结束）
#30=0                              （X轴向加工长度赋初值）
WHILE #30LE[#2*0.5-#21]            （加工条件判断）
G00 X0 Y0                          （到五角星顶点）
G01 X[#2*0.5-#30] Y[#22*#30/[#2*0.5-#21]] Z[-#1]
                                   （直线插补到底边）
G00 Z0                             （抬刀）
#30=#30+0.5                        （X轴向加工长度递增）
ENDW                               （循环结束）
G69                                （取消坐标旋转）
#10=#10+72                         （旋转角度递增）
ENDW                               （循环结束）
G00 Z50                            （抬刀）
X100 Y100                          （返回）
M30                                （程序结束）
```

**思考练习**

如图 3-130 所示立体五角星，外角点所在圆直径为 $\phi$60mm，内角点所在圆直径为 $\phi$60mm，五角星高度为 10mm，试编制其外表面加工宏程序。

图 3-130　立体五角星零件

# 3.9　刀具半径补偿在数控铣削加工中的应用

## 3.9.1　刀具半径补偿指令格式及应用

在零件轮廓铣削加工时，由于刀具半径尺寸的影响，刀具的中心轨迹与零件轮廓往往不一致。为了避免计算刀具中心轨迹，数控系统提供了刀具半径补偿功能。采用刀具半径补偿指令后，编程时只需按零件轮廓编制，数控系统能自动计算刀具中心轨迹，并使刀具按此轨迹运动，使编程简化。

**（1）刀具半径补偿（G41/G42/G40）指令格式**

指令格式如下：

$$
\begin{Bmatrix} G17 \\ G18 \\ G19 \end{Bmatrix} \begin{Bmatrix} G40 \\ G41 \\ G42 \end{Bmatrix} \begin{Bmatrix} G00 \\ G01 \end{Bmatrix} \begin{Bmatrix} X\_Y\_ \\ X\_Z\_ \\ Y\_Z\_ \end{Bmatrix} D\_
$$

各地址含义：

G17/G18/G19 为平面选择指令。当选择某一平面进行刀具半径补偿时，将仅影响该坐标平面的坐标轴的移动，而对另一坐标轴没有作用。

G41/G42/G40 为刀具半径补偿形式。G41 表示刀具半径左补偿（简称左刀补），指沿刀具前进方向看去（进给方向），刀具中心轨迹偏在被加工面的左边。G42 表示刀具半径右补偿（简称右刀补），指沿刀具前进方向看去（进给方向），刀具中心轨迹偏在被加工面的右边。G40 表示取消刀具半径补偿。G40、G41、G42 都是模态代码，可相互注销。

G00/G01 为刀具移动指令，无论是建立还是取消刀具半径补偿，必须有补偿平面坐标轴的移动。

X、Y、Z 为刀具插补终点坐标值，平面选择指令选定平面坐标轴外的另一坐标轴可不写（无效）。

D 为刀具半径补偿功能字，其后数字为补偿编号，该补偿编号对应的存储值为刀具半径补偿值，补偿值为刀具中心偏离编程零件轮廓的距离。在华中数控系统中，刀具半径补偿功能字 D 的使用方式有两种：一种是刀补表中对应的刀补号码（D00～D99），它代表了刀补表中对应的半径补偿值；另一种方式是由变量#100～#199 里存放的数据可以作为刀具半径补偿值来使用，如：

```
#100=8          （将数值 8 赋给#100）
G41 D100        （D100 就是指加载#100 的值 8 作为刀补半径，注意本程序段中
                如果把 D100 写成了 D[#100]，则相当于 D8，即调用 8 号刀补，
                而不是补偿量为 8）
```

**（2）刀具半径补偿的应用**

刀具半径补偿功能是数控铣削中很重要的功能，它可以减少数控编程中的烦琐计算，简化编程。刀具半径补偿可应用在如下三方面：

① 采用刀具半径补偿功能后，可以直接按零件的轮廓编程，简化了编程工作。这是刀补的一般应用。

② 应用刀具半径补偿功能，通过修改刀具中半径补偿参数就可利用同一个加工程序对零件轮廓进行粗、精加工。当按零件轮廓编程以后，在对零件进行粗加工时，可以把偏置量设为 $R+\Delta$（$R$ 为铣刀半径，$\Delta$ 为精加工余量），加工完后，将得到比零件轮廓大一个 $\Delta$ 的工件。在精加工零件时，把偏置量设为 $R$，这样零件加工完后，将得到零件的实际轮廓。刀具磨损后或采用直径不同的刀具对同一轮廓进行加工也可用此方法处理。

③ 使用刀具半径补偿功能，可利用同一个程序加工公称尺寸相同的内外两个轮廓面。例如顺时针加工某整圆轮廓线，采用左刀补 G41 指令编程，设刀具补偿值为+$R$ 时，刀具中心沿轨迹在整圆轮廓外侧切削，当刀具补偿值为–$R$ 时，刀具中心沿轨迹在轮廓内侧切削（即加工与之相配零件的内孔表面）。

在宏程序编程加工中，刀具半径补偿功能作用更明显，这是因为半径补偿参数可以内部传递，并且参数可以根据需要大小变化，利用这点不但可以实现以上三方面的应用，甚至可以实现任一轮廓倒斜角和倒圆角等特殊情况的加工。

### 3.9.2　零件轮廓铣削粗、精加工

外形轮廓加工，一般分为粗加工和精加工等多个工序。确定粗、精加工刀具轨迹可通过刀具半径补偿值实现，即在采用同一刀具的情况下，先制定精加工刀具轨迹，再通过宏程序的系统变量功能改变刀具半径补偿值的方式进行粗、加工刀具轨迹设定。另外，也可以通过设置粗、精加工次数及余量来设定粗、精加工刀具轨迹。

【例 3-31】 如图 3-131 所示，要求从直径 $\phi80$mm 的圆柱形毛坯上数控铣削加工出 $\phi30\times$ 5 的圆柱形凸台，试编制其加工宏程序。

图 3-131　圆形台阶形零件

解：如图 3-132 所示，设毛坯直径为 $D$，台阶直径为 $d$，台阶高度为 $h$，工件坐标系原点设在工件上表面中心，采用直径为 $\phi10$mm 的立铣刀粗、精加工该台阶形零件，编制加工程序如下：

图 3-132　圆形台阶形零件几何参数模型

```
%3260
#1=30                        （台阶直径 d 赋值）
#2=10                        （铣刀直径）
#3=5                         （凸台高度 H 赋值）
#4=0.75                      （行距与铣刀直径之比）
```

```
#5=80                                        （毛坯直径 D 赋值）
#101=[#5-#1]/2+#2/2                           （第一次加工时刀具补偿值）
G90 G80 G40 G17 G54 G00 X0 Y0 M03 S800   （加工状态设定）
Z10                                              （刀具下刀高度）
WHILE #101GT0                            （循环条件判断：刀补值大于 0 时执行循环）
  IF #101LT#2/2                          （若刀具半径补偿值小于刀具半径值）
  #101=#2/2                              （将刀具半径值赋给#101 进行精加工）
  ENDIF                                  （条件判断结束）
  G00 G41 X[#1/2] Y[2*#2] D101           （建立刀具半径补偿，采用顺铣）
  G01 Z[-#3] F50                         （下刀到加工平面）
  G01 Y0 F100                            （切向切入）
  G02 I[-#1/2]                           （铣圆）
  G01 Y[-2*#2]                           （切向切出）
  G00 Z10                                （抬刀）
  G00 G40 X0 Y0                          （取消刀具半径补偿）
  #101=#101-#2*#4                        （刀具补偿值递减一个行距）
ENDW                                     （循环结束）
M30                                      （程序结束）
```

思考练习

1. 例题程序中 "D101" 的作用是什么？能否写成 "D[#101]"？
2. 粗、精加工时的刀具半径补偿值一定是实际刀具半径值，对吗？
3. 利用刀具长度补偿能否实现深度方向的分层铣削加工？

### 3.9.3 相同公称尺寸零件内外轮廓铣削加工

【例 3-32】 如图 3-133 所示，在公称尺寸均为 $\phi40$mm 的圆柱和圆孔轮廓上分别加工出 $R5$ 的倒圆角，试采用半径补偿功能编制一个仅作适当修改即可实现两零件倒圆角的加工宏程序。

（a）外轮廓倒圆角　　　　　　　　　　　（b）内轮廓倒圆角

图 3-133　相同公称尺寸内外轮廓倒圆角

解：设工件坐标系原点在工件上表面的中心，选用 $\phi6mm$ 的球头刀倒角加工，编制加工程序如下。

```
%3270
#1=40                              （轮廓直径赋值）
#2=5                               （凸圆角半径 R 赋值）
#3=6                               （球头刀直径 D 赋值）
#10=0                              （角度 θ 计数器置零）
#11=#3/2+#2                        （计算球刀中心与倒圆中心连线距离）
G54 G00 X100 Y100 Z50             （工件坐标系设定）
M03 S1000 F300                     （加工参数设定）
Z[#3*0.5+2]                        （刀具下降到距离工件上表面2mm的安全平面）
WHILE #10LE90                      （循环条件判断）
#12=#11*SIN[#10*PI/180]-#2         （计算球头刀的 Z 轴动态值）
#100=#11*COS[#10*PI/180]-#2        （计算动态变化的刀具半径 r 补偿值）
#101=-#100                         （将刀具半径补偿值变为负值）
N10 G41 X[#1*0.5] Y0 D100
                    （建立刀具半径补偿，若加工内轮廓倒角时将 D100 改为 D101）
G01 Z[#12]                         （刀具下降至初始加工平面）
G02 I[-#1*0.5]                     （倒角加工）
G00 Z[#3*0.5+2]                    （抬刀）
G40 G00 X100 Y100                 （取消刀具半径补偿）
#10=#10+0.5                        （角度计数器加增量）
ENDW                               （循环结束）
G00 Z50                            （抬刀）
X100 Y100                          （返回起刀点）
M30                                （程序结束）
```

注意事项：

① 加工外圆柱轮廓的凸圆角时可直接调用该程序，若加工内圆柱轮廓的凸圆角时仅需将 N10 程序段中的"D100"改为"D101"即可。

② 注意刀具与工件发生干涉。为保证不发生干涉，本程序采用了在工件上平面建立和取消刀具半径补偿及省略所在加工截平面的切入切出路线两个措施。

下面是一个在加工截平面内建立和取消刀具半径补偿并增加圆弧切入切出路线的实现如图 3-133 所示两零件倒圆角加工的宏程序，如注释所示，若需修改该程序后适用于内孔轮廓倒圆角，共需修改 N10、N20、N30、N40、N50 五个程序段中 7 处。

```
%3271
#1=40                              （轮廓直径赋值）
#2=5                               （凸圆角半径 R 赋值）
#3=6                               （球头刀直径 D 赋值）
#10=0                              （角度 θ 计数器置零）
#11=#3/2+#2                        （计算球刀中心与倒圆中心连线距离）
G54 G00 X100 Y100 Z50             （工件坐标系设定）
M03 S1000 F300                     （加工参数设定）
```

```
N10 X[#1*0.5+2*#3] Y0              (刀具定位)
        (若加工内轮廓倒角时将X[#1*0.5+2*#3]改为X[#1*0.5-#2*3])
WHILE #10LE90                      (循环条件判断)
#12=#11*SIN[#10*PI/180]-#2         (计算球头刀的Z轴动态值)
#100=#11*COS[#10*PI/180]-#2        (计算动态变化的刀具半径 r 补偿值)
#101=-#100                         (将刀具半径补偿值变为负值)
G00 Z[#12]                         (刀具下降至初始加工平面)
N20 G00 G41 X[#1*0.5+#3] Y[#3] D100   (建立刀具半径补偿)
        (若加工内轮廓倒角时将X[#1*0.5+#3]改为X[#1*0.5-#3])
        (若加工内轮廓倒角时将D100改为D101)
N30 G03 X[#1*0.5] Y0 R[#3]         (圆弧切入)
        (若加工内轮廓倒角时将G03改为G02)
G02 I[-#1*0.5]                     (倒角加工)
N40 G03 X[#1*0.5+#3] Y[-#3] R[#3]
                                   (圆弧切出)
        (若加工内轮廓倒角时将G03改为G02)
        (若加工内轮廓倒角时将X[#1*0.5+#3]改为X[#1*0.5-#3])
N50 G40 G00 X[#1*0.5+2*#3] Y0      (取消刀具半径补偿)
        (若加工内轮廓倒角时将X[#1*0.5+2*#3]改为X[#1*0.5-#2*3])
#10=#10+0.5                        (角度计数器加增量)
ENDW                               (循环结束)
G00 Z50                            (抬刀)
X100 Y100                          (返回起刀点)
M30                                (程序结束)
```

## 思考练习

数控铣削加工时，若加工编程轨迹为如图 3-134 所示的实线，进给方向如箭头所示，如果铣刀中心轨迹为细实线 $A$ 所标识的方向路线时，应采取_____补偿，指令_____；若为 $B$ 所标识的方向路线时，应采取_____补偿，指令_____；为 $C$ 所标识的方向路线时，应采取_____补偿，指令_____；为 $D$ 所标识的方向路线时，应采取_____补偿，指令_____；为 $E$ 所标识的方向路线时，应采取_____补偿，指令_____；为 $F$ 所标识的方向路线时，应采取_____补偿，指令_____；为 $G$ 所标识的方向路线时，应采取_____补偿，指令_____；为 $H$ 所标识的方向路线时，应采取_____补偿，指令_____。

图 3-134

图 3-134 刀具半径补偿

### 3.9.4 零件轮廓倒角铣削加工

**（1）零件轮廓倒角铣削加工宏程序编程方法**

如图 3-135 所示，零件轮廓倒角有凸圆角、凹圆角和斜角三种。零件轮廓倒角的宏程序编程有刀具刀位点轨迹编程和刀具半径补偿编程两种方法，通过分别研究两种方法的关键编程技术进行比较发现：以刀具刀位点轨迹编制宏程序时，由于刀位点轨迹较复杂，编程和理解困难，并且容易出错，仅适用于几何形状比较简单工件的编程；以刀具半径补偿功能编制宏程序时仅根据工件轮廓编程，无需考虑刀具中心位置，由数控系统根据动态变化的刀具半径补偿值自动计算刀具中心坐标，编程比较简便，效率高，且不易出错。本节采用刀具半径补偿法编程，刀具刀位点轨迹法编程在此不作赘述。

（a）倒凸圆角　　　　　　　　（b）倒凹圆角　　　　　　　　（c）倒斜角

图 3-135 零件轮廓倒角种类

**（2）零件轮廓倒角铣削加工几何参数模型**

零件轮廓倒角可采用球头刀或立铣刀铣削加工，如表 3-12 所示为利用球头刀倒工件轮廓凹圆角和斜角及用立铣刀倒工件轮廓凸圆角、凹圆角和斜角的几何参数模型。

表 3-12 倒角几何参数模型

| 刀具及加工类型 | 几何参数模型 | 计算公式 |
|---|---|---|
| 球头刀倒凸圆角 |  | $Z = \left(R + \dfrac{D}{2}\right)\sin\theta - R$<br>$r = \left(R + \dfrac{D}{2}\right)\cos\theta - R$<br>式中　$Z$——动态变化的 $Z$ 坐标值<br>　　　$r$——动态变化的刀半补值<br>　　　$\theta$——圆角圆弧的圆心角<br>　　　$D$——球刀直径<br>　　　$R$——圆角半径 |

| 刀具及加工类型 | 几何参数模型 | 计算公式 |
|---|---|---|
| 球头刀倒凹圆角 | | $Z = -\left(R - \dfrac{D}{2}\right)\sin\theta$ <br><br> $r = -\left(R - \dfrac{D}{2}\right)\cos\theta$ <br><br> 式中　$Z$——动态变化的 $Z$ 坐标值 <br>　　　$r$——动态变化的刀半径值 <br>　　　$\theta$——圆角圆弧的圆心角 <br>　　　$D$——球刀直径 <br>　　　$R$——圆角半径 |
| 球头刀倒斜角 | | $Z = \dfrac{B\dfrac{D}{2}}{\sqrt{B^2 + H^2}} - h$ <br><br> $r = \dfrac{H\dfrac{D}{2}}{\sqrt{B^2 + H^2}} - \dfrac{B(H-h)}{H}$ <br><br> 式中　$Z$——动态变化的 $Z$ 坐标值 <br>　　　$r$——动态变化的刀半补值 <br>　　　$B$——斜倒角宽度 <br>　　　$H$——斜倒角高度 <br>　　　$D$——球刀直径 <br>　　　$h$——加工深度 |
| 立铣刀倒凸圆角 | | $Z = R\sin\theta - R$ <br><br> $r = \dfrac{D}{2} - (R - R\cos\theta)$ <br><br> 式中　$Z$——动态变化的 $Z$ 坐标值 <br>　　　$r$——动态变化的刀半补值 <br>　　　$\theta$——圆角圆弧的圆心角 <br>　　　$D$——立铣刀直径 <br>　　　$R$——圆角半径 |
| 立铣刀倒凹圆角 | | $Z = -R\sin\theta$ <br><br> $r = \dfrac{D}{2} - R\cos\theta$ <br><br> 式中　$Z$——动态变化的 $Z$ 坐标值 <br>　　　$r$——动态变化的刀半补值 <br>　　　$\theta$——圆角圆弧的圆心角 <br>　　　$D$——立铣刀直径 <br>　　　$R$——圆角半径 |

| 刀具及加工类型 | 几何参数模型 | 计算公式 |
|---|---|---|
| 立铣刀倒斜角 |  | $Z=-h$<br><br>$r=\dfrac{D}{2}-\dfrac{B(H-h)}{H}$<br><br>式中　$Z$——动态变化的 $Z$ 坐标值<br>　　　$r$——动态变化的刀半补值<br>　　　$B$——斜倒角宽度<br>　　　$H$——斜倒角高度<br>　　　$D$——球刀直径<br>　　　$h$——加工深度 |

**（3）球头刀刀具半径补偿法铣削加工零件轮廓凸圆角宏程序编程**

倒凸圆角加工属于曲面的加工，曲面加工可在三坐标轴、四坐标轴或五坐标轴等数控机床上完成，其中三坐标轴曲面加工应用最为普遍。曲面加工的走刀路线有参数法、截面法、放射形法、环形等多种走刀路线方式。下面介绍用截面法加工圆角曲面的原理。

截平面法是指采用一组截平面去截取加工表面，截出一系列交线，刀具与加工表面的切触点就沿着这些交线运动，完成曲面的加工。

根据截面法的基本思想加工如图 3-136 所示的圆角曲面时，可用一组水平面作为截平面，截出一系列截交线（俯视图中细实线），然后刀具与加工表面的切触点就沿这些截交线运动，即可加工出圆角曲面，只要控制相邻截面与截面间的距离足够小，即每次的下刀深度足够小，就可以加工出满足加工质量要求的圆角曲面。由图 3-136 可见，这一系列的截交线都是圆角所在外轮廓的等距线，所以为简化编程，可采用半径补偿功能进行编制。

为保证加工质量，在加工倒圆角时通过调整角度增量并由下至上加工的方法来实现。采用球头刀铣削加工零件轮廓凸圆角的变量模型如表 3-12 所示，刀具的"半径"和 $Z$ 轴坐标值是动态变化的。HNC-21M 系统中，可编程的动态变化的刀具"半径"用变量#100～#199 表示，刀具半径补偿号必须与"半径"变量中的序号相同，例刀具"半径"用变量#101 时，刀具半径补偿号必须用 D101。设工件轮廓凸圆角半径 $R$，球头刀刀具直径为 $D$，以圆角圆弧的圆心角 $\theta$ 为自变量，在当前角度 $\theta$ 时球头刀的刀位点（球心）距离上表面 $Z$，距离加工工件轮廓 $r$，利用工件轮廓补偿刀具半径补偿值 $r$ 编

图 3-136　加工圆角曲面的刀具轨迹

程沿工件轮廓加工，然后角度 $\theta$ 递变，再利用变化后的 $Z$ 值和工件轮廓补偿以变化后的刀具半径补偿值 "$r$" 编程沿工件轮廓加工，直到加工完整个圆角。

球头刀刀具半径补偿法铣削加工零件轮廓凸圆角宏程序编程模板如表 3-13 所示。

表 3-13　球头刀刀具半径补偿法铣削加工零件轮廓凸圆角宏程序编程模板

| 程 序 内 容 | 注　释 |
|---|---|
| … | 程序开头部分（要求工件坐标系 Z 轴原点设在加工圆角的工件轮廓上表面） |
| #3= | 球头刀直径 D 赋值 |
| #17= | 凸圆角半径 R 赋值 |
| #20=0 | 角度 θ 计数器置零 |
| #21=#3/2+#17 | 计算球刀中心与倒圆中心连线距离 |
| WHILE #20LE90 | 循环条件判断 |
| #22=#21*SIN[#20*PI/180]−#17 | 计算球头刀的 Z 轴动态值 |
| #100=#21*COS[#20*PI/180]−#17 | 计算动态变化的刀具半径 r 补偿值 |
| G00 Z[#22] | 刀具下降至初始加工平面 |
| G41/G42 X_Y_D100 | 建立刀具半径补偿（注意左右刀补的选择） |
| … | XY 平面类的工件轮廓加工程序（从轮廓外安全位置切入切削起点，然后沿工件轮廓加工至切削终点） |
| G40 G00 X_Y_ | 取消刀具半径补偿 |
| #20=#20+0.5 | 角度 θ 计数器递增 |
| ENDW | 循环结束 |
| … | 程序结束部分 |

**【例 3-33】**　如图 3-137 所示零件轮廓已经加工完毕，试编制其倒 R4 圆角的铣削加工宏程序。

图 3-137　工件轮廓倒凸圆角

解：如图所示，圆角半径为 R4mm，选择 φ8mm 的球头刀倒圆角，即球头刀刀具直径 D=8mm，设 G54 工件坐标系原点在工件上表面右侧对称中心，编制倒圆角宏程序如下。

```
%3280
G54 G17 G90              （选择 G54 工件坐标系、XY 平面和绝对坐标值编程）
M03 S1000 F300           （主轴正转）
G00 X100 Y100 Z50        （快进到起刀点）
#3=8                     （球头刀直径 D 赋值）
#17=4                    （凸圆角半径 R 赋值）
#20=0                    （角度 θ 计数器置零）
```

```
#21=#3/2+#17                    （计算球刀中心与倒圆中心连线距离）
WHILE #20LE90                   （循环条件判断）
#22=#21*SIN[#20*PI/180]-#17     （计算球头刀的 Z 轴动态值）
#100=#21*COS[#20*PI/180]-#17    （计算动态变化的刀具半径 r 补偿值）
G00 Z[#22]                      （刀具下降至初始加工平面）
G41 X10 Y-22.5 D100             （建立刀具半径补偿）
  G01 X-18                      （工件轮廓加工程序）
  G02 X-30 Y-10.5 R12           （工件轮廓加工程序）
  G01 Y10.5                     （工件轮廓加工程序）
  G02 X-18 Y22.5 R12            （工件轮廓加工程序）
  G01 X0                        （工件轮廓加工程序）
G40 G00 X50                     （取消刀具半径补偿）
#20=#20+0.5                     （角度计数器加增量）
ENDW                            （循环结束）
G00 Z50                         （抬刀）
X100 Y100                       （返回起刀点）
M30                             （程序结束）
```

**【例 3-34】** 数控铣削加工如图 3-138 所示斜面，斜面长 30mm，宽 20mm，深 3mm，试编制该斜面铣削加工宏程序。

解：斜面几何参数模型如图 3-139 所示，设斜面长 $L$，宽 $B$，深 $H$，设工件坐标原点在工件上表面的左前角位置，选用刀具直径 $D$ 为 $\phi$12mm 的立铣刀铣削加工该斜面。

图 3-138　斜面铣削加工　　　　　　　　　图 3-139　斜面几何参数模型

斜面加工可看作是倒斜角加工，加工倒斜角时可以通过调整斜角加工每层的深度或者宽度增量来实现，为保证加工质量，最好选择倒角宽度和高度中值较大的一个作为变量，同时选择铣刀由下至上加工。

采用刀具半径补偿编制斜面加工宏程序如下。

```
%3281
#0=30                          （斜面长 L 赋值）
#1=20                          （斜面宽 B 赋值）
```

```
#2=3                            （斜面深 H 赋值）
#3=12                           （立铣刀刀具直径 D 赋值）
G54 G00 X100 Y100 Z50           （工件坐标系设定）
M03 S1000 F300                  （加工参数设定）
#10=#0                          （加工长度赋初值）
WHILE #10GE0                    （循环条件判断）
  #11=-#2*#10/#0                （计算动态变化的 Z 值，注意 Z 坐标原点位置）
  #100=#10+#3*0.5-#0            （计算动态变化的刀具半径值"r"）
  G00 Z[#11]                    （刀具移动到加工高度）
  G41 X[#0] Y[#1+#3] D100       （建立刀具半径补偿）
  G01 Y[-#3]                    （直线插补加工斜面）
  G00 G40 X100 Y100             （取消刀具半径补偿）
  #10=#10-0.5                   （加工长度递减）
ENDW                            （循环结束）
G00 Z50                         （抬刀）
M30                             （程序结束）
```

下面是采用等高层铣法加工斜面编制的加工宏程序，试与上述程序进行分析比较。

```
%3282
#0=30                           （斜面长 L 赋值）
#1=20                           （斜面宽 B 赋值）
#2=3                            （斜面深 H 赋值）
#3=12                           （立铣刀刀具直径 D 赋值）
G54 G00 X100 Y100 Z50           （工件坐标系设定）
M03 S1000 F300                  （加工参数设定）
#10=#0                          （加工长度赋初值）
WHILE #10GE0                    （循环条件判断）
  #11=-#2*#10/#0                （计算 Z 值）
  G00 Z[#11]                    （刀具移动到加工高度）
  X[#10+#3*0.5] Y[#1+#3]        （刀具定位）
  G01 Y[-#3]                    （直线插补加工斜面）
  G00 X100 Y100                 （返回）
  #10=#10-0.5                   （加工长度递减）
ENDW                            （循环结束）
G00 Z50                         （抬刀）
M30                             （程序结束）
```

下面是采用斜线下刀铣削加工该斜面的加工宏程序，试与上述程序进行分析比较。

```
%3283
#0=30                           （斜面长 L 赋值）
#1=20                           （斜面宽 B 赋值）
#2=3                            （斜面深 H 赋值）
#3=12                           （立铣刀刀具直径 D 赋值）
G54 G00 X100 Y100 Z50           （工件坐标系设定）
```

```
M03 S1000 F300            (加工参数设定)
  #10=0                   (加工宽度赋初值)
  WHILE #10LE#1           (加工条件判断)
  G00 X[#3*0.5] Y[#10]    (刀具定位)
  G01 Z0                  (下刀到加工平面)
  X[#0+#3*0.5] Z[-#2]     (斜线下刀铣削加工)
  G00 Z2                  (抬刀)
  #10=#10+0.2             (加工宽度值递增)
  ENDW                    (循环结束)
G00 Z50                   (抬刀)
X100 Y100                 (返回起刀点)
M30                       (程序结束)
```

 思考练习

1. 试利用球头刀刀具半径补偿法铣削加工零件轮廓凸圆角宏程序编程模板编制铣削加工如图 3-140 所示椭圆凸台倒圆角的加工宏程序。

图 3-140　椭圆凸台倒圆角

2. 利用刀具半径动态补偿倒圆角的编程方法能否实现凸球、凹球和椭圆球等球表面的加工编程?

3. 利用刀具半径动态补偿倒斜角的编程方法能否实现外圆锥面、内圆锥面和直棱锥面的加工编程?

# 参考答案

## 第1章

### 1.1

1．使用变量、可对变量赋值、变量间可进行演算、程序运行可以跳转。

2．优点：长远性、共享性、多功能性、简练性与智能性。

应用：相似系列零件的加工、非圆曲线的拟合处理加工、曲线交点的计算功能、人机界面及功能设计。

3．既可以在主程序中使用，也可以当作子程序来调用。

### 1.2

1．[–L]、[#1]

程序修改为：

```
#1=40
#2=25
G00 X[#1] Z2
G01 X[#1] Z[-#2]
G00 X[#1+10] Z[-#2]
```

若要求精加工$\phi32 \times 20$的外圆柱面，修改程序段为"#1=32"和"#2=20"即可。

2．普通程序中只能使用常量，而宏程序与它的最大区别在于可以在程序中使用变量，使得程序更具有通用性，当同类零件的尺寸发生变化时，只需要更改宏程序主体中变量的值就可以了，而不需要重新编制程序。

### 1.3

一、1．C　　2．D　　3．D　　4．C　　5．C　　6．D　　7．A　　8．ABD

二、1．正确

2．正确

3．G00 X10 Y0

4．2

5．22

6．N1 G01 X2 Y0

7．N1 G01 X1.5 Y3.7 F20

8．N2 G01 X1.5 Y0 F20

9．在一般情况下，应优先考虑选用局部变量。局部变量在不同的子程序里，可以重复使用，不会互相干扰。如果一个数据在主程序和子程序里都要用到，就要考虑用全局变量。用全局变量来保存数据，可以在不同子程序间传递、共享和反复利用。

## 1.4

一、√√

二、CAABC　　ACCCC　　C

三、1．有四则运算、三角函数、平方根、绝对值、取整、指数函数运算、条件运算和逻辑运算。

2．运算的先后次序为：方括号"[]"→函数→乘除→加减→条件→逻辑。其他运算遵循相关数学运算法则。

四、

```
%1042
#1=31                  （将需要判断奇偶的数赋给#1，例"31"）
#10=#1/2-INT[#1/2]      （求#1除2后的余数）
IF#10EQ0.5             （若#10等于0.5）
#20=1                  （将1赋给#20，表示为奇数）
ENDIF                  （条件结束）
IF#10EQ0              （若#10等于0）
#20=2                  （将2赋给#20，表示为偶数）
ENDIF                  （条件结束）
M30                    （程序结束）
```

## 1.5

一、DCA

二、1．执行完程序后刀具刀位点的 $X$ 坐标值为80（最大值）。

2．当#1=32时#2=1.5，当#1=30.1时#2=0.1，当#1=20时#2为0（没有赋值）。

三、1．编制求20～100各整数的总和宏程序如下。

```
%1053              （程序号）
#1=0               （存储和的变量赋初值0）
#2=20              （计数器赋初值20，从20开始）
N1 WHILE#2LE100     （如果计数器值小于或等于100执行循环，否则转移到N2程序段）
  #1=#1+#2         （求和）
  #2=#2+1         （计数器加1，即求下一个被加的数）
ENDW               （结束循环）
N2 M30             （程序结束）
```

2．编制求1～20各整数的总乘积的宏程序如下。

```
%1054              （程序号）
#1=1               （存储乘积的变量赋初值1，注意不能赋为0）
#2=1               （计数器赋初值1，从1开始）
N1 WHILE#2LE20    （如果计数器值小于或等于20执行循环，否则转移到N2程序段）
```

```
      #1=#1*#2                        （求乘积）
      #2=#2+1                         （计数器加 1，即求下一个被乘的数）
   ENDW                               （结束循环）
   N2 M30                             （程序结束）
```

3. 编制计算数值 $1.1^2+2.2^2+3.3^2+\cdots+9.9^2$ 的总和的宏程序如下。

```
%1055                                 （程序号）
#1=0                                  （存储和的变量赋初值 0）
#2=1.1                                （加数赋初值）
N1 WHILE#2LE9.9  （如果计数器值小于或等于 9.9 执行循环，否则转移到 N2 程序段）
   #1=#1+#2*#2                        （数值计算）
   #2=#2+1.1                          （加数递增 1.1）
ENDW                                  （结束循环）
N2 M30                                （程序结束）
```

4. 编制宏程序如下。

```
%1056
#1=0                                  （和赋初值）
#2=1                                  （乘数 1 赋初值）
#3=1                                  （乘数 2 赋初值）
WHILE#2LE3                            （条件判断）
   WHILE#3LE9                         （条件判断）
   #1=#1+#2*[#3*1.1]                  （求和）
   #3=#3+1                            （乘数 2 递增）
   ENDW                              （循环结束）
#3=1                                  （乘数 2 重新赋值）
#2=#2+1                               （乘数 1 递增）
ENDW                                  （循环结束）
M30                                   （程序结束）
```

程序中变量#1 是存储运算结果的，#2 作为第一层循环的自变量，#3 作为第二层循环的自变量。

5. 编制求该数列中小于 360 范围内最大的那一项的宏程序如下。

```
%1057
#1=1                                  （所求数值赋初值）
#2=2                                  （运算结果赋初值）
WHILE#2LE360                          （条件判断）
  #3=#2                               （运算结果转存）
  #2=#2+#1                            （计算下一数值）
  #1=#3                               （所求数值赋值）
ENDW                                  （循环结束）
M30                                   （程序结束）
```

程序中使用了三个变量，#2 是存储运算结果的，#3 作为中间自变量，储存#2 运算前的数值并传递给#1，#1 和#2 依次变化，当#2 大于或等于 360 时，循环结束，这时变量#1 中的数值就是所求的最大的那一项的数值（为什么不是#2，读者自行考虑）。

6. 将任意 5 位以内的数值赋给变量#20，通过宏程序自动判断其各位数上的值并分别用#1～#5 来表示从万位到个位上的具体数值。

```
%2001
#20=123                                          （任意 5 位以内数值赋值）
#1=0                                             （万位数赋初值）
#2=0                                             （千位数赋初值）
#3=0                                             （百位数赋初值）
#4=0                                             （十位数赋初值）
#5=0                                             （个位数赋初值）
#10=0                                            （计数器置零）
WHILE#10LT#20                                     （确定各位数值循环）
  IF#1EQ10                                        （如果个位数满 10）
  #1=0                                           （个位置零）
  #2=#2+1                                         （十位递增 1）
  ENDIF                                          （条件结束）
  IF#2EQ10                                        （如果十位数满 10）
  #2=0                                           （十位置 0）
  #3=#3+1                                         （百位递增 1）
  ENDIF                                          （条件结束）
  IF#3EQ10                                        （如果百位数满 10）
  #3=0                                           （百位置 0）
  #4=#4+1                                         （千位递增 1）
  ENDIF                                          （条件结束）
  IF#4EQ10                                        （如果千位数满 10）
  #4=0                                           （千位置 0）
  #5=#5+1                                         （万位递增 1）
  ENDIF                                          （条件结束）
  #1=#1+1                                         （个位递增）
  #10=#10+1                                       （计数器递增）
ENDW                                             （循环结束）
M30                                              （程序结束）
```

上述程序采用从"0"依次数到给定数值的方法编程，虽然程序正确但执行时间较长，下面是改进后的宏程序。

```
%2001
#20=123                                          （任意 5 位以内数值赋值）
#1=INT[#20/10000]                                （万位数值计算）
#2=INT[[#20-10000*#1]/1000]                       （千位数值计算）
#3=INT[[#20-10000*#1-1000*#2]/100]                （百位数值计算）
#4=INT[[#20-10000*#1-1000*#2-#100*#3]/10]         （十位数值计算）
#5=#20-10000*#1-1000*#2-100*#3-10*#4              （个位数值计算）
M30                                              （程序结束）
```

**1.6**

一、AAC

二、1. 普通子程序中没有宏变量，程序中各种加工的数据是固定的，程序内部的数据不能在调用时"动态"地改变。宏子程序可以包含变量，不但可以反复调用简化代码，而且通过改变变量的值就能实现加工数据的灵活变化或改变程序的流程，实现复杂的加工过程处理。

2. G65 和 M98 指令均可。

# 第2章

## 2.1

1. 适用范围：（1）适用于手工编制含椭圆、抛物线、双曲线等没有插补指令的非圆曲线类零件的数控车削加工程序。（2）适用于编制工艺路线相同、但位置参数不同的系列零件的加工程序。（3）适用于编制形状相似、但尺寸不同的系列零件的加工程序。（4）使用宏程序能扩大数控车床的编程范围，简化零件加工程序。

2. 模态指令也称为续效指令，一经程序段中指定，便一直有效，与上段相同的模态指令可省略不写，直到以后程序中重新指定同组指令时才失效。而非模态指令（非续效指令）的功能仅在本程序段中有效，与上段相同的非模态指令不可省略不写。

## 2.2

1. 编制加工宏程序如下。

```
%2001
#1=50                                    （D 赋值）
#2=3                                     （R 赋值）
#3=10                                    （L 赋值）
#11=#1/2-#2                              （计算 r₁ 的值）
#12=5*#3-#11                             （计算 r₂ 的值）
#13=4*#3-#12                             （计算 r₃ 的值）
M03 S1200 T0101 F120                     （加工参数设定）
G00 X100 Z50                             （刀具到起刀点）
X[#1+10] Z2                              （进刀到循环起点）
G71 U1 R0.5 P10 Q20 X0.6 Z0.1            （循环加工参数设定）
  N10 G00 G42 X0 Z2                      （进刀到切削起点）
  G01 Z0                                 （直线插补）
  G03 X[2*#13] Z[-#13] R[#13]            （圆弧插补）
  G02 X[2*4*#11/5] Z[-3*#12/5-#13] R[#12]（圆弧插补）
  G03 X[2*#11] Z[-#13-3*#3] R[#11]       （圆弧插补）
  G01 Z[-#13-5*#3+#2]                    （直线插补）
  G02 X[#1] Z[-#13-5*#3] R[#2]           （圆弧插补）
  G01 W[-#3]                             （直线插补）
```

```
    N20 G00 G40 X100                          （退刀）
    Z50                                       （返回起刀点）
    M30                                       （程序结束）
```

2. 设工件原点在右端面与工件轴线的交点上，编制矩形槽加工宏程序如下。

```
%2002                                         （子程序号）
#10=#2-#1+#0                                   （Z向距离赋初值）
G00 X[#3+10]                                   （刀具X向定位）
WHILE#10LT#2                                   （Z向距离判断）
  G00 Z[-#10]                                  （刀具Z向定位）
  G01 X[#4]                                    （切到要求深度）
  G00 X[#3+10]                                 （退刀到工件外）
  #10=#10+#0-1                                 （Z向距离递增）
ENDW                                          （循环结束）
G00 Z[-#2]                                     （最后一刀Z向定位）
G01 X[#4]                                      （最后一刀切削加工）
G00 X[#3+10]                                   （退出工件之外）
M99                                           （子程序结束）
```

下面是调用宏子程序进行槽加工的主程序，不同尺寸的槽加工时仅需对 A、B、C、D、E 尺寸变量重新赋值即可。

```
%2003                                         （主程序号）
M03 S800 T0202 F80                            （加工参数设定）
G00 X100 Z50                                   （刀具快进到起刀点）
M98 P2002 A3 B10 C30 D42 E38                   （A、B、C、D、E尺寸变量赋值）
G00 X100 Z50                                   （返回起刀点）
M30                                           （程序结束）
```

3. 设工件坐标原点在右端面与工件轴线的交点上，下面是数控车削加工该系列零件的宏程序，仅需要对#10赋值"1"、"2"、"3"或"4"即可选择相应4种不同尺寸规格的零件进行加工。

```
%2004
#10=1                                         （零件尺寸规格选择）
IF#10EQ1                                       （尺寸规格判断）
  #0=30                                        （尺寸参数A赋值）
  #1=50                                        （尺寸参数B赋值）
  #2=40                                        （尺寸参数C赋值）
  #3=60                                        （尺寸参数D赋值）
  #17=3                                        （尺寸参数R赋值）
ENDIF                                         （条件结束）
IF#10EQ2                                       （尺寸规格判断）
  #0=25                                        （尺寸参数A赋值）
  #1=46                                        （尺寸参数B赋值）
  #2=28                                        （尺寸参数C赋值）
  #3=48                                        （尺寸参数D赋值）
```

```
    #17=2                              （尺寸参数 R 赋值）
  ENDIF                                （条件结束）
  IF#10EQ3                             （尺寸规格判断）
    #0=19                              （尺寸参数 A 赋值）
    #1=45                              （尺寸参数 B 赋值）
    #2=21                              （尺寸参数 C 赋值）
    #3=47                              （尺寸参数 D 赋值）
    #17=4                              （尺寸参数 R 赋值）
  ENDIF                                （条件结束）
  IF#10EQ4                             （尺寸规格判断）
    #0=24                              （尺寸参数 A 赋值）
    #1=55                              （尺寸参数 B 赋值）
    #2=32                              （尺寸参数 C 赋值）
    #3=52                              （尺寸参数 D 赋值）
    #17=3                              （尺寸参数 R 赋值）
  ENDIF                                （条件结束）
  M03 S1000 T0101 F120                 （加工参数设定）
  G00 X100 Z100                        （刀具快进到起刀点）
  X[#3+10] Z2                          （快进到循环起点）
  G71 U1.5 R0.5 P10 Q20 X0.6 Z0.1      （循环参数设定）
    N10 G00 G42 X[#2-9] Z2             （快进到切削起点）
    G01 X[#2] Z-2.5                    （直线插补）
    Z[-#0+#17]                         （直线插补）
    G02 X[#2+2*#17] Z[-#0] R[#17]      （圆弧插补）
    G01 X[#3-2*#17]                    （直线插补）
    G03 X[#3] Z[-#0-#17] R[#17]        （圆弧插补）
    G01 Z[-#1]                         （直线插补）
    N20 G00 G40 X[#3+10]               （退刀）
  G00 X100 Z100                        （返回起刀点）
  M30                                  （程序结束）
```

4. 设工件坐标原点在工件右端面和轴线的交点上，编制加工宏程序如下。

```
%2005
#20=123                （加工槽赋值，赋值"123"表示要求加工槽1、槽2和槽3）
#1=0                   （万位数赋初值）
#2=0                   （千位数赋初值）
#3=0                   （百位数赋初值）
#4=0                   （十位数赋初值）
#5=0                   （个位数赋初值）
#10=0                  （计数器置零）
WHILE#10LT#20          （确定各位数值循环）
  IF#1EQ10             （如果个位数满10）
  #1=0                 （个位置零）
```

```
  #2=#2+1                    （十位递增 1）
  ENDIF                      （条件结束）
  IF#2EQ10                   （如果十位数满 10）
  #2=0                       （十位置 0）
  #3=#3+1                    （百位递增 1）
  ENDIF                      （条件结束）
  IF#3EQ10                   （如果百位数满 10）
  #3=0                       （百位置 0）
  #4=#4+1                    （千位递增 1）
  ENDIF                      （条件结束）
  IF#4EQ10                   （如果千位数满 10）
  #4=0                       （千位置 0）
  #5=#5+1                    （万位递增 1）
  ENDIF                      （条件结束）
  #1=#1+1                    （个位递增）
  #10=#10+1                  （计数器递增）
ENDW                         （循环结束）
T0101 M03 S800 F120          （加工参数判断）
G00 X100 Z100                （刀具快进到起刀点）
X60 Z-3                      （刀具定位）
#11=5                        （槽位计数器赋初值）
WHILE#11GE1                  （加工循环条件判断）
  IF#[#11]NE0                （若各位数不为 0）
  G00 Z[-3-#[#11]*10]        （刀具定位到槽上方）
  G01 X44                    （切槽）
  G00 X60                    （退刀）
  ENDIF                      （条件结束）
  #11=#11-1                  （槽位计数器递减）
ENDW                         （循环结束）
G00 X100 Z100                （返回起刀点）
M30                          （程序结束）
```

**2.3.1**

一、1. 变量#10 的变化范围是[30，28]，即从 $\phi30$ 加工到 $\phi28$。

2. 0.5mm

3. 5 次，第一次 *X*30（本次走了空刀），第二次 *X*29.5，第三次 *X*29，第四次 *X*28.5，第五次 *X*28。

4. 将程序段"#10=#10–0.5"改为"#10=#10–0.8"即可。若直接将例题程序中每层切削厚度修改为 0.8 不行，因为若将切削厚度修改为 0.8 后第一次加工的 *X* 坐标值为 *X*30，第二次 *X*29.2，第三次 *X*28.4，下一次加工值为 *X*27.6 不满足循环条件，因此只会加工到 *X*28.4 就停止加工，未完成零件的精加工。

5. 加工程序需要改进的地方主要有第一刀不能走空刀、必须保证能进行最后一刀精加工并且从粗加工到精加工切削厚度递减三个方面。改进后的参考程序如下。

```
%2011
#1=28                          （将圆柱直径值赋给#1）
#2=40                          （将圆柱长度值赋给#2）
#10=30                         （将毛坯直径值赋给#10）
T0101 M03 S1000 F80            （加工参数设定）
G00 X100 Z50                   （快进到起刀点）
WHILE#10GT#1                   （循环条件判断）
   IF[#10-#1]GT0.5             （若#10-#1 大于 0.5）
   #20=0.5         （将 0.5 赋给#20，即加工余量大于 0.5mm 时切削厚度取 0.5mm）
   ENDIF                       （条件结束）
   IF[#10-#1]GT1               （若#10-#1 大于 1）
   #20=1                       （将 1 赋给#20）
   ENDIF                       （条件结束）
   IF[#10-#1]GT2               （若#10-#1 大于 2）
   #20=2                       （将 2 赋给#20）
   ENDIF                       （条件结束）
   #10=#10-#20                 （#10 递减#20）
   IF[#10+#20-#1]LE0.5         （若加工余量小于或等于 0.5mm）
   #10=#1                      （将#1 赋给#10，执行精加工）
   ENDIF                       （条件结束）
   G00 X[#10] Z2               （刀具定位到各层切削起点位置）
   G01 Z[-#2]                  （直线插补加工）
   G00 X100                    （退刀）
   Z50                         （返回）
ENDW                           （循环结束）
M30                            （程序结束）
```

提示：改进后只需要加工 3 次即可（第一次 X29，第二次 X28.5，第三次 X28）；若将 #10 赋值为 30.2，则只需要加工 2 次即可（第一次 X28.2，第二次 X28）。

二、1. 宏程序调用指令如下：

**M98 P2012 B__C__K__**

自变量含义：

#1=B——圆柱体直径值；

#2=C——圆柱体长度值；

#10=K——圆柱体毛坯直径值。

```
%2012                          （子程序号）
WHILE#10GT#1                   （循环条件判断）
   IF[#10-#1]GT0.5             （若#10-#1 大于 0.5）
   #20=0.5         （将 0.5 赋给#20，即加工余量大于 0.5mm 时切削厚度取 0.5mm）
   ENDIF                       （条件结束）
   IF[#10-#1]GT1               （若#10-#1 大于 1）
   #20=1                       （将 1 赋给#20）
   ENDIF                       （条件结束）
```

```
IF[#10-#1]GT2                    （若#10-#1 大于 2）
#20=2                            （将 2 赋给#20）
ENDIF                            （条件结束）
#10=#10-#20                      （#10 递减#20）
IF[#10+#20-#1]LE0.5              （若加工余量小于或等于 0.5mm）
#10=#1                           （将#1 赋给#10，执行精加工）
ENDIF                            （条件结束）
G00 X[#10] Z2                    （刀具定位到各层切削起点位置）
G01 Z[-#2]                       （直线插补加工）
G00 X[#10+5]                     （退刀）
Z2                               （返回）
ENDW                             （循环结束）
M99                              （子程序结束并返回主程序）
```

调用宏程序实现粗、精加工如图 2-6 所示 $\phi 28 \times 40$ 外圆柱面程序如下。

```
%2013                            （主程序号）
T0101 M03 S1000 F80              （加工参数设定）
G00 X100 Z50                     （快进到起刀点）
M98 P3000 B28 C40 K30            （调用宏程序粗、精加工外圆柱面）
G00 X100 Z50                     （返回起刀点）
M30                              （程序结束）
```

2．设工件坐标原点在工件右端面与轴线的交点上，编制加工宏程序如下。

```
%2014
#0=30                            （圆锥大径赋值）
#1=20                            （圆锥小径赋值）
#2=30                            （圆锥长度赋值）
#4=32                            （毛坯直径赋值）
T0101 M03 S1000 F150             （加工参数设定）
G00 X100 Z100                    （快进到起刀点）
#10=#4-2                         （X 坐标赋初值）
WHILE#10GE#1                     （粗加工循环条件判断）
G00 X[#10] Z2                    （快进到切削起点）
G01 U[2*[#0-#1]/#2+#0-#1] Z[-#2] （直线插补）
G00 Z2                           （退刀）
#10=#10-2                        （X 坐标递减）
ENDW                             （循环递减）
G00 X[#1-2*[#0-#1]/#2] Z2        （刀具定位到精加工切削起点）
G01 X[#0] Z[-#2]                 （精加工）
G00 X100                         （退刀）
Z100                             （返回起刀点）
M30                              （程序结束）
```

**2.3.2**

1．仅需将#10 赋值为 20 即可，即将程序段"#10=15"改为"#10=20"。

2．例题程序中选用的是如图 2-11 所示的同心圆法粗、精加工策略。下面是采用如图 2-12 所示的定起点和终点变半径的方法编制的加工宏程序。

```
%2023
#10=15                        (将球半径 15 赋给#10)
#11=SQRT[2]*0.5*#10           (计算 √2/2 R 即图 2-13 中 r 的值)
#20=#11+1.5                   (第一刀加工半径值赋值)
T0101 M03 S800 F120           (加工参数设定)
G00 X100 Z50                  (刀具快进到起刀点)
WHILE#20LT#10                 (粗加工循环条件判断)
    G00 X0 Z[#10+2]           (粗加工刀具定位)
    G01 Z[#10]               (直线插补)
    G03 X[2*#10] Z0 R[#20]   (粗加工，注意 X 坐标值应为直径值)
    G00 X100                 (退刀)
    Z50                      (返回)
    #20=#20+1.5              (加工半径递增 1.5mm)
ENDW                          (循环结束)
G00 X0 Z[#10+2]              (精加工刀具定位)
G01 Z[#10]                   (进刀到球顶点)
G03 X[2*#10] Z0 R[#10]       (精加工半球面)
G00 X100                     (退刀)
Z50                          (返回)
M30                          (程序结束)
```

**2.3.3**

1．区别在于用变量#1 替代了切削起点的 $X$ 坐标值。修改#1 的赋值即可实现粗、精加工。

2．若是将程序段"#1=#1–3"的位置放在 ENDW 程序段的前一个程序段，则第一刀走了空刀（未切削到工件），并且不一定能执行精加工。

3．该语句的作用在于能使程序执行精加工。

4．优点是粗、精加工程序变化修改的地方仅有一处即切削起点的 $X$ 坐标值，缺点是加工效率比用 G71 循环指令进行台阶法粗、精加工低并且编程计算相对坐标值时较困难。

5．设工件原点在球心，编制粗、精加工该零件外轮廓的宏程序如下。

```
%2031
#1=38                        (将毛坯直径值赋给#1)
#2=0                         (将精加工切削起点的 X 值赋给#2)
M03 S1000 T0101 F120         (加工参数设定)
G00 X100 Z50                 (快进到起刀点)
WHILE#1GT#2                  (循环加工条件判断)
    #1=#1-3                  (加工切削起点 X 值递减 3mm)
    IF#1LE#2                 (精加工条件判断)
```

```
#1=#2                       （将#2 赋给#1）

ENDIF                       （条件结束）

X[#1] Z7                    （刀具定位）

G01 Z5                      （直线插补到切削起点）

G03 U10 Z0 R5              （圆弧插补）

G02 U8 Z-8 R10            （圆弧插补）

G03 U12 Z-20 R15         （圆弧插补）

G01 Z-27                    （直线插补）

G02 U6 Z-30 R3           （圆弧插补）

G01 Z-40                    （直线插补）

G00 X100                    （退刀）

Z50                         （返回）

ENDW                        （循环结束）

M30                         （程序结束）
```

**2.3.4**

1. 例题中加工深度变化是按第一次 $\sqrt{1}C$，第二次 $\sqrt{2}C$，第 $n$ 次 $\sqrt{n}C$ 的方式处理的（其中 $C$ 是螺纹加工第一刀吃刀深度）。下面是采用另外的处理方式编制的螺纹加工宏子程序。

```
%2042                       （宏子程序号）

#30=#3                      （将螺纹大径值赋给#30）

#31=#3-2*0.54*#5           （计算螺纹小径值）

WHILE#30GT#31              （循环条件判断）

  #30=#30-#2               （加工 X 坐标递减）

  IF[#30-#31]GT0.2         （条件判断，若加工余量大于 0.2）

  #2=0.2                    （切削深度取 0.2mm）

  ENDIF                     （条件结束）

  IF[#30-#31]GT0.4         （条件判断，若加工余量大于 0.4）

  #2=0.4                    （切削深度取 0.4mm）

  ENDIF                     （条件结束）

  IF[#30-#31]GT0.6         （条件判断，若加工余量大于 0.6）

  #2=0.6                    （切削深度取 0.6mm）

  ENDIF                     （条件结束）

  IF#30LT#31               （精加工条件判断）

  #30=#31                   （将小径值赋给#30）

  ENDIF                     （条件结束）

  G00 X[#3+10] Z[#0]       （快进到循环起点）

  G82 X[#30] Z[#1] F[#5]   （螺纹加工）

  G00 X[#3+10]             （退刀）

  #32=#32+1                （深度变量递增）

ENDW                        （循环结束）

M99                         （子程序结束并返回主程序）
```

2. 设工件原点在工件右端面与轴线的交点上，设切削起点的 $Z$ 坐标值为 10，切削终点的 Z 坐标值为–50，采用半径为 R3mm 的圆弧螺纹车刀直进法加工该螺纹，编制加工宏程序如下。

```
%2043                        （主程序号）
#0=10                        （螺纹切削起点的 Z 坐标值赋值）
#1=-50                       （螺纹切削终点的 Z 坐标值赋值）
#2=0.8                       （第一刀切削深度赋值）
#3=40                        （螺纹大径赋值）
#4=34                        （螺纹小径赋值）
#5=8                         （螺距赋值）
#30=#3                       （将螺纹大径值赋给#30）
#31=1                        （深度变量赋初值）
T0303 M03 S600               （加工参数设定）
G00 X100 Z100                （快进到起刀点）
WHILE#30GT#4                 （循环条件判断）
  #30=#3-#2*SQRT[#31]        （加工 X 坐标递减）
  IF#30LT#4                  （精加工条件判断）
  #30=#4                     （将小径值赋给#30）
  ENDIF                      （条件结束）
  G00 X[#3+10] Z[#0]         （快进到循环起点）
  G82 X[#30] Z[#1] F[#5]     （螺纹加工）
  G00 X[#3+10]               （退刀）
  #31=#31+1                  （深度变量递增）
ENDW                         （循环结束）
G00 X100 Z100                （返回起刀点）
M30                          （程序结束）
```

3. 设工件坐标原点在工件对称中心上，设切削起点距右端面 10mm，则其 Z 坐标值为23（13+10），设切削终点距左端面 6mm，则其 Z 坐标值为–19（–13–6），编制加工宏程序如下。

```
%2044
#0=3                         （圆弧螺纹牙深赋值）
#1=8                         （螺距赋值）
#2=60                        （圆弧半径赋值）
#3=23                        （螺纹切削起点 Z 坐标赋值）
#4=19                        （螺纹切削终点 Z 坐标赋值）
#5=0.8                       （第一刀切削深度赋值）
#10=#2                       （加工圆弧面半径赋初值）
#11=#2-#0                    （加工圆弧面终止半径值计算，即螺纹底部所在圆弧半径值）
T0303 M03 S600               （加工参数设置）
G00 X100 Z100                （快进至起刀点）
G64                          （连续切削）
WHILE#10GT#11                （循环条件判断）
  #10=#10-#5                 （加工 X 坐标递减一个切深）
```

```
IF[#10-#11]GT0.2          （条件判断，若加工余量大于0.2）
#5=0.2                    （切削深度取0.2mm）
ENDIF                     （条件结束）
IF[#10-#11]GT0.4          （条件判断，若加工余量大于0.4）
#5=0.4                    （切削深度取0.4mm）
ENDIF                     （条件结束）
IF[#10-#11]GT0.6          （条件判断，若加工余量大于0.6）
#5=0.6                    （切削深度取0.6mm）
ENDIF                     （条件结束）
IF#10LT#11                （精加工条件判断）
#10=#11                   （将小径值赋给#30）
ENDIF                     （条件结束）
#20=SQRT[#10*#10-#3*#3]-30   （计算切削起点的X坐标值，半径值）
#21=SQRT[#10*#10-#4*#4]-30   （计算切削终点的X坐标值，半径值）
G00 X[2*#20] Z[#3+5]      （刀具快速定位）
G32 Z[#3] F[#1]           （螺纹加工）
G03 X[2*#21] Z[-#4] R[#10] F[#1]  （圆弧插补加工圆弧表面螺纹）
G00 U15                   （退刀）
Z[#3+5]                   （返回）
ENDW                      （循环结束）
G00 X100 Z100             （返回起刀点）
M30                       （程序结束）
```

**2.3.5**

由图可得，螺纹牙宽 $H$ =5mm，螺距增量 $\Delta P$ =2mm，同例题分析可得其基本（初始）螺距 $P$ =8mm，终止螺距 $P_5$ =18mm。若选择宽度 $V$ =2mm 的矩形螺纹刀加工，则第一刀切削后工件实际轴向剩余最大余量为

$$U = P_5 - V - H = 18 - 2 - 5 = 11\,mm$$

还需切削的次数为

$$Q = \frac{U}{V} = \frac{11}{2} = 5.5$$

即至少还需车削 6 刀。设工件坐标原点在右端面与轴线的交点上，第一刀的 $Z$ 坐标值为

$$Z_1 = P = 8\,mm$$

最后一刀切削起点的 $Z$ 坐标值为

$$Z_2 = 2P - \Delta P - V - H = 2 \times 8 - 2 - 2 - 5 = 7\,mm$$

则每一次赶刀时切削起点的偏移量为

$$M = \frac{Z_2 - Z_1}{Q} = \frac{7 - 8}{6} \approx -0.167\,mm$$

每一次赶刀的螺距变化量为

$$N = \frac{\Delta P}{Q} = \frac{2}{6} \approx 0.333\,mm$$

编制加工宏程序如下（注意程序中切削起点 $Z$ 坐标值由 $Z_1$ =8 递增 6 次−0.167 到

$Z_2 = 7$，螺距 $F$ 由 6 递减 6 次 0.333 到 4）。

```
%2052
T0303 M03 S150                                      （加工参数设定）
G00 X100 Z50                                        （螺纹刀具移动到起刀点）
X50 Z8                                              （快进至循环起点）
M98 P2051 A40 B34 I8     J-66 F6     K2             （调用宏程序加工变距螺纹）
M98 P2051 A40 B34 I7.833 J-66 F5.667 K2             （调用宏程序加工变距螺纹）
M98 P2051 A40 B34 I7.666 J-66 F5.334 K2             （调用宏程序加工变距螺纹）
M98 P2051 A40 B34 I7.499 J-66 F5.001 K2             （调用宏程序加工变距螺纹）
M98 P2051 A40 B34 I7.332 J-66 F4.668 K2             （调用宏程序加工变距螺纹）
M98 P2051 A40 B34 I7.165 J-66 F4.335 K2             （调用宏程序加工变距螺纹）
M98 P2051 A40 B34 I7     J-66 F4     K2             （调用宏程序加工变距螺纹）
G00 X100 Z50                                        （返回起刀点）
M30                                                 （程序结束）
```

上述程序是先以工件的第一个螺距为 10mm 加工一个槽等宽牙变距螺纹（图 1），然后逐渐往 $Z$ 轴正方向也就是槽的右面赶刀（该过程中切削起点逐渐靠近工件端面，基本螺距逐渐变小），直到工件第一个螺距为 8mm（图 2），最终完成变距螺纹的加工，该方法称为正向偏移直进法车削。

图 1　正向偏移直进法车削第一步　　　　　图 2　正向偏移直进法车削最后一步

另外一种方法是负向偏移直进法车削，先以工件的第一个螺距为 8mm 加工一个槽等宽牙变距螺纹（图 3），然后逐渐往 $Z$ 轴负方向也就是槽的左面赶刀（该过程中切削起点逐渐远离工件端面，基本螺距逐渐变大），直到工件第一个螺距为 10mm（图 4）完成牙等宽槽变距螺纹的加工。除了直进法车削外，还可以采用分层法车削。

图 3　负向偏移直进法车削第一步　　　　　图 4　负向偏移直进法车削最后一步

**2.3.6**

1. 孔底 $Z$ 坐标值为 15，$R$ 点的 $Z$ 坐标值设为 52，将例题中孔加工宏程序段修改为"M98 P2061 Z15 R52 Q15 F60"即可。

2. 能，仅需要将相应自变量重新赋值即可。

3. 设工件原点在工件右端面与轴线的交点上，执行"M98 P3061 Z-40 R2 Q15 F60"程序段即可完成该孔的加工。

**2.4.1**

1. 函数、*Z*、*X*、10.5、24、10.5、24、0.2、5*#26*#26+10

2. 不对，应修改条件判断语句和变量改为递增。

**2.4.2**

1. 设工件坐标原点在椭圆中心，编制加工宏程序如下。

```
%2072
#0=40                                          （椭圆长半轴赋值）
#1=25                                          （椭圆短半轴赋值）
T0101 M03 S1000 F200                           （加工参数设定）
G00 X100 Z100                                  （快进到起刀点）
X70 Z31                                        （快进到循环起点）
G71 U2 R0.5 P1 Q2 X0.6 Z0.1                    （循环加工参数设定）
  N1 G00 X[2*#1*SQRT[1-29*29/[#0*#0]]]Z31      （快速靠近工件）
  G01 Z29                                      （直线插补到切削起点）
  #10=29                                       （Z坐标值赋初值）
  WHILE#10GE0                                  （循环条件判断）
    #20=#1*SQRT[1-#10*#10/[#0*#0]]             （X坐标值计算）
    G01 X[2*#20] Z[#10]                        （直线插补逼近椭圆曲线）
    #10=#10-0.2                                （Z坐标递减）
  ENDW                                         （循环结束）
  G01 X50 Z0                                   （直线插补）
  Z-15                                         （直线插补）
  X65                                          （直线插补）
  N2 Z-45                                      （直线插补）
G00 X100                                       （退刀）
Z100                                           （返回）
M30                                            （程序结束）
```

2. 由图可得椭圆长半轴长 40mm，短半轴长 23mm，设工件坐标原点在椭圆中心，选择 *Z* 坐标为自变量，则其定义域为[20，–20]，编制加工宏程序如下。

```
%2073
#0=40                                          （椭圆长半轴赋值）
#1=23                                          （椭圆短半轴赋值）
M03 S800 T0101 F200                            （加工参数设置）
G00 X100 Z100                                  （快进到起刀点）
X50 Z22                                        （快进到循环起点）
G71 U2 R0.5 P10 Q20 X0.6 Z0.1                  （循环加工参数设定）
  N10 G00 X[2*#1*SQRT[1-20*20/[#0*#0]]]Z22     （刀具快速接近工件）
  G01 Z20                                      （直线插补到切削起点）
  #10=20                                       （Z坐标赋初值）
  WHILE#10GE-20                                （循环判断）
    #20=#1*SQRT[1-#10*#10/[#0*#0]]             （计算X坐标值）
    G01 X[2*#20] Z[#10]                        （直线插补逼近椭圆曲线）
```

```
      #10=#10-0.2                                  （Z坐标递减）
     ENDW                                          （循环结束）
     N20 G00 X60                                   （退刀）
   G00 X100 Z100                                   （返回起刀点）
   M30                                             （程序结束）
```

3. $P_1$：$t = 0°$

$$P_2：\quad t = \arctan\left(\frac{a}{b}\tan\theta\right) = \arctan\left(\frac{40}{20}\tan 20\right) \approx 36.052°$$

$P_3$：$t = 90°$

$P_4$：

$$t = \arctan\left(\frac{a}{b}\tan\theta\right) = \arctan\left(\frac{40}{20}\tan 150\right) = \arctan\left(-\frac{40}{20}\tan 30\right)$$

$$= 180 - \arctan\left(\frac{40}{20}\tan 30\right) \approx 180 - 49.107 = 130.893°$$

下面是一个用于将圆心角换算为离心角的宏程序。

```
#0=                                               （椭圆长半轴a赋值）
#1=                                               （椭圆短半轴b赋值）
#2=                                               （圆心角θ赋值）
IF#2LT90                                           （若#2小于90°）
#20=0                                              （令#20=0）
ENDIF                                              （条件结束）
IF#2GT90                                           （若#2大于90°）
#20=180                                            （令#20=180）
ENDIF                                              （条件结束）
IF#2GT270                                          （若#2大于270°）
#20=360                                            （令#20=360）
ENDIF                                              （条件结束）
#10=ATAN[TAN[#2*PI/180]*#0/#1]+#20                 （计算离心角并将值赋给#10）
```

4. 由图可得椭圆长半轴长 35mm，短半轴长 18mm，圆心角 θ 的起始值为 0°，终止值为 133°。设工件原点在椭圆中心，采用参数方程编程，编制加工宏程序如下。

```
%2074
#0=35                                             （椭圆长半轴赋值）
#1=18                                             （椭圆短半轴赋值）
#2=133                                            （圆心角终止值赋值）
#3=ATAN[TAN[#2*PI/180]*#0/#1]+180                  （计算终点的离心角）
M03 S1000 T0101 F150                               （加工参数设定）
G00 X100 Z100                                      （快进到起刀点）
X50 Z[#0+2]                                        （刀具快进到循环起点）
G71 U2 R0.5 P10 Q20 X0.6 Z0.1                      （循环加工参数设定）
  N10 G00 X0 Z[#0+2]                               （快速接近工件）
  G01 Z[#0]                                        （直线插补到切削起点）
```

```
    #10=0                              （离心角赋初值）
    WHILE#10LE#3                       （循环条件判断）
      #20=#1*SIN[#10*PI/180]           （计算 X 坐标值）
      #21=#0*COS[#10*PI/180]           （计算 Z 坐标值）
      G01 X[2*#20] Z[#21]              （直线插补逼近椭圆曲线）
      #10=#10+0.2                      （离心角递增）
    ENDW                               （循环结束）
    G02 X44 Z-25 R10                   （圆弧插补）
    N20 G01 Z-38                       （直线插补）
  G00 X100                             （退刀）
  Z100                                 （返回起刀点）
  M30                                  （程序结束）
```

### 2.4.3

1. 椭圆长半轴长 12mm，短半轴长 8mm，设工件坐标原点在右端面与工件回转轴线的交点上，则椭圆中心在工件坐标系中的坐标值为（25，−14），采用标准方程以 Z 坐标为自变量编制其加工宏程序如下。

```
%2081
#0=12                                 （椭圆长半轴长赋值）
#1=8                                  （椭圆短半轴长赋值）
#2=#0*SQRT[1-5.5*5.5/[#1*#1]]
                         （计算椭圆曲线加工起始点在椭圆自身坐标系下的 Z 坐标值）
T0101 M03 S1000 F200                  （加工参数设定）
G00 X100 Z100                         （快进到起刀点）
X55 Z2                                （快进到循环起点）
G71 U2 R0.5 P1 Q2 X0.6 Z0.1           （循环加工参数设定）
  N1 G00 X30 Z2                       （刀具快速接近工件）
  G01 X36 Z-1                         （直线插补）
  Z[#2-14]                            （直线插补）
  #10=#2                              （Z 坐标赋初值）
  WHILE#10GE[-#2]                     （循环条件判断）
    #11=#1*SQRT[1-#10*#10/[#0*#0]]    （计算 X 坐标值）
    G01 X[#11*2+25] Z[#10-14]         （直线插补逼近椭圆曲线）
    #10=#10-0.2                       （Z 坐标递减）
  ENDW                                （循环结束）
  G01 Z-26.93                         （直线插补）
  G02 X38.68 Z-31.93 R10              （圆弧插补）
  G01 X48 Z-40                        （直线插补）
  N2 Z-54                             （直线插补）
G00 X100                             （退刀）
Z100                                 （返回起刀点）
M30                                  （程序结束）
```

2. 椭圆长半轴长 20mm，短半轴长 3mm，设工件坐标原点在工件右端面与工件回转轴线的交点上，则椭圆中心在工件坐标系中的坐标值为（36，−25），椭圆曲线加工起始点的离心角为360°，终止点的离心角为180°，编制加工宏程序如下。

```
%2082
#0=20                                    （椭圆长半轴赋值）
#1=3                                     （椭圆短半轴赋值）
T0101 M03 S1000 F200                     （加工参数设定）
G00 X100 Z100                            （快进到起刀点）
X50 Z2                                   （快进到循环起点）
G71 U2 R0.5 P1 Q2 X0.6 Z0.1              （循环加工参数设定）
  N1 G00 X36 Z2                          （刀具快速接近工件）
  G01 Z-5                                （直线插补）
  #10=360                                （离心角赋初值）
  WHILE#10GE180                          （循环条件判断）
    #11=#1*SIN[#10*PI/180]               （计算X坐标值）
    #12=#0*COS[#10*PI/180]               （计算Z坐标值）
    G01 X[2*#11+36] Z[#12-25]            （直线插补逼近椭圆曲线）
    #10=#10-0.2                          （离心角递减）
  ENDW                                   （循环结束）
  N2 G01 Z-50                            （直线插补）
G00 X100                                 （退刀）
Z100                                     （返回起刀点）
M30                                      （程序结束）
```

**2.4.4**

1. 由图可得，椭圆在 Z、X 轴上的截距分别为"20"、"12"，设工件坐标原点在右端面与轴线的交点上，则椭圆中心在工件坐标系下的坐标值为（0，−20），曲线加工起始点的 Z 坐标值为"20"，终止点的 Z 坐标值为"0"，加工曲线段在第Ⅰ和第Ⅱ象限内 K 取正值，编制精加工程序如下。

```
%2091
T0101 M03 S800 F160                      （加工参数设定）
G00 X100 Z100                            （快进到起刀点）
G00 X0 Z2                                （快速接近工件）
G01 Z0                                   （直线插补到切削起点）
M98 P2090 A20 B12 X0 Z-20 I20 J0 K1 F80  （调用宏程序加工椭圆曲线）
G01 X24 Z-20                             （直线插补）
Z-26                                     （直线插补）
X26                                      （直线插补）
X30 Z-28                                 （直线插补）
Z-40                                     （直线插补）
G00 X100                                 （退刀）
Z100                                     （返回起刀点）
M30                                      （程序结束）
```

2. 采用椭圆标准方程以 X 坐标为自变量编程加工椭圆曲线的宏程序调用指令：

```
M98 P2092 A__B__X__Z__I__J__K__F__
```

自变量含义:

#0=A: 椭圆在 $X$ 轴上的截距;

#1=B: 椭圆在 $Z$ 轴上的截距;

#23=X: 椭圆中心 $G$ 在工件坐标系中的 $X$ 坐标值(直径值);

#25=Z: 椭圆中心 $G$ 在工件坐标系中的 $Z$ 坐标值;

#8=I: 椭圆曲线加工起始点 $P_1$ 在椭圆自身坐标系中的 $X$ 坐标值;

#9=J: 椭圆曲线加工终止点 $P_2$ 在椭圆自身坐标系中的 $X$ 坐标值;

#10=K: 象限判断,当加工椭圆曲线在椭圆自身坐标系的第Ⅰ或Ⅳ象限时取 $K=1$,当加工椭圆曲线在椭圆自身坐标系的第Ⅱ或Ⅲ象限时取 $K=-1$;

#5=F: 进给速度。

编制宏程序如下。

```
%2092                              (宏程序名)
WHILE#8LE#9                        (循环条件判断)
  #30=#1*SQRT[1-#8*#8/[#0*#0]]*#10  (计算 Z 坐标值)
  G01 X[2*#8+#23] Z[#30+#25] F[#5]  (直线插补逼近椭圆曲线)
  #8=#8+0.2                        (Z 坐标递减)
ENDW                               (循环结束)
M99                                (子程序结束并返回主程序)
```

由图可得,椭圆在 $X$、$Z$ 轴上的截距分别为"23"、"12",设工件坐标原点在椭圆中心,则椭圆中心在工件坐标系下的坐标值为(0,0),曲线加工起始点的 $X$ 坐标值为"15",终止点的 $X$ 坐标值为"23",加工曲线段在第Ⅰ象限内 $K$ 取正值,调用宏程序精加工该曲线的程序段如下。

```
M98 P2092 A23 B12 X0 Z0 I15 J23 K1 F80
```

　　　　　　　　　　　　　(调用宏程序加工椭圆曲线段,并给自变量赋值)

3. 采用椭圆参数方程编程加工椭圆曲线的宏程序调用指令:

```
M98 P2093 A__B__X__Z__I__J__F__
```

自变量含义:

#0=A: 椭圆在 $Z$ 轴上的截距;

#1=B: 椭圆在 $X$ 轴上的截距;

#23=X: 椭圆中心 $G$ 在工件坐标系中的 $X$ 坐标值(直径值);

#25=Z: 椭圆中心 $G$ 在工件坐标系中的 $Z$ 坐标值;

#8=I: 椭圆曲线加工起始点 $P_1$ 的离心角值;

#9=J: 椭圆曲线加工终止点 $P_2$ 的离心角值;

#5=F: 进给速度。

编制宏程序如下。

```
%2093                    (宏程序名)
IF#8GT#9                  (条件判断)
WHILE#8GE#9               (循环条件判断)
  #30=#1*SIN[#8*PI/180]   (计算 X 坐标值)
  #31=#0*COS[#8*PI/180]   (计算 Z 坐标值)
```

```
    G01 X[2*#30+#23] Z[#31+#25] F[#5]        （直线插补逼近椭圆曲线）
    #8=#8-0.2                                 （Z坐标递减）
  ENDW                                        （循环结束）
  ELSE                                        （否则）
  WHILE#8LE#9                                 （循环条件判断）
    #30=#1*SIN[#8*PI/180]                     （计算X坐标值）
    #31=#0*COS[#8*PI/180]                     （计算Z坐标值）
    G01 X[2*#30+#23] Z[#31+#25] F[#5]        （直线插补逼近椭圆曲线）
    #8=#8+0.2                                 （Z坐标递减）
  ENDW                                        （循环结束）
  ENDIF                                       （条件结束）
  M99                                         （子程序结束并返回主程序）
```

由图可得，椭圆在 Z、X 轴上的截距分别为"15"、"4"，设工件坐标原点在工件右端面与工件回转轴线的交点，则椭圆中心在工件坐标系下的坐标值为（40，–20），曲线加工起始点的离心角为"360°"，终止点的离心角为"180°"，调用宏程序精加工该曲线的程序段如下。

```
    M98 P2093 A15 B4 X40 Z-20 I360 J180 F80
```

               （调用宏程序加工椭圆曲线段，并给自变量赋值）

**2.4.5**

1. 采用标准方程，以 Z 坐标为自变量编制倾斜椭圆曲线段加工程序如下，注意旋转角度和 X 坐标值的正负。

```
  %2100
  #0=20                                       （椭圆长半轴赋值）
  #1=10                                       （椭圆短半轴赋值）
  #2=-20                                      （旋转角度赋值，顺时针为负值）
  T0101 M03 S1000 F150                        （加工参数设定）
  G00 X100 Z100                               （快进到起刀点）
  X55 Z2                                      （快进到循环起点）
  G71 U2 R0.5 P1 Q2 X0.6 Z0.1                 （循环加工参数设定）
    N1 G00 X26.87 Z2                          （刀具快速接近工件）
    G01 Z0                                    （直线插补到切削起点）
    #10=13.35                                 （Z坐标赋初值）
    WHILE#10GE-16.17                          （循环条件判断）
      #11=-#1*SQRT[1-#10*#10/[#0*#0]]         （计算旋转前的X坐标值，为负值）
      #12=#10*SIN[#2*PI/180]+#11*COS[#2*PI/180]  （计算旋转后的X坐标值）
      #13=#10*COS[#2*PI/180]-#11*SIN[#2*PI/180]  （计算旋转后的Z坐标值）
      G01 X[#12*2+50] Z[#13-10]               （直线插补逼近椭圆曲线）
      #10=#10-0.2                             （Z坐标递减）
    ENDW                                      （循环结束）
    G01 X50                                   （直线插补）
    N2 Z-40                                   （直线插补）
  G00 X100                                    （退刀）
```

```
Z100                                    （返回）
M30                                     （程序结束）
```

2. 采用参数方程，以离心角为自变量编制加工宏程序如下，注意椭圆中心在工件坐标系中的坐标值、两段椭圆曲线不同的离心角起止角度和旋转角度。

```
%2101
#0=50                                   （椭圆长半轴赋值）
#1=30                                   （椭圆短半轴赋值）
#2=45                                   （右部椭圆曲线旋转角度赋值）
#3=-45                                  （左部椭圆曲线旋转角度赋值）
T0101 M03 S1000 F150                    （加工参数设定）
G00 X100 Z100                           （快进到起刀点）
X90 Z2                                  （快进到循环起点）
G71 U2 R0.5 P10 Q20 X0.6 Z0.1          （循环加工参数设定）
  N10 G00 X70.71 Z2                     （快速接近工件）
  G01 Z-10                              （直线插补）
  #10=0                                 （右部椭圆曲线起始点离心角赋值）
  WHILE#10LE90                          （循环条件判断）
    #11=#1*SIN[#10*PI/180]              （计算旋转前的X坐标值）
    #12=#0*COS[#10*PI/180]              （计算旋转前的Z坐标值）
    #13=#12*SIN[#2*PI/180]+#11*COS[#2*PI/180]  （计算旋转后的X坐标值）
    #14=#12*COS[#2*PI/180]-#11*SIN[#2*PI/180]  （计算旋转后的Z坐标值）
    G01 X[#13*2] Z[#14-45.36]          （直线插补逼近曲线）
    #10=#10+0.5                         （离心角递增）
  ENDW                                  （循环结束）
  G01 X42.43 Z-66.57                    （直线插补）
  Z-76.57                               （直线插补）
  #10=90                                （左部椭圆曲线起始点离心角赋值）
  WHILE#10LE180                         （循环条件判断）
    #11=#1*SIN[#10*PI/180]              （计算旋转前的X坐标值）
    #12=#0*COS[#10*PI/180]              （计算旋转前的Z坐标值）
    #13=#12*SIN[#3*PI/180]+#11*COS[#3*PI/180]  （计算旋转后的X坐标值）
    #14=#12*COS[#3*PI/180]-#11*SIN[#3*PI/180]  （计算旋转后的Z坐标值）
    G01 X[#13*2] Z[#14-97.78]          （直线插补逼近椭圆曲线）
    #10=#10+0.5                         （离心角递增）
  ENDW                                  （循环结束）
  G01 X70.71 Z-133.14                   （直线插补）
  Z-143.14                              （直线插补）
  N20 G00 X90                           （退刀）
G00 X100 Z100                           （返回起刀点）
M30                                     （程序结束）
```

3. 采用标准方程，以X坐标为自变量（椭圆曲线起始点和终止点的X坐标值可通过 CAD查询得）编制该零件加工宏程序如下。

```
%2102
#0=40                                              （椭圆长半轴赋值）
#1=30                                              （椭圆短半轴赋值）
#2=30                                              （椭圆旋转角度赋值）
T0101 M03 S1500 F150                               （加工参数设定）
G00 X100 Z100                                      （快进至起刀点）
X90 Z2                                             （快进至循环起点）
G71 U2 R0.5 P1 Q2 X0.6 Z0.1                        （循环加工参数设定）
  N1 G00 X40 Z2                                    （刀具定位）
  G01 Z-12                                         （直线插补）
  #10=-10.18                                       （X坐标赋初值）
  WHILE#10LE29.32                                  （循环条件判断）
    #11=#0*SQRT[1-#10*#10/[#1*#1]]                 （计算旋转前的Z坐标值）
    #12=#11*SIN[#2*PI/180]+#10*COS[#2*PI/180]      （计算旋转后的X坐标值）
    #13=#11*COS[#2*PI/180]-#10*SIN[#2*PI/180]      （计算旋转后的Z坐标值）
    G01 X[#12*2+20] Z[#13-49.68]                   （直线插补逼近椭圆曲线）
    #10=#10+0.2                                    （X坐标递增）
  ENDW                                             （循环结束）
  G01 X79.25 Z-57                                  （直线插补）
  Z-97                                             （直线插补）
  N2 G00 X90                                       （退刀）
G00 X100 Z100                                      （返回起刀点）
M30                                                （程序结束）
```

4．同样适用于其他曲线的旋转转换。

5．有三种不同的角度，它们分别是离心角 $t$、圆心角 $\theta$ 和旋转角 $\beta$。

椭圆上任一点 $P$ 与椭圆中心的连线和水平向右轴线（$Z$ 向正半轴）的夹角称为圆心角，$P$ 点对应的同心圆（半径分别为 $a$ 和 $b$）的半径与 $Z$ 轴正方向的夹角称为离心角，倾斜椭圆相对于正椭圆绕椭圆中心的旋转角度为旋转角。

**2.4.6**

1．设工件原点在抛物线顶点，以 $Z$ 为自变量编制加工宏程序如下。

```
%2111
M03 S1000 T0101 F150                               （加工参数设定）
G00 X100 Z100                                      （快进到起刀点）
X70 Z2                                             （快进到循环起点）
G71 U2 R0.5 P1 Q2 X0.6 Z0.1                        （循环加工参数设定）
  N1 G00 X0 Z2                                     （刀具定位）
  G01 Z0                                           （直线插补到切削起点）
  #10=0                                            （Z坐标赋初值）
  WHILE#10GE-40                                    （循环条件判断）
    #11=SQRT[-10*#10]                              （计算X坐标值）
    G01 X[2*#11] Z[#10]                            （直线插补逼近抛物曲线）
    #10=#10-0.2                                    （Z坐标递减）
```

```
      ENDW                           （循环结束）
      G01 X40 Z-40                    （直线插补）
      X46                            （直线插补）
      X50 Z-42                        （直线插补）
      Z-52                           （直线插补）
      G02 X56 Z-55 R3                 （圆弧插补）
      G01 X65                        （直线插补）
      Z-65                           （直线插补）
      N2 G00 X70                      （退刀）
   G00 X100 Z100                      （返回起刀点）
   M30                               （程序结束）
```

2. 设工件原点在工件右端面与轴线的交点上，则抛物线顶点在工件坐标系中的坐标值为（0，12），编制该零件的加工宏程序如下。

```
   %2112
   M03 S1000 T0101 F150               （加工参数设定）
   G00 X100 Z100                      （快进到起刀点）
   X30 Z2                            （快进到循环起点）
   G71 U2 R0.5 P1 Q2 X0.6 Z0.1        （循环加工参数设定）
     N1 G00 X9.8 Z2                   （刀具定位）
     G01 Z0                          （直线插补到切削起点）
     #10=-12                         （Z坐标赋初值）
     WHILE#10GE-32                    （循环条件判断）
       #11=SQRT[-2*#10]               （计算X坐标值）
       G01 X[2*#11] Z[#10+12]         （直线插补逼近抛物曲线）
       #10=#10-0.2                    （Z坐标递减）
     ENDW                           （循环结束）
     G01 X16 Z-20                     （直线插补）
     Z-28                           （直线插补）
     X20                            （直线插补）
     Z-36                           （直线插补）
     N2 G00 X30                      （退刀）
   G00 X100 Z100                      （返回起刀点）
   M30                               （程序结束）
```

3. 设工件坐标原点在工件右端面与轴线的交点上，则抛物线顶点在工件坐标系中的坐标值为（60，-30），以Z坐标为自变量，则定义域为[20，-10]，编制加工宏程序如下。

```
   %2113
   T0101 M03 S1000 F150               （加工参数设定）
   G00 X100 Z100                      （快进到起刀点）
   X65 Z2                            （快进到循环起点）
   G71 U2 R0.5 P1 Q2 X0.6 Z0.1        （循环加工参数设定）
     N1 G00 X20 Z2                    （快进到切削起点）
     G01 Z-10                        （直线插补）
     #10=20                          （Z坐标赋初值）
```

```
  WHILE#10GE-10                    （循环条件判断）
    #11=-#10*#10/20                （计算 X 坐标值）
    G01 X[#11*2+60] Z[#10-30]      （直线插补逼近抛物曲线）
    #10=#10-0.2                    （Z 坐标递减）
  ENDW                             （循环结束）
  G01 X50 Z-40                     （直线插补）
  Z-60                             （直线插补）
  N2 G00 X65                       （退刀）
G00 X100 Z100                      （返回起刀点）
M30                                （程序结束）
```

### 2.4.7

1. 设工件坐标原点在工件右端面与轴线的交点上，则双曲线中心在工件坐标系中的坐标值为（0,4），编制加工宏程序如下。

```
%2120
T0101 M03 S1500 F200               （加工参数设置）
G00 X100 Z100                      （刀具快进至起刀点）
X30 Z2                             （快进至循环起点）
G71 U2 R0.5 P1 Q2 X0.6 Z0.1        （循环加工参数设置）
  N1 G00 X0 Z2                     （刀具定位）
  G01 Z0                           （直线插补到切削起点）
  #10=0                            （X 坐标赋初值）
  WHILE#10LE12                     （循环条件判断）
    #11=-4*SQRT[1+#10*#10/25]      （计算 Z 坐标值）
    G01 X[2*#10] Z[#11+4]          （直线插补逼近双曲线）
    #10=#10+0.2                    （X 坐标递增）
  ENDW                             （循环结束）
  G01 X24 Z-6.4                    （直线插补）
  Z-16                             （直线插补）
  N2 G00 X30                       （退刀）
G00 X100 Z100                      （返回起刀点）
M30                                （程序结束）
```

2. 由图可得双曲线段的实半轴长 13mm，虚半轴长 10mm，双曲线方程为

$$-\frac{z^2}{13^2}+\frac{x^2}{10^2}=1$$

选择 Z 坐标为自变量，设工件坐标原点在工件右端面与轴线的交点上，则双曲线中心在工件坐标系中的坐标值为（0, −29.54），编制加工宏程序如下。

```
%2121
T0101 M03 S1200 F120               （加工参数设定）
G00 X100 Z100                      （快进到起刀点）
X40 Z2                             （快进到循环起点）
G71 U2 R5 P10 Q20 X0.6 Z0.1        （循环加工参数设定）
  N10 G00 X30 Z2                   （刀具定位）
```

```
  G01 Z-15                              （直线插补）
  #10=14.53                             （Z坐标赋初值）
  WHILE#10GE-19.46                      （循环条件判断）
    #11=10*SQRT[1+#10*#10/[13*13]]      （计算X坐标值）
    G01 X[2*#11] Z[#10-29.54]          （直线插补逼近双曲线）
    #10=#10-0.2                        （Z坐标递减）
  ENDW                                  （循环结束）
  G01 X36 Z-48.99                       （直线插补）
  Z-60                                  （直线插补）
  N20 G00 X40                           （退刀）
G00 X100 Z100                           （返回起刀点）
M30                                     （程序结束）
```

3. 由图可得双曲线段的实半轴长 10mm，虚半轴长 10mm，双曲线方程为

$$-\frac{z^2}{10^2}+\frac{x^2}{10^2}=1$$

选择 Z 坐标为自变量，设工件坐标原点在工件右端面与轴线的交点上，则双曲线中心在工件坐标系中的坐标值为（40，−17.32），编制加工宏程序如下。

```
%2122
T0101 M03 S1200 F120                    （加工参数设定）
G00 X100 Z100                           （快进到起刀点）
X80 Z2                                  （快进到循环起点）
G71 U2 R0.5 P10 Q20 X0.6 Z0.1          （循环加工参数设定）
  N10 G00 X0 Z2                         （刀具定位）
  G01 Z0                                （直线插补）
  #10=17.32                             （Z坐标赋初值）
  WHILE#10GE0                           （循环条件判断）
    #11=-10*SQRT[1+#10*#10/[10*10]]     （计算X坐标值，注意X坐标值为负值）
    G01 X[2*#11+40] Z[#10-17.32]        （直线插补逼近双曲线）
    #10=#10-0.2                         （Z坐标递减）
  ENDW                                  （循环结束）
  G01 X20 Z-17.32                       （直线插补）
  G02 X36 Z-33.32 R20                   （圆弧插补）
  G03 X60 Z-57.32 R30                   （圆弧插补）
  G01 W-15                              （直线插补）
  G02 X72 W-6 R6                        （圆弧插补）
  G01 Z-87.32                           （直线插补）
  N20 G00 X80                           （退刀）
G00 X100 Z100                           （返回起刀点）
M30                                     （程序结束）
```

**2.4.8**

1. 由图可得，曲线峰值为 3.75mm，1/2 周期对应的 Z 向长度为 30mm，则一个周期对应的 Z 向长度为 60mm，设工件原点在工件右端面与轴线的交点上，曲线自身坐标原点

在工件坐标系中的坐标值为（40,30），编制加工宏程序如下。

```
%2131
#0=3.75                              （正弦曲线极值赋值）
#1=60                                （正弦曲线一个周期对应的 Z 坐标长度赋值）
T0101 M03 S1000 F150                 （加工参数设定）
G00 X100 Z100                        （刀具快进到起刀点）
X55 Z2                               （快进到循环起点）
G71 U2 R0.5 P1 Q2 X0.6 Z0.1          （循环加工参数设定）
  N1 G00 X40 Z2                      （刀具定位）
  G01 Z0                             （直线插补到切削起点）
  #10=180                            （角度 θ 赋初值）
  WHILE#10GE0                        （循环条件判断）
    #11=#0*SIN[#10*PI/180]           （计算 X 坐标值）
    #12=#1*#10/360                   （计算 Z 坐标值）
    G01 X[2*#11+40] Z[#12-30]        （直线插补逼近正弦曲线）
    #10=#10-0.2                      （角度 θ 递减）
  ENDW                               （循环结束）
  N2 G00 X55                         （退刀）
G00 X100 Z100                        （返回起刀点）
M30                                  （程序结束）
```

2. 编制加工宏程序如下。

```
%2132
#0=3                                 （正弦曲线极值赋值）
#1=20                                （正弦曲线一个周期对应的 Z 坐标长度赋值）
T0101 M03 S1000 F150                 （加工参数设定）
G00 X100 Z100                        （刀具快进到起刀点）
X50 Z2                               （快进到循环起点）
G71 U2 R0.5 P1 Q2 X0.6 Z0.1          （循环加工参数设定）
  N1 G00 X20 Z2                      （刀具定位）
  G01 Z-10                           （直线插补）
  X30                                （直线插补）
  Z-15                               （直线插补）
  X40                                （直线插补）
  Z-20                               （直线插补）
  #10=90                             （角度 θ 赋初值）
  WHILE#10GE-630                      （循环条件判断）
    #11=#0*SIN[#10*PI/180]           （计算 X 坐标值）
    #12=#1*#10/360                   （计算 Z 坐标值）
    G01 X[2*#11+34] Z[#12-25]        （直线插补逼近正弦曲线）
    #10=#10-0.5                      （角度 θ 递减）
```

```
ENDW                              （循环结束）
G01 X40 Z-60                      （直线插补）
Z-65                              （直线插补）
N2 G00 X50                        （退刀）
G00 X100 Z100                     （返回起刀点）
M30                               （程序结束）
```

3．工件坐标原点设在右端面和轴线的交点上，沿正弦曲线轮廓逐刀切削该正弦螺纹的精加工宏程序如下。

```
%2133
#0=3.5                            （正弦曲线极值赋值）
#1=12                             （正弦曲线一个周期对应的 Z 坐标长度赋值）
#2=-5                             （螺纹切削起点 Z 坐标赋值）
#3=0.2                            （Z 向移动步距赋值）
T0303 M03 S500                    （加工参数设置）
G00 X100 Z100                     （刀具快进到起刀点）
X90 Z[#2]                         （刀具定位到螺纹切削循环起点）
#10=12                            （正弦曲线 Z 坐标赋初值）
WHILE#10GE0          （如果没有切削完一个周期的正弦曲线牙型则继续循环）
  #11=#10*360/#1                  （计算 θ 值）
  #12=#0*SIN[#11*PI/180]          （计算 X 坐标值）
  G00 Z[#2]                       （刀具移动到下一刀螺纹切削循环起点）
  G82 X[2*#12+80] Z-130 F[#1]     （螺纹切削循环）
  #10=#10-#3                      （正弦曲线 Z 坐标递减一个步距）
  #2=#2-#3                        （循环起点 Z 坐标递减一个步距）
ENDW                              （循环结束）
G00 X100 Z100                     （返回起刀点）
M30                               （程序结束）
```

**2.4.9**

1．（参数赋初值）、（循环条件判断）、（计算 X 坐标值）、（计算 Z 坐标值）、（直线插补逼近正切曲线）、（参数值递减）、（循环结束）、（计算起点参数值）、（参数赋初值）、（循环条件判断）、（计算 X 坐标值）、（计算 Z 坐标值）、（直线插补逼近正切曲线）、（参数值递减）、（循环结束）

2．设工件坐标原点在工件右端面与轴线的交点上，则曲线方程原点 O 在工件坐标系中的坐标值为（0，−72），编制加工宏程序如下。

```
%2141
T0101 M03 S1200 F150              （加工参数设定）
G00 X100 Z100                     （快进到起刀点）
X50 Z2                            （快进到循环起点）
G71 U2 R0.5 P1 Q2 X0.6 Z0.1       （加工循环参数设置）
  N1 G00 X7 Z2                    （刀具定位）
  G01 Z0                          （直线插补到切削起点）
```

```
        #10=72                                    （Z坐标赋初值）
        WHILE#10GE2                               （循环条件判断）
          #11=36/#10+3                            （计算X坐标值）
          G01 X[2*#11] Z[#10-72]                  （直线插补逼近双曲线段）
          #10=#10-0.2                             （Z坐标递减）
        ENDW                                      （循环结束）
        G01 X42 Z-70                              （直线插补）
        Z-80                                      （直线插补）
        N2 G00 X50                                （退刀）
      G00 X100 Z100                               （返回起刀点）
      M30                                         （程序结束）
```

3. （20，15）、（23，29）

**2.4.10**

设曲线 $y=f(x)$ 上某点 $M(x, y)$ 的曲率为 $K$ 且不为 $0$，则其倒数 $\dfrac{1}{K}$ 称为该曲线在 $M$ $(x, y)$ 处的曲率半径，记为 $R$。即

$$R=\frac{1}{K}$$

由于

$$K=\frac{|y''|}{(1+y'^2)^{3/2}}$$

所以曲率半径

$$R=\frac{(1+y'^2)^{3/2}}{|y''|}$$

抛物曲线方程为 $z=-0.1x^2$，则可得 $z'=-0.2x$，$z''=-0.2$，所以曲率半径

$$R=\frac{(1+z'^2)^{3/2}}{|z''|}=\frac{(1+0.04x^2)^{3/2}}{0.2}=5\times\sqrt{1+0.04x^2}^3$$

编制加工宏程序如下。

```
%4000
M03 S600 T0101 F150                          （加工参数设定）
G00 X47 Z2                                    （快进到循环起点）
G71 U1.5 R0.5 P1 Q2 X0.6 Z0.1                 （循环加工参数设定）
  N1 G00 X0 Z2                                （快进到切削起点）
  G01 Z0                                      （直线插补）
  #0=1                                        （x坐标赋初值）
  WHILE#0LE10                                 （循环条件判断）
    #11=-0.1*#0*#0                            （计算z坐标值）
    #12=1+0.04*[#0-0.5]*[#0-0.5]              （计算中间点的 1+0.04x² 的值）
    #13=5*SQRT[#12]*SQRT[#12]*SQRT[#12]       （计算曲率半径R的值）
    G03 X[#0*2] Z[#11] R[#13]                 （圆弧插补逼近曲线加工）
    #0=#0+1                                   （x坐标递增）
```

```
      ENDW                                    （循环结束）
      G01 X30                                 （直线插补）
      N2 Z-20                                 （直线插补）
    G00 X100 Z100                             （返回起刀点）
    M30                                       （程序结束）
```

**2.4.11**

编制加工宏程序如下。

```
%2161
#0=1                                          （x坐标赋初值）
WHILE#0LE10                                   （循环条件判断）
  #[101+#0*3]=2*#0                            （存储x坐标值，为直径值）
  #[102+#0*3]=-0.1*#0*#0                      （计算并存储z坐标值）
  #1=1+0.04*[#0-0.5]*[#0-0.5]                 （计算中间点1+0.04x²的值）
  #[103+#0*3]=5*SQRT[#1]*SQRT[#1]*SQRT[#1]    （计算并存储曲率半径R的值）
  #0=#0+1                                     （x坐标递增）
ENDW                                          （循环结束）
M03 S600 T0101 F150                           （加工参数设定）
G00 X47 Z2                                    （快进到循环起点）
G71 U1.5 R0.5 P1 Q2 X0.6 Z0.1                 （循环加工参数设定）
  N1 G00 X0 Z2                                （快进到切削起点）
  G01 Z0                                      （直线插补）
  #1=1                                        （读取地址计数器置1）
  WHILE#1LE[#0-1]                             （条件判断）
    G03 X[#[101+#1*3]] Z[#[102+#1*3]] R[#[103+#1*3]]
                                              （圆弧插补逼近曲线加工）
    #1=#1+1                                   （读取地址计数器递增）
  ENDW                                        （循环结束）
  G01 X30                                     （直线插补）
  N2 Z-20                                     （直线插补）
G00 X100 Z100                                 （返回起刀点）
M30                                           （程序结束）
```

# 第3章

## 3.1

1. 立铣刀、端铣刀、键槽铣刀、球头铣刀和牛鼻刀
2. 等高铣削、曲面铣削、曲线铣削和插式铣削
3. 行切法粗加工时有很高的效率，在精加工时可获得刀痕一致、整齐美观的加工表面，适应性广，编程稍有不便。环切法加工可以减少提刀，提高铣削效率，用于粗加工时，其效率比行切法加工低，但可方便编程实现。

## 3.2.1

1. 当 $R$ 的值大于 $r$ 的值时是。

2. 在圆心距1赋值程序段后加入如下部分程序即可。

```
IF [#2LE0]OR[#2GE[#0+#1]]          (条件判断)
M30                                (程序结束)
ENDIF                              (条件不成立时执行本程序段之后的程序)
```

3. 设工件坐标原点在正多边形中心，选用ϕ10mm 立铣刀铣削加工正多边形外轮廓，编制加工程序如下。

```
%3003
#1=20                             (正多边形外接圆半径 R 赋值)
#2=6                              (正多边形边数 n 赋值)
#10=1                             (加工边数计数器赋初值)
G54 G00 X100 Y100                 (工件坐标系设定)
M03 S1000 F300                    (加工参数设定)
G00 G42 X[#1+5] Y0 D01            (建立工件坐标系设定)
G01 U-5                           (直线插补到切削起点)
  WHILE #10LE#2                   (加工循环条件判断)
  #20=#1*COS[#10*360/#2*PI/180]   (计算节点 P 的 x 坐标值)
  #21=#1*SIN[#10*360/#2*PI/180]   (计算节点 P 的 y 坐标值)
  G01 X[#20] Y[#21]               (直线插补)
  #10=#10+1                       (计数器递增)
  ENDW                            (循环结束)
G00 G40 X100                      (取消刀具半径补偿)
Y100                              (返回起刀点)
M30                               (程序结束)
```

4. 设工件坐标原点在中间连接大圆弧中心，编制加工宏程序如下。

```
%3004
#0=10                             (菱形件两端小圆弧半径 r 赋值)
#1=20                             (菱形件中间连接大圆弧半径 R 赋值)
#3=60                             (中心距 L 赋值)
#10=ATAN[SQRT[#3*0.5*#3*0.5-[#1-#0]*[#1-#0]]]/[#1-#0]]
                                  (计算切点圆心连线与水平轴线夹角)
#11=#0*COS[#10*PI/180]+#3*0.5     (计算小圆弧上切点的 x 坐标值)
#12=#0*SIN[#10*PI/180]            (计算小圆弧上切点的 y 坐标值)
#13=#1*COS[#10*PI/180]            (计算大圆弧上切点的 x 坐标值)
#14=#1*SIN[#10*PI/180]            (计算大圆弧上切点的 y 坐标值)
G54 G00 X100 Y100                 (工件坐标系设定)
M03 S1000 F300                    (加工参数设定)
G00 G41 X[#3*0.5+#0+10] Y10 D01   (建立刀具半径补偿)
G03 X[#3*0.5+#0] Y0 R10           (圆弧插补切入)
G02 X[#11] Y[-#12] R[#0]          (圆弧插补)
G01 X[#13] Y[-#14]                (直线插补)
```

```
G02 X[-#13] R[#1]                        (圆弧插补)
G01 X[-#11] Y[-#12]                      (直线插补)
G02 Y[#12] R[#0]                         (圆弧插补)
G01 X[-#13] Y[#14]                       (直线插补)
G02 X[#13] R[#1]                         (圆弧插补)
G01 X[#11] Y[#12]                        (直线插补)
G02 X[#3*0.5+#0] Y0 R[#0]                (圆弧插补)
G03 X[#3*0.5+#0+10] Y-10 R10             (圆弧插补切出)
G00 G40 X100 Y100                        (返回起刀点)
M30                                      (程序结束)
```

5. 刀具沿矩形路线加工一个齿两侧面，然后采用坐标旋转加工其他各齿。设工件坐标原点在工件上表面的圆心，选用直径为 $\phi$8mm 的立铣刀铣削加工，编制其加工宏程序如下。

```
%3005
#0=80                                    (离合器外径赋值)
#1=60                                    (离合器内径赋值)
#2=10                                    (齿宽赋值)
#3=10                                    (齿深赋值)
#4=8                                     (齿数赋值)
#5=8                                     (刀具直径赋值)
G54 G00 X100 Y0 Z50                      (工件坐标系设定)
M03 S1000 F300                           (加工参数设定)
Z[-#3]                                   (下刀到加工平面)
  #10=0                                  (旋转角度赋初值)
  WHILE #10LT360                         (加工条件判断)
  G68 X0 Y0 P[#10]                       (坐标旋转设定)
  G01 X[#0/2+#5/2] Y[-#2/2]              (直线插补到切削起点)
  X[#1/2-#5]                             (加工齿侧面)
  Y[#2/2]                                (进刀)
  X[#0/2+#5/2]                           (加工齿侧面)
  G69                                    (坐标旋转结束)
  #10=#10+360/#4                         (旋转角度递增)
  ENDW                                   (循环结束)
G00 Z50                                  (抬刀)
X100 Y0                                  (返回起刀点)
M30                                      (程序结束)
```

6. 设齿数 N，齿形外圆周直径 D，内圆周直径 d，齿侧面夹角为 $\theta$，齿高 H。设工件坐标原点在工件上表面的对称中心，选用直径为 $\phi$6mm 的立铣刀铣削加工，编制加工宏程序如下。

```
%3006
#0=4                                     (齿数 N 赋值)
#1=60                                    (齿形外圆周直径 D 赋值)
#2=40                                    (齿形内圆周直径 d 赋值)
```

```
#3=30                              （齿侧面夹角 θ 赋值）
#4=5                               （齿高 H 赋值，即加工深度）
#5=#2*0.5*COS[#3*0.5*PI/180]       （计算 x 坐标值）
#6=#2*0.5*SIN[#3*0.5*PI/180]       （计算 y 坐标值）
#7=#1*0.5*COS[#3*0.5*PI/180]       （计算 x 坐标值）
#8=#1*0.5*SIN[#3*0.5*PI/180]       （计算 y 坐标值）
#10=0                              （旋转角度赋初值）
G54 G00 X0 Y0 Z50                  （工件坐标设定）
M03 S1000 F250                     （加工参数设定）
Z[-#4]                             （下刀到加工平面）
  WHILE #10LT360                   （加工条件判断）
  G68 X0 Y0 P[#10]                 （坐标旋转设定）
  G41 G01 X[#5] Y[#6] D01          （建立刀具半径补偿）
  X[#7] Y[#8]                      （直线插补加工）
  G02 Y[-#8] R[#1*0.5]             （圆弧插补）
  G01 X[#5] Y[-#6]                 （直线插补加工）
  G00 G40 X0 Y0                    （取消刀具半径补偿）
  G69                              （取消坐标旋转）
  #10=#10+360/#0                   （旋转角度递增）
  ENDW                             （循环结束）
G00 Z50                            （抬刀）
M30                                （程序结束）
```

### 3.2.2

1. 在安全平面进行，保证刀具和工件不发生干涉。

2. 圆弧槽加工部分宏程序如下。

```
%3012
#0=40                              （外圆半径赋值）
#1=6                               （圆弧槽半径赋值）
#2=35                              （圆弧槽圆心所在圆半径）
#3=6                               （圆弧槽数量）
#10=1                              （圆弧槽数量计数器赋初值）
#11=0                              （坐标旋转角度赋初值）
#12=360/#3                         （计算圆弧槽间隔角度）
G54 G00 X0 Y0 Z50                  （工件坐标系设定）
M03 S800 F300                      （加工参数设定）
Z2                                 （下刀到安全平面）
WHILE #10LE#3                      （条件判断）
  G17 G68 X0 Y0 P[#11]             （坐标旋转设定）
  G00 G41 X[#0+10] Y[#1] D01       （刀具定位，刀具半径补偿建立）
  Z-5                              （下刀到加工平面）
  G01 X[#2]                        （直线插补）
  G03 Y[-#1] R[#1]                 （圆弧插补）
```

```
    G01  X[#0]                        （直线插补）
    G00  Z2                           （抬刀到安全平面）
    G00  G40  X0  Y0                  （取消刀具半径补偿）
    G69                               （取消坐标旋转）
    #10=#10+1                         （计数器累加）
    #11=#11+#12                       （坐标旋转角度累加）
  ENDW                                （循环结束）
  G00  Z50                            （返回初始平面）
  M30                                 （程序结束）
```

3．若采用坐标旋转指令编程，仅需修改 8002 程序中大圆半径 $R$ 和圆缺半径 $r$ 的赋值即可，修改后的程序如下。

```
  %3013
  #0=35                              （大圆半径 R 赋值）
  #1=8                               （圆缺半径 r 赋值）
  #2=40                              （圆心距 l 赋值）
  #3=8                               （圆缺数量 n 赋值）
  IF [#2LE0]OR[#2GE[#0+#1]]          （条件判断）
  M30                                （程序结束）
  ENDIF                              （条件不成立时执行本程序段之后的程序）
  #10=[#0*#0+#2*#2-#1*#1]/[2*#0*#2]  （计算 $\cos\dfrac{\alpha}{2}$ 的值）

  #11=SQRT[1-#10*#10]                （计算 $\sin\dfrac{\alpha}{2}$ 的值）
  #12=#0*#10                         （计算 $X_A$ 的值）
  #13=#0*#11                         （计算 $Y_A$ 的值）
  G54  G00  X0  Y0  Z50              （工件坐标系设定）
  M03  S800  F300                    （主轴旋转，进给速度设定）
  Z2                                 （下刀到安全平面）
  #20=1                              （计数器赋初值）
  #21=0                              （旋转角度赋初值）
  #22=360/#3                         （计算 θ 值）
  WHILE #20LE#3                      （加工圆缺个数条件判断）
    G17  G68  X0  Y0  P[#21]         （坐标旋转）
    G00  G41  X[#2+#1]  D01          （刀具定位，建立刀具半径补偿）
    Z-5                              （下刀到加工平面）
    G02  X[#12]  Y[#13]  R[-#1]      （加工半径为 r 的圆缺，注意圆弧切入）
    G00  Z2                          （抬刀到安全平面）
    G00  G40  X0  Y0                 （返回，取消刀具半径补偿）
    G69                              （取消坐标旋转）
    #21=#21+#22                      （旋转角度递增）
    #20=#20+1                        （计数器累加）
  ENDW                               （循环结束）
```

```
G00 Z50                              （抬刀）
X0 Y0                                （返回）
M30                                  （程序结束）
```

4．将上题程序中#0 的赋值改为 40，#1 的赋值改为 50，#2 的赋值改为 70，#3 的赋值改为 3 即可，加工程序略。

5．设工件坐标系原点在工件上表面的圆心，选用 φ8mm 立铣刀铣削加工该零件内轮廓，编制加工程序如下。

```
%3014
#1=12                                （正多边形外接圆半径 R 赋值）
#2=12                                （正多边形边数 n 赋值）
#3=7                                 （圆弧半径 r 赋值）
#10=1                                （加工边数计数器赋初值）
G54 G00 X100 Y100 Z50                （工件坐标系设定）
M03 S1000 F300                       （加工参数设定）
G00 G41 X0 Y0 D01                    （建立工件坐标系设定）
Z-5                                  （刀具下降到加工平面）
G03 X[#1] Y0 R[#1/2]                 （圆弧插补到切削起点）
  WHILE #10LE#2                      （加工循环条件判断）
  #20=#1*COS[#10*360/#2*PI/180]      （计算节点 P 的 x 坐标值）
  #21=#1*SIN[#10*360/#2*PI/180]      （计算节点 P 的 y 坐标值）
  G03 X[#20] Y[#21] R[#3]            （圆弧插补加工 R7 圆弧）
  #10=#10+1                          （计数器递增）
  ENDW                               （循环结束）
G00 Z50                              （抬刀）
G40 X100 Y100                        （取消刀具半径补偿）
M30                                  （程序结束）
```

6．设均布圆弧个数为 $N$，圆弧半径为 $R$，均布圆弧圆心所在圆周直径为 $D$。设工件坐标原点在对称中心，选用刀具直径为 φ8mm 的立铣刀铣削加工，编制该型孔加工宏程序如下。

```
%3015
#0=4                                 （均布圆弧个数 N 赋值）
#1=18                                （圆弧半径 R 赋值）
#2=30                                （均布圆弧圆心所在圆周直径 D 赋值）
#3=#2*0.5*SIN[[[360/#0]/2]*PI/180]/#1    （计算 sin α）
#4=ATAN[#3/SQRT[1-#3*#3]]            （计算 α）
#5=#1*SIN[[180-[360/#0]/2-#4]*PI/180]/SIN[[[360/#0]/2]*PI/180]
                                     （计算圆弧交点与对称中心的连线距离）
#6=#5*COS[[[360/#0]/2]*PI/180]       （计算圆弧交点的 x 坐标值）
#7=#5*SIN[[[360/#0]/2]*PI/180]       （计算圆弧交点的 y 坐标值）
G54 G00 X100 Y100 Z10                （工件坐标系设定）
M03 S1000 F250                       （主轴转速设定）
G41 G00 X0 Y0 D01                    （建立刀具半径补偿）
```

```
    G01 Z-2                                （下刀到加工平面）
    X[#6] Y[-#7]                            （直线插补到切削起点）
      #10=0                                 （加工均布圆弧个数计数器赋初值）
      WHILE #10LT#0                         （加工条件判断）
      #11=#5*COS[[[360/#0]/2+#10*360/#0]*PI/180]
                                            （计算圆弧交点的 x 坐标值）
      #12=#5*SIN[[[360/#0]/2+#10*360/#0]*PI/180]  （计算圆弧交点的 y 坐标值）
      G03 X[#11] Y[#12] R[#1]               （圆弧插补）
      #10=#10+1                             （计数器累加）
    ENDW                                    （循环结束）
    G00 Z50                                 （抬刀）
    G40 X100 Y100                           （返回起刀点）
    M30                                     （程序结束）
```

7. 设工件坐标原点在矩形坯料上表面左后角点，编制加工宏程序如下。

```
%3016
    G54 G00 X100 Y100 Z50                   （工件坐标设定）
    M03 S1200 F300                          （加工参数设定）
    G00 X0 Y2                               （刀具定位）
    Z-0.5                                   （下刀到加工平面，深度 0.5mm）
      #1=3                                  （加工线槽 x 坐标值赋初值）
      #2=1                                  （加工线槽计数器赋初值）
      WHILE #1LT60                          （加工条件判断）
      #3=6                                  （加工线槽长度赋值）
        IF #2EQ5                            （条件判断）
        #2=0                                （加工线槽计数器置零）
        #3=10                               （加工线槽长度赋值）
        ENDIF                               （条件结束）
      G00 X[#1]                             （刀具定位）
      G01 Y[-#3]                            （刻线槽）
      G00 Y2                                （原路返回）
      #1=#1+3                               （加工线槽 x 坐标值递增）
      #2=#2+1                               （加工线槽计数器递增）
      ENDW                                  （循环结束）
    G00 Z50                                 （抬刀）
    X100 Y100                               （返回起刀点）
    M30                                     （程序结束）
```

**3.3.1**

1. 如图所示，由于加工零件时有台阶侧面，即最后一刀的刀具中心轨迹必须保证距离台阶侧面正好为 0.5 倍刀具直径，例题程序无法保证这一点，所以不能直接修改程序中的长、宽等值用于该台阶面的加工，而应重新编制适用该类零件加工的宏程序。

设工件坐标原点在工件上表面左前角，选用刀具直径为 $\phi$12mm 的立铣刀铣削加工该台阶面，编制加工宏程序如下。

```
%3021
#1=70                                    （台阶矩形平面长 L 赋值）
#2=30                                    （台阶矩形平面宽 B 赋值）
#3=5                                     （台阶高度 H 赋值）
#4=12                                    （立铣刀刀具直径 D 赋值）
#5=0.7*#4                                （计算行距值，行距取 0.7 倍刀具直径）
#10=0                                    （加工 y 坐标值赋值）
G54 G00 X100 Y100 Z50                    （工件坐标系设定）
M03 S1000 F300                          （加工参数设定）
X-10 Y0                                  （刀具定位）
Z[-#3]                                   （刀具下降到加工平面）
G01 X0                                   （直线插补到切削起点）
WHILE #10LE[#2-0.5*#4+#5]               （加工条件判断）
  IF [#10+0.5*#4]GT#2                    （若满足最后一刀加工条件）
  G90 G01 Y[#2-0.5*#4]                   （刀具移动到最后一刀加工的 Y 坐标）
  G91 X[#1]                              （最后一刀加工）
  ELSE                                   （否则）
  G90 G01 Y[#10]                         （Y 向移动一个行距）
  G91 X[#1]                              （行切加工）
  ENDIF                                  （条件结束）
  #10=#10+#5                             （加工 y 坐标值递增一个行距）
  #1=-1*#1                               （反向）
ENDW                                     （循环结束）
G90 G00 Z50                              （抬刀）
X100 Y100                                （返回起刀点）
M30                                      （程序结束）
```

2. 本题可直接借用 3021 号宏程序来加工，为方便直接借用，可将工件调个方向后加工。设工件坐标原点在调向后的工件上表面左前角，选用刀具直径为 $\phi12mm$ 的立铣刀铣削加工该台阶面，编制加工宏程序如下。

```
%3022                                    （主程序号）
G54 G00 X100 Y100 Z50                    （工件坐标系设定）
M03 S1000 F300                          （加工参数设定）
M98 P3023 B30 C80 D0 E12 G0.7           （调用宏程序加工台阶面）
                                         （B 台阶矩形平面长，C 台阶矩形平面宽，D 台阶高度）
                                         （E 立铣刀刀具直径，G 行距与刀具直径之比）
M98 P3023 B30 C60 D5 E12 G0.7           （调用宏程序加工台阶面）
M98 P3023 B30 C35 D10 E12 G0.7          （调用宏程序加工台阶面）
G90 G00 Z50                              （抬刀）
X100 Y100                                （返回起刀点）
M30                                      （程序结束）
%3023                                    （宏子程序号，该子程序由 3021 号宏程序修改而来）
#5=#6*#4                                 （计算行距值）
```

```
#10=0                            （加工 y 坐标值赋值）
X-10 Y0                          （刀具定位）
Z[-#3]                           （刀具下降到加工平面）
G01 X0                           （直线插补到切削起点）
WHILE #10LE[#2-0.5*#4+#5]        （加工条件判断）
  IF [#10+0.5*#4]GT#2            （若满足最后一刀加工条件）
  G90 G01 Y[#2-0.5*#4]           （刀具移动到最后一刀加工的 Y 坐标）
  G91 X[#1]                      （最后一刀加工）
  ELSE                           （否则）
  G90 G01 Y[#10]                 （Y 向移动一个行距）
  G91 X[#1]                      （行切加工）
  ENDIF                          （条件结束）
  #10=#10+#5                     （加工 y 坐标值递增一个行距）
  #1=-1*#1                       （反向）
ENDW                             （循环结束）
G90 G00 Z5                       （抬刀）
M99                              （子程序结束）
```

**3.3.2**

1. 设圆环形平面外圆周直径为 $D$，内圆周直径为 $d$，铣削深度为 $H$，设工件坐标原点在工件上表面圆心，选用刀具直径 $\phi 12\text{mm}$ 的立铣刀铣削加工该平面，编制加工宏程序如下。

```
%3031
#1=70                            （圆环形平面外圆周直径 D 赋值）
#2=20                            （圆环形平面内圆周直径 d 赋值）
#3=5                             （铣削深度 H 赋值）
#4=12                            （刀具直径赋值）
#5=0.7*#4                        （计算行距值，行距取 0.7 倍刀具直径）
#10=0.5*#1                       （加工圆周半径赋初值）
G54 G00 X100 Y100 Z50            （工件坐标系设定）
M03 S1000 F300                   （加工参数设定）
X[#10+10] Y0                     （刀具定位）
Z[-#3]                           （下刀到加工平面）
  WHILE #10GE[#2*0.5+0.5*#4-#5]  （加工条件判断）
  IF #10LE[#2*0.5+0.5*#4]        （最后一刀加工条件判断）
  G01 X[#2*0.5+0.5*#4]           （直线插补到最后一刀切削起点）
  G02 I[-[#2*0.5+0.5*#4]]        （圆弧插补加工最后一刀）
  ELSE                           （否则）
  G01 X[#10]                     （直线插补）
  G02 I[-#10]                    （圆弧插补）
  ENDIF                          （条件结束）
  #10=#10-#5                     （加工圆周半径递减）
ENDW                             （循环条件结束）
```

```
G00 Z50                               （抬刀）
X100 Y100                             （返回起刀点）
M30                                   （程序结束）
```

2. 设工件坐标原点在工件上表面圆心，选用刀具直径 $\phi$12mm 的立铣刀铣削加工该平面，将 3030 号程序中的圆形平面圆周直径 $D$ 重新赋值即可，加工宏程序如下。

```
%3032
#1=70                                 （圆形平面圆周直径 D 赋值）
#2=0                                  （铣削深度 H 赋值）
#3=12                                 （刀具直径 d 赋值）
#4=0.7*#3                             （计算行距值，行距取 0.7 倍刀具直径）
#10=0.5*#1                            （加工圆周半径赋初值）
G54 G00 X100 Y100 Z50                 （工件坐标系设定）
M03 S1000 F300                        （加工参数设定）
X[#10+10] Y0                          （刀具定位）
Z[-#2]                                （刀具下降到加工平面）
  WHILE #10GE[0.5*#3-#4]             （加工条件判断）
  G01 X[#10]                          （定位到切削起点）
  G02 I[-#10]                         （圆弧插补）
  #10=#10-#4                          （加工圆周半径递减）
  ENDW                                （循环结束）
G00 Z50                               （抬刀）
X100 Y100                             （返回起刀点）
M30                                   （程序结束）
```

也可将 3031 号程序中的铣削深度 $H$ 重新赋值实现该圆环平面的加工，加工宏程序如下。

```
%3033
#1=70                                 （圆环形平面外圆周直径 D 赋值）
#2=20                                 （圆环形平面内圆周直径 d 赋值）
#3=0                                  （铣削深度 H 赋值）
#4=12                                 （刀具直径赋值）
#5=0.7*#4                             （计算行距值，行距取 0.7 倍刀具直径）
#10=0.5*#1                            （加工圆周半径赋初值）
G54 G00 X100 Y100 Z50                 （工件坐标系设定）
M03 S1000 F300                        （加工参数设定）
X[#10+10] Y0                          （刀具定位）
Z[-#3]                                （下刀到加工平面）
  WHILE #10GE[#2*0.5+0.5*#4-#5]      （加工条件判断）
  IF #10LE[#2*0.5+0.5*#4]            （最后一刀加工条件判断）
  G01 X[#2*0.5+0.5*#4]               （直线插补到最后一刀切削起点）
  G02 I[-[#2*0.5+0.5*#4]]            （圆弧插补加工最后一刀）
  ELSE                                （否则）
  G01 X[#10]                          （直线插补）
```

```
G02 I[-#10]                        (圆弧插补)
  ENDIF                            (条件结束)
  #10=#10-#5                       (加工圆周半径递减)
  ENDW                             (循环条件结束)
G00 Z50                            (抬刀)
X100 Y100                          (返回起刀点)
M30                                (程序结束)
```

**3.4.1**

1. 设工件坐标系原点在工件上表面的椭圆中心，选用 $\phi8mm$ 的立铣刀铣削加工，编制加工程序如下。

```
%3042
#0=30                              (椭圆长半轴 a 赋值)
#1=16                              (椭圆短半轴 b 赋值)
#2=5                               (加工深度 H 赋值)
#10=0                              (离心角 t 赋初值)
G54 G00 X100 Y100 Z50              (工件坐标系设定)
M03 S800 F250                      (加工参数设定)
G41 G00 X0 Y0 D01                  (建立刀具半径补偿)
X[#0]                              (刀具定位)
G01 Z[-#2]                         (刀具下降到加工平面)
  WHILE #10LT360                   (椭圆曲线加工循环条件判断)
  #11=#0*COS[#10*PI/180]           (计算 x 坐标值)
  #12=#1*SIN[#10*PI/180]           (计算 y 坐标值)
  G01 X[#11] Y[#12]                (直线插补逼近椭圆曲线)
  #10=#10+0.2                      (离心角递增)
  ENDW                             (循环结束)
G00 Z50                            (抬刀)
G40 X100 Y100                      (返回起刀点)
M30                                (程序结束)
```

2. 设工件坐标系原点在工件上表面的椭圆中心，选用 $\phi10mm$ 的立铣刀铣削加工该零件外轮廓，编制加工程序如下。

```
%3043
#0=30                              (椭圆长半轴 a 赋值)
#1=20                              (椭圆短半轴 b 赋值)
G54 G00 X100 Y100 Z50              (工件坐标系设定)
M03 S1000 F300                     (加工参数设定)
Z-5                                (刀具下降到加工平面)
G41 G00 X20 Y30 D01                (建立刀具半径补偿)
G01 X20 Y-9.9                      (直线插补)
G02 X14.84 Y-17.38 R8              (圆弧插补)
  #10=14.84                        (加工 x 坐标赋初值)
  WHILE #10GT[-14.84]              (加工条件判断)
```

```
   #11=-#1*SQRT[1-#10*#10/[#0*#0]]        （计算 y 坐标值）
   G01 X[#10] Y[#11]                       （直线插补逼近）
   #10=#10-0.2                             （加工 x 坐标递减）
   ENDW                                    （循环结束）
G02 X-20 Y-9.9 R8                          （圆弧插补）
G01 Y9.9                                   （直线插补）
G02 X-14.84 Y17.38 R8                      （圆弧插补）
   #10=-14.84                              （加工 x 坐标赋初值）
   WHILE #10LT14.84                        （加工条件判断）
   #11=#1*SQRT[1-#10*#10/[#0*#0]]          （计算 y 坐标值）
   G01 X[#10] Y[#11]                       （直线插补逼近）
   #10=#10+0.2                             （加工 x 坐标递增）
   ENDW                                    （循环结束）
G02 X20 Y9.9 R8                            （圆弧插补）
G40 G00 X100 Y100                          （返回起刀点）
Z50                                        （抬刀）
M30                                        （程序结束）
```

3. 由图可得 $a=25$，$b=17.5$，$\theta=45°$，则 $t = \arctan\left(\dfrac{a}{b}\tan\theta\right) = \arctan\left(\dfrac{25}{17.5}\tan 45\right) \approx 55°$

设工件坐标系原点在椭圆中心，选用 $\phi$10mm 的立铣刀铣削加工该零件外轮廓，编制加工程序如下。

```
%3044
#0=25                                      （椭圆长半轴 a 赋值）
#1=17.5                                     （椭圆短半轴 b 赋值）
#10=55                                      （离心角 t 赋初值）
G54 G00 X100 Y-100                          （工件坐标系设定）
M03 S1000 F300                              （加工参数设定）
G42 G00 X25 Y-20 D01                        （建立刀具半径补偿）
G01 Y10.5                                   （直线插补）
   WHILE #10LT[360-55]                      （加工循环条件判断）
   #20=#0*COS[#10*PI/180]                   （计算 x 坐标值）
   #21=#1*SIN[#10*PI/180]                   （计算 y 坐标值）
   G01 X[#20] Y[#21]                        （直线插补逼近）
   #10=#10+0.5                              （离心角递增）
   ENDW                                     （循环结束）
G01 X25 Y-10.5                              （直线插补）
G00 G40 X100 Y-100                          （返回起刀点）
M30                                         （程序结束）
```

若将离心角 $t$ 的计算在宏程序中实现，编制宏程序如下。

```
%3045
#0=25                                       （椭圆长半轴 a 赋值）
#1=17.5                                      （椭圆短半轴 b 赋值）
```

```
#2=45                                （圆心角 θ 赋值）
#10=ATAN[#0*TAN[#2*PI/180]/#1]       （起点离心角 t 值计算）
#11=#10                              （加工离心角 t 赋初值）
G54 G00 X100 Y-100                   （工件坐标系设定）
M03 S1000 F300                       （加工参数设定）
G42 G00 X25 Y-20 D01                 （建立刀具半径补偿）
G01 Y10.5                            （直线插补）
  WHILE #11LT[360-#10]               （加工循环条件判断）
  #20=#0*COS[#11*PI/180]             （计算 x 坐标值）
  #21=#1*SIN[#11*PI/180]             （计算 y 坐标值）
  G01 X[#20] Y[#21]                  （直线插补逼近）
  #11=#11+0.5                        （离心角递增）
  ENDW                               （循环结束）
G01 X25 Y-10.5                       （直线插补）
G00 G40 X100 Y-100                   （返回起刀点）
M30                                  （程序结束）
```

## 3.4.2

1. 设工件坐标原点在左半椭圆中心，则右半椭圆中心在工件坐标系中的坐标值为（10，0），选用 $\phi$ 10mm 的立铣刀铣削加工该零件外轮廓，编制加工程序如下。

```
%3051
#0=30                                （椭圆长半轴 a 赋值）
#1=18                                （椭圆短半轴 b 赋值）
#2=10                                （上半椭圆中心在工件坐标系中的 x 坐标值赋值）
#3=0                                 （上半椭圆中心在工件坐标系中的 y 坐标值赋值）
#10=90                               （离心角 t 赋初值）
G54 G00 X100 Y100                    （工件坐标系设定）
M03 S1000 F300                       （加工参数设定）
G00 G42 X40 Y18 D01                  （建立刀具半径补偿）
G01 X0                               （直线插补）
  WHILE #10LT270                     （加工循环条件判断）
  #20=#0*COS[#10*PI/180]             （计算 x 坐标值）
  #21=#1*SIN[#10*PI/180]             （计算 y 坐标值）
  G01 X[#20] Y[#21]                  （直线插补逼近上半椭圆曲线）
  #10=#10+0.5                        （离心角递增）
  ENDW                               （循环结束）
G01 X10 Y-18                         （直线插补）
  #10=270                            （离心角 t 赋初值）
  WHILE #10LT450                     （加工循环条件判断）
  #20=#0*COS[#10*PI/180]             （计算 x 坐标值）
  #21=#1*SIN[#10*PI/180]             （计算 y 坐标值）
  G01 X[#20+#2] Y[#21+#3]            （直线插补逼近下半椭圆曲线）
  #10=#10+0.5                        （离心角递增）
```

```
      ENDW                              （循环结束）
      G00 G40 X100 Y100                 （返回起刀点）
      M30                               （程序结束）
```

2. 设工件坐标系原点在工件上表面椭圆右边象限点，选用φ8mm 立铣刀铣削加工该凸台零件外轮廓，编制加工程序如下。

```
      %3052
      #0=15                             （椭圆长半轴 a 赋值）
      #1=10                             （椭圆短半轴 b 赋值）
      #2=5                              （加工深度赋值）
      G54 G00 X100 Y100 Z50             （工件坐标系设定）
      M03 S1000 F300                    （加工参数设定）
      G00 G42 X0 Y[-5] D01              （建立刀具半径补偿）
      G01 Y0                            （直线插补）
      #10=#2                            （加工深度赋初值）
      #11=-15                           （椭圆中心在工件坐标系中坐标值赋初值）
      WHILE #10LT15                     （加工深度循环条件判断）
      G01 Z[-#10]                       （刀具下降到加工平面）
        #20=0                           （离心角 t 赋初值）
        WHILE #20LE360                  （加工循环条件判断）
        #30=#0*COS[#20*PI/180]          （计算 x 坐标值）
        #31=#1*SIN[#20*PI/180]          （计算 y 坐标值）
        G01 X[#30+#11] Y[#31]           （直线插补逼近上半椭圆曲线）
        #20=#20+0.5                     （离心角递增）
        ENDW                            （循环结束）
      #0=#0+7.5                         （椭圆长半轴 a 递增）
      #1=#1+5                           （椭圆短半轴 b 递增）
      #10=#10+#2                        （加工深度递增）
      #11=#11-7.5                       （椭圆中心在工件坐标系中坐标值递减）
      ENDW                              （循环结束）
      G00 Z50                           （抬刀）
      G40 X100 Y100                     （返回起刀点）
      M30                               （程序结束）
```

### 3.4.3

1. 设工件坐标系原点在椭圆中心，选用φ8mm 立铣刀铣削加工该零件外轮廓，编制加工程序如下。

```
      %3063
      #0=30                             （椭圆长半轴 a 赋值）
      #1=16                             （椭圆短半轴 b 赋值）
      #2=10                             （加工深度赋值）
      #10=0                             （旋转角度赋初值）
      G54 G00 X100 Y100 Z50             （工件坐标系设定）
      M03 S800 F250                     （加工参数设定）
```

```
        WHILE #10LT180              （坐标旋转条件判断）
        G00 G42 X[#0] Y[-#2] D01    （建立刀具半径补偿）
        G01 Y0                      （插补至切削起点）
        Z[-#2]                      （刀具下降到加工平面）
        #20=0                       （离心角 t 赋初值）
            WHILE #20LT360          （椭圆曲线加工循环条件判断）
            #31=#0*COS[#20*PI/180]  （计算 x 坐标值）
            #32=#1*SIN[#20*PI/180]  （计算 y 坐标值）
            G01 X[#31] Y[#32]       （直线插补逼近椭圆曲线）
            #20=#20+0.2             （离心角递增）
            ENDW                    （循环结束）
        G00 Z50                     （抬刀）
        G40 X100 Y100               （返回起刀点）
        #10=#10+60                  （旋转角度递增）
        ENDW                        （循环结束）
    M30                             （程序结束）
```

2. 设工件坐标系原点在椭圆中心，选用 $\phi$8mm 立铣刀铣削加工该零件内轮廓，编制加工程序如下。

```
    %3064
    #0=30                           （椭圆长半轴 a 赋值）
    #1=16                           （椭圆短半轴 b 赋值）
    #2=10                           （加工深度赋值）
    #10=0                           （旋转角度赋初值）
    G54 G00 X100 Y100 Z50           （工件坐标系设定）
    M03 S800 F250                   （加工参数设定）
        WHILE #10LT180              （坐标旋转条件判断）
        G00 G41 X[#0] Y[-#2] D01    （建立刀具半径补偿）
        G01 Y0                      （插补至切削起点）
        Z[-#2]                      （刀具下降到加工平面）
        #20=0                       （离心角 t 赋初值）
            WHILE #20LT360          （椭圆曲线加工循环条件判断）
            #31=#0*COS[#20*PI/180]  （计算 x 坐标值）
            #32=#1*SIN[#20*PI/180]  （计算 y 坐标值）
            G01 X[#31] Y[#32]       （直线插补逼近椭圆曲线）
            #20=#20+0.2             （离心角递增）
            ENDW                    （循环结束）
        G00 Z50                     （抬刀）
        G40 X100 Y100               （返回起刀点）
        #10=#10+60                  （旋转角度递增）
        ENDW                        （循环结束）
    M30                             （程序结束）
```

3. 设工件坐标系原点在工件上表面椭圆中心，选用 $\phi$8mm 立铣刀铣削加工该零件外轮廓，编制加工程序如下。

```
%3065
#0=25                              （椭圆长半轴 a 赋值）
#1=17.5                            （椭圆短半轴 b 赋值）
#2=45                              （圆心角 θ 赋值）
#3=30                              （旋转角 α 赋值）
#10=ATAN[#0*TAN[#2*PI/180]/#1]     （起点离心角 t 值计算）
#11=#10                            （加工离心角 t 赋初值）
G54 G00 X100 Y-100 Z50            （工件坐标系设定）
M03 S1000 F300                    （加工参数设定）
G68 X0 Y0 P[#3]                   （坐标旋转设定）
G42 G00 X25 Y-20 D01             （建立刀具半径补偿）
Z-5                               （刀具下降到加工平面）
G01 Y10.5                         （直线插补）
  WHILE #11LT[360-#10]            （加工循环条件判断）
  #20=#0*COS[#11*PI/180]          （计算 x 坐标值）
  #21=#1*SIN[#11*PI/180]          （计算 y 坐标值）
  G01 X[#20] Y[#21]               （直线插补逼近）
  #11=#11+0.5                     （离心角递增）
  ENDW                            （循环结束）
G01 X25 Y-10.5                    （直线插补）
Z50                               （抬刀）
G00 G40 X100 Y-100               （返回起刀点）
G69                               （取消坐标旋转）
G00 X100 Y-100                    （返回起刀点）
M30                               （程序结束）
```

### 3.4.4

设工件坐标原点在工件对称中心，则左部抛物线顶点在工件坐标系中的坐标值为
（−22.5,0），右部抛物线顶点在工件坐标系中的坐标值为（22.5,0），选择直径为 $\phi12mm$ 的立
铣刀铣削加工该零件外轮廓，编制加工宏程序如下。

```
%3072
#0=15                             （y 坐标值赋值）
G54 G00 X100 Y100                 （工件坐标系设定）
M03 S1000 F300                    （加工参数设定）
G00 G42 X5 Y15 D01               （建立刀具半径补偿）
G01 X0                            （切削到切削起点）
  #10=#0                          （加工 y 坐标值赋初值）
  WHILE #10GE[-#0]                （左部抛物线加工条件判断）
  #11=#10*#10/10                  （计算 x 坐标值）
  G01 X[#11-22.5] Y[#10]          （直线插补逼近抛物曲线）
  #10=#10-0.1                     （y 坐标值递减）
  ENDW                            （循环结束）
```

```
    #10=-#0                          （加工 y 坐标值赋初值）
    WHILE #10LE#0                    （右部抛物线加工条件判断）
    #11=-#10*#10/10                  （计算 x 坐标值）
    G01 X[#11+22.5] Y[#10]           （直线插补逼近抛物曲线）
    #10=#10+0.1                      （y 坐标值递增）
    ENDW                             （循环结束）
  G00 G40 X100 Y100                  （返回起刀点）
  M30                                （程序结束）
```

**3.4.5**

由曲线方程可得双曲线的实半轴 $a=4$，虚半轴 $b=3$。设工件坐标系原点在双曲线中心，编制加工宏程序如下。

```
  %3081
  #0=4                              （双曲线实半轴 a 赋值）
  #1=3                              （双曲线虚半轴 b 赋值）
  #2=5                              （加工深度 H 赋值）
  G54 G00 X100 Y100 Z50             （工件坐标系设定）
  M03 S1000 F300                    （加工参数设定）
    #10=0                           （坐标旋转角度赋初值）
    WHILE #10LE180                  （循环条件判断）
    G68 X0 Y0 P[#10]               （坐标旋转设定）
    G00 G42 X20 Y14.695 D01         （建立刀具半径补偿）
    G01 Z[-#2]                      （下刀到加工平面）
      #20=14.695                    （加工 y 坐标值赋初值）
      WHILE #20GE-14.695            （加工条件判断）
      #21=#0*SQRT[1+#20*#20/[#1*#1]] （计算 x 坐标值）
      G01 X[#21] Y[#20]             （直线插补逼近双曲线段）
      #20=#20-0.2                   （y 坐标值递减）
      ENDW                          （循环结束）
    G00 Z10                         （抬刀）
    G40 X50 Y50                     （取消刀具半径补偿）
    G69                             （取消坐标旋转）
    #10=#10+180                     （坐标旋转角度递增）
    ENDW                            （循环结束）
  G00 Z50                           （抬刀）
  X100 Y100                         （返回起刀点）
  M30                               （程序结束）
```

**3.4.6**

1. 分了 3 层加工，每层加工起点的 z 坐标值分别为 $Z-1$、$Z-3.5$、$Z-6$。

2. 设工件坐标系原点在工件上平面的正弦曲线前端点，选用刀具直径为 $\phi 6mm$ 的立铣刀铣削加工该曲线部分，编制其加工宏程序如下。

```
  %3091
  #0=10                             （正弦曲线极值 A 赋值）
```

```
#1=60                             （正弦曲线一个周期对应 Z 轴上的长度 L 赋值）
#2=5                              （加工深度 H 赋值）
G54 G00 X100 Y100 Z50             （工件坐标系设定）
M03 S1000 F300                    （加工参数设定）
G00 G41 X0 Y-10 D01               （建立刀具半径补偿）
Z[-#2]                            （刀具下降到加工平面）
G01 Y0                            （进刀）
  #10=0                           （加工 y 坐标值赋初值）
  WHILE #10LE#1                   （加工条件判断）
  #11=360*#10/#1                  （计算角度 θ 的值）
  #12=#0*SIN[#11*PI/180]          （计算 x 坐标值）
  G01 X[#12] Y[#10]               （直线插补）
  #10=#10+0.2                     （加工 y 坐标值递增）
  ENDW                            （循环结束）
G00 Z50                           （抬刀）
G40 X100 Y100                     （返回起刀点）
M30                               （程序结束）
```

### 3.4.7

180°,60；360°,40

（上半段螺线角度赋初值）、（加工条件判断）、（计算 R 值）、（计算 x 坐标值）、（计算 y 坐标值）、（直线插补逼近螺线）、（角度递增）、（循环结束）、（下半段螺线角度赋初值）、（加工条件判断）、（计算 R 值）、（计算 x 坐标值）、（计算 y 坐标值）、（直线插补逼近螺线）、（角度递增）、（循环结束）

### 3.4.8

1. （$Y = f(X - G) + H = f(x - G) + H$）、（13，29）

2. 编制加工宏程序如下。

```
%3112
#0=50                             （B 赋值）
#1=5                              （加工深度 H 赋值）
G54 G00 X100 Y100 Z50             （工件坐标系设定）
M03 S1000 F150                    （加工参数设定）
G00 X[#0] Y0                      （刀具定位）
G01 Z[-#1]                        （下刀到加工平面）
  #10=0                           （角度 α 赋初值）
  WHILE #10LE180                  （上半部曲线加工条件判断）
  #11=#0*COS[#10*0.5*PI/180]      （计算 R 值）
  #12=#11*COS[#10*PI/180]         （计算 x 坐标值）
  #13=#11*SIN[#10*PI/180]         （计算 y 坐标值）
  G03 X[#12] Y[#13] R[#11]        （圆弧插补逼近曲线）
  #10=#10+1                       （角度 α 递增）
  ENDW                            （循环结束）
```

```
        WHILE #10GT0                      （下半部曲线加工条件判断）
        #10=#10-1                         （角度α递减）
        #11=#0*COS[#10*0.5*PI/180]        （计算R值）
        #12=#11*COS[#10*PI/180]           （计算x坐标值）
        #13=#11*SIN[#10*PI/180]           （计算y坐标值）
        G03 X[#12] Y[-#13] R[#11]         （圆弧插补逼近曲线）
        ENDW                              （循环结束）
    G00 Z50                               （抬刀）
    X100 Y100                             （返回起刀点）
    M30                                   （程序结束）
```

3．由图可得，上半段渐开线的起始角度为 0°，终止角度为 257.436°（360°－102.564°），渐开线基圆半径为 20 mm，设工件坐标原点在渐开线基圆中心，编制加工宏程序如下。

```
    %3113
    #0=20                                 （渐开线基圆半径 r 赋值）
    #1=0                                  （上半段渐开线起始角度赋值）
    #2=257.436                            （上半段渐开线终止角度赋值）
    G54 G00 X100 Y0                       （工件坐标系设定）
    M03 S1000 F200                        （加工参数设定）
    G01 X[#0]                             （直线插补到切削起点）
      #10=#1                              （将角度初始值赋给#10）
      WHILE #10LE#2                       （上半段曲线加工条件判断）
      #11=#0*[COS[#10*PI/180]+[#10*PI/180]*SIN[#10*PI/180]] （计算x坐标值）
      #12=#0*[SIN[#10*PI/180]-[#10*PI/180]*COS[#10*PI/180]] （计算y坐标值）
      G01 X[#11] Y[#12]                   （直线插补逼近曲线）
      #10=#10+1                           （角度θ递增）
      ENDW                                （循环结束）
        #10=#2                            （将角度初始值赋给#10）
      WHILE #10GE#1                       （下半段曲线加工条件判断）
      #11=#0*[COS[#10*PI/180]+[#10*PI/180]*SIN[#10*PI/180]] （计算x坐标值）
      #12=#0*[SIN[#10*PI/180]-[#10*PI/180]*COS[#10*PI/180]] （计算y坐标值）
      G01 X[#11] Y[-#12]                  （直线插补逼近曲线）
      #10=#10-1                           （角度θ递减）
      ENDW                                （循环结束）
    G00 X100 Y0                           （返回）
    M30                                   （程序结束）
```

**3.5.1**

1．设工件坐标原点在左前角第一孔中心，编制加工宏程序如下。

```
    %3122
    #0=5                                  （孔系行数赋值）
    #1=6                                  （孔系列数赋值）
    #2=10                                 （行间距赋值）
```

```
#3=15                                        （列间距赋值）
#4=15                                        （孔系行中心线与 X 正半轴的夹角赋值）
#5=60                                        （孔系行中心线与列中心线夹角赋值）
G54 G00 X100 Y100 Z50                        （工件坐标系设定）
M03 S800 F200                                （加工参数设定）
  #10=1                                      （加工行计数器赋初值）
  WHILE #10LE#0                              （行加工条件判断）
  #11=[#10-1]*#2*COS[[#4+#5]*PI/180]         （计算各行起始孔位 X 坐标值）
  #12=[#10-1]*#2*SIN[[#4+#5]*PI/180]         （计算各行起始孔位 Y 坐标值）
    #20=1                                    （加工列计数器赋初值）
    WHILE #20LE#1                            （列加工条件判断）
    #21=[#20-1]*#3*COS[#4*PI/180]            （计算列孔位 X 坐标值）
    #22=[#20-1]*#3*SIN[#4*PI/180]            （计算列孔位 Y 坐标值）
    G81 X[#21+#11] Y[#22+#12] Z-5 R2         （钻孔加工）
    #20=#20+1                                （列计数器累加）
    ENDW                                     （循环结束）
  #10=#10+1                                  （行计数器累加）
  ENDW                                       （循环结束）
G00 Z50                                      （抬刀）
X100 Y100                                    （返回起刀点）
M30                                          （程序结束）
```

2. 设工件原点在左前角第一孔位，编制加工宏程序如下。

```
%3123
#0=4                                         （行数赋值）
#1=6                                         （列数赋值）
#2=10                                        （孔间距赋值）
#3=15                                        （矩形框与 X 正半轴的夹角赋值）
G54 G00 X100 Y100 Z50                        （工件坐标系设定）
M03 S800 F250                                （加工参数设定）
G68 X0 Y0 P[#3]                              （坐标旋转设定）
G90 G81 X0 Y0 Z-5 R2                         （钻孔加工）
G91 X[#2] L[#1-1]                            （孔加工）
Y[#2] L[#0-1]                                （孔加工）
X[-#2] L[#1-1]                               （孔加工）
Y[-#2] L[#0-2]                               （孔加工）
G69                                          （取消坐标旋转）
G90 G00 Z50                                  （抬刀）
X100 Y100                                    （返回起刀点）
M30                                          （程序结束）
```

3. 编制加工宏程序如下。

```
%3124
#0=8                                         （直线孔个数赋值）
```

```
#1=11                              （孔间距赋值）
#2=30                              （孔系中心线与 X 轴正半轴夹角赋值）
G54 G00 X100 Y100 Z50              （工件坐标系设定）
M03 S800 F200                      （加工参数设定）
  #10=1                            （孔数赋初值）
  WHILE #10LE#0                    （加工条件判断）
  #11=[#10-1]*#1*COS[#2*PI/180]    （计算加工孔位 X 坐标值）
  #12=[#10-1]*#1*SIN[#2*PI/180]    （计算加工孔位 Y 坐标值）
  G81 X[#11] Y[#12] Z-5 R2         （钻孔加工）
  #10=#10+1                        （孔数累加）
  ENDW                             （循环结束）
G00 Z50                            （抬刀）
X100 Y100                          （返回起刀点）
M30                                （程序结束）
```

4. 编制加工宏程序如下。

```
%3125
#0=5                               （三角形边上均布孔数赋值）
#1=15                              （孔间距赋值）
G54 G00 X100 Y100 Z50              （工件坐标系设定）
M03 S800 F250                      （加工参数设定）
  #10=1                            （行数计数器赋初值）
  WHILE #10LE#0                    （行加工条件判断）
  #11=#1*SIN[60*PI/180]*[#10-1]    （计算各行 Y 坐标值）
    #20=1                          （列数计数器赋初值）
    WHILE #20LE[#0+1-#10]          （列加工条件判断）
    #21=#1*[#20-1]+[#10-1]*#1*0.5  （各孔 X 坐标值计算）
    G81 X[#21] Y[#11] Z-5 R2       （钻孔加工）
    #20=#20+1                      （列数计数器累加）
    ENDW                           （循环结束）
  #10=#10+1                        （行数计数器累加）
  ENDW                             （循环结束）
G00 Z50                            （抬刀）
X100 Y100                          （返回起刀点）
M30                                （程序结束）
```

## 3.5.2

1. 设工件坐标原点在工件上表面的对称中心。如图所示，孔系所在圆周半径 $R$ 的值为 $R25mm$，该圆周圆心 $O$ 的坐标值为（0,0），孔数 $n$ 为 6 个，"3 点钟"位置第一个孔的起始角度 $\alpha$ 为 $0°$，相邻孔间的夹角 $\theta$ 为 $360°/6=60°$，将本节例题中各程序的变量重新赋值即可实现该孔系的加工。

```
%3135
#0=25                              （孔系所在圆周半径 R 赋值）
#1=0                               （圆周圆心 O 的 X 坐标赋值）
```

```
#2=0                                              （圆周圆心 O 的 Y 坐标赋值）
#3=6                                              （孔个数 n 赋值）
#4=0                                              （起始角度 α 赋值）
#5=60                                             （相邻孔夹角 θ 赋值）
G54 X100 Y100 Z50                                 （工件坐标系设定）
M03 S1000 F300                                    （加工参数设定）
  #10=1                                           （孔数计数器置 1）
  WHILE #10LE#3                                   （加工条件判断）
  #11=#0*COS[[[#10-1]*#5+#4]*PI/180]+#1           （计算孔圆心的 X 坐标值）
  #12=#0*SIN[[[#10-1]*#5+#4]*PI/180]+#2           （计算孔圆心的 Y 坐标值）
  G81 X[#11] Y[#12] Z-15 R2                       （钻孔加工）
  #10=#10+1                                       （孔数计数器累加）
  ENDW                                            （循环结束）
G80 G00 Z50                                       （抬刀）
X100 Y100                                         （返回起刀点）
M30                                               （程序结束）
```

2. 设工件坐标系原点在工件上表面的对称中心，编制加工宏程序如下。

```
%3136
#0=200                                            （凹球面半径赋值）
#1=20                                             （内圈直径赋值）
#2=6                                              （内圈均布孔个数赋值）
#3=80                                             （外圈直径赋值）
G54 G00 X100 Y100 Z50                             （工件坐标系设定）
M03 S800 F150                                     （加工参数设定）
  WHILE #1LE#3                                    （加工条件判断）
  #10=SQRT[#0*#0-#1*#1/4]-SQRT[#0*#0-50*50]       （计算各圈孔深度值）
    #20=1                                         （孔计数器置 1）
    WHILE #20LE#2                                 （孔加工条件判断）
    #21=#1*COS[[[#20-1]*360/#2]*PI/180]           （计算孔圆心的 X 坐标值）
    #22=#1*SIN[[[#20-1]*360/#2]*PI/180]           （计算孔圆心的 Y 坐标值）
    G81 X[#21] Y[#22] Z[-#10-2] R2                （钻孔加工）
    #20=#20+1                                     （孔计数器累加）
    ENDW                                          （循环结束）
  #1=#1+20                                        （节圆直径递增）
  #2=#2+6                                         （孔数递增）
  ENDW                                            （循环结束）
G80 G00 Z50                                       （抬刀）
X100 Y100                                         （返回起刀点）
M30                                               （程序结束）
```

**3.6.1**

1. 编制加工部分宏程序如下。

```
#0=40                                             （型腔直径 D 赋值）
```

```
#1=2                            （型腔深度 H 赋值）
#2=12                           （立铣刀直径 d 赋值）
#3=0.6*#2                        （刀具轨迹半径递增量 B 赋值）
G00 X0 Y[#2/2] Z50              （刀具定位）
Z2                              （下降至工件表面上方）
#10=#2/2                        （加工半径赋初值）
WHILE#10LT[#0/2-#2/2]            （循环条件判断）
  G01 Z[-#1]                    （下降到加工平面）
  G02 J[#10]                    （圆弧插补）
  #10=#10+#3                    （加工半径递增）
ENDW                            （循环结束）
G02 J[#0/2-#2/2]                （精加工）
G00 Z50                         （抬刀）
```

2．将椭圆外轮廓加工宏程序中的刀具半径补偿方向反向并修改进刀、下刀和抬刀路线即可实现内轮廓的加工，程序略。

3．设工件坐标原点在工件上表面的对称中心，螺纹大径 $D$，螺距 $P$，螺纹长度 $L$，选用直径 $d$ 为 20 mm 的单刃螺纹铣刀铣削加工该内螺纹，编制加工宏程序如下。

```
%3142
#0=40                           （螺纹大径 D 赋值）
#1=2.5                          （螺距 P 赋值）
#2=36                           （螺纹长度 L 赋值）
#3=20                           （螺纹铣刀 d 赋值）
#10=#0-2*0.54*#1                （计算螺纹小径 D₁ 的值）
G54 G00 X0 Y0 Z50              （工件坐标系设定）
M03 S500 F300                   （加工参数设定）
  #20=#10                       （加工 X 坐标值赋初值）
  #21=1                         （加工层数赋初值）
  WHILE #20LE#0                 （加工条件判断）
  G00 Z[#1]                     （刀具 Z 轴定位）
  X[#20/2-#3/2] Y0              （刀具在 XY 平面内定位）
    #30=0                       （加工深度赋初值）
    WHILE #30LE#2               （加工条件判断）
    G02 I[#3/2-#20/2] Z[-#30]   （螺旋插补铣削加工螺纹）
    #30=#30+#1                  （加工深度递增）
    ENDW                        （循环结束）
  G00 X0 Y0                     （退刀）
  #20=#10+SQRT[#21]             （加工 X 坐标值赋值）
  #21=#21+1                     （加工层数递增）
  ENDW                          （循环结束）
G00 Z50                         （抬刀）
X100 Y100                       （返回起刀点）
```

```
        M30                              （程序结束）
```

**3.6.2**

设工件坐标原点在零件上表面的对称中心，选用直径为$\phi$10mm的立铣刀加工，编制加工宏程序如下。

```
%3151
#0=50                                （型腔长 L 赋值）
#1=30                                （型腔宽 B 赋值）
#2=10                                （型腔深 H 赋值）
#3=6                                 （转角半径 R 赋值）
#4=12                                （刀具直径 D 赋值）
#5=0.5*#4                            （加工步距赋值，步距值取 0.5 倍刀具直径）
#6=[#1-#4]/2                         （计算加工半宽值）
#7=[#0-#4]/2                         （计算加工半长值）
IF [#4*0.5]GT#3                      （刀具直径判断）
M30                                 （程序结束）
ENDIF                               （条件结束）
G54 G00 X100 Y100 Z50               （工件坐标系设定）
M03 S600 F150                       （加工参数设定）
G00 X[-#7] Y0                        （刀具定位）
Z2                                  （刀具下降）
#10=0                               （加工深度赋初值）
WHILE#10LT#2                        （深度加工循环判断）
  #10=#10+4                         （加工深度递增）
  IF#10GT#2                         （加工深度判断）
  #10=#2                            （将#2 赋给#10）
  ENDIF                             （条件结束）
  #20=0                            （加工宽度赋初值）
  G00 X[#7] Y[#20]                  （刀具定位）
  G01 Z[-#10]                       （下降到加工平面）
  X[-#7]                           （直线插补）
  WHILE[#20+#3]LT#6                 （循环条件判断）
    #20=#20+#5                      （加工宽度递增）
    IF[#20+#3]GT#6                   （加工宽度条件判断）
    #20=#6-#3                       （精加工宽度赋值）
    ENDIF                           （条件结束）
    G01 X[-#7] Y[#20]               （直线插补）
    G02 X[-#7+#3] Y[#20+#3] R[#3]    （圆弧插补）
    G01 X[#7-#3]                     （直线插补）
    G02 X[#7] Y[#20] R[#3]           （圆弧插补）
    G01 Y[-#20]                      （直线插补）
    G02 X[#7-#3] Y[-#20-#3] R[#3]    （圆弧插补）
    G01 X[-#7+#3]                    （直线插补）
```

```
      G02  X[-#7]  Y[-#20]  R[#3]              （圆弧插补）
      G01  X[-#7]  Y[#20]                      （直线插补）
    ENDW                                       （循环结束）
  ENDW                                         （循环结束）
  G00  Z50                                     （抬刀）
  X100  Y100                                   （返回起刀点）
  M30                                          （程序结束）
```

**3.6.3**

考虑程序的通用性，将3160和3161号宏程序修改为可供直接调用的分别用于加工连线为直线和圆弧的腰形孔的通用宏程序，然后在主程序中调用即可。设该工件坐标原点在 $\phi 60$ 圆心，选用直径为 6mm 的键槽立铣刀加工，编制加工程序如下。

```
%3162                                        （主程序号）
G54  G00  X100  Y100  Z50                     （工件坐标系设定）
M03  S1000  F300                              （加工参数设定）
M98 P3163 A12 B3 C8 D45 E6 F3 X[24*COS[45*PI/180]] Y[24*SIN[45*PI/180]]
                           （调用 3163 号宏程序加工连线为直线的腰形孔，其中 A 腰形
                             孔长，B 腰形孔半宽，C 腰形孔深，D 腰形孔旋转角度，E 键
                             槽立铣刀刀具直径，F 深度进给量，X、Y 为腰形孔起点在工
                             件坐标系中的 x、y 坐标值）
M98 P3163 A12 B3 C8 D135 E6 F3 X[24*COS[135*PI/180]] Y[24*SIN[135*
PI/180]]
                                             （同上）
M98 P3163 A12 B3 C8 D225 E6 F3 X[24*COS[225*PI/180]] Y[24*SIN[225*
PI/180]]
                                             （同上）
M98 P3163 A12 B3 C8 D315 E6 F3 X[24*COS[315*PI/180]] Y[24*SIN[315*
PI/180]]
                                             （同上）
M98 P3164 A30 B3 C-15 D30 E8 F6 G3
                           （调用 3164 号宏程序加工连线为圆弧的腰形孔，其中 A 腰形
                             孔所在圆半径，B 腰形孔半宽，C 腰形孔起始角度，D 腰形孔
                             圆心角，E 腰形孔深，F 键槽立铣刀刀具直径，G 深度进给量）
M98 P3164 A30 B3 C75 D30 E8 F6 G3
                                             （同上）
M98 P3164 A30 B3 C165 D30 E8 F6 G3
                                             （同上）
M98 P3164 A30 B3 C255 D30 E8 F6 G3
                                             （同上）
G00  Z50                                      （抬刀）
X100  Y100                                    （返回起刀点）
M30                                           （程序结束）
%3163                                         （加工连线为直线的腰形孔的宏子程序）
```

```
G00 X[#23] Y[#24]                          （刀具定位）
Z2                                         （下降到安全平面）
G01 Z0                                     （插补至工件上表面）
#10=0                                      （加工深度 h 赋初值）
WHILE #10LT#2                              （加工深度条件判断）
#10=#10+#5                                 （加工深度递增）
IF #10GE#2                                 （如果加工深度大于或等于孔深度）
#10=#2                                     （将#2 的值赋给#10）
ENDIF                                      （条件结束）
    IF #4GT[2*#1]                          （刀具直径判断，若刀具直径大于孔宽）
    M30                                    （程序结束）
    ENDIF                                  （条件结束）
    IF #4EQ[2*#1]                          （刀具直径判断，若刀具直径等于孔宽）
    G01 X[#0*COS[#3*PI/180]+#23] Y[#0*SIN[#3*PI/180]+#24] Z[-#10]
                                           （斜插加工）
    X[#23] Y[#24]                          （加工返回）
    ELSE                                   （否则，若刀具直径小于孔宽）
    G68 X[#23] Y[#24] P[#3]                （坐标旋转设定）
    G01 X[#23] Y[#4*0.5-#1+#24]            （直线插补）
    X[#0+#23] Z[-#10]                      （斜插加工）
    G03 Y[#1-#4*0.5+#24] R[#1-#4*0.5]      （圆弧插补）
    G01 X[#23]                             （直线插补）
    G03 Y[#4*0.5-#1+#24] R[#1-#4*0.5]      （圆弧插补）
    G01 X[#0+#23]                          （直线插补）
    G00 X[#23]                             （快速返回）
    G69                                    （取消坐标旋转）
    ENDIF                                  （条件结束）
ENDW                                       （循环结束）
G00 Z2                                     （抬刀）
M99                                        （子程序结束）
%3164                                      （加工连线为圆弧的腰形孔的宏子程序）
X[#0*COS[#2*PI/180]] Y[#0*SIN[#2*PI/180]]     （刀具定位）
Z2                                         （下降到安全平面）
G01 Z0                                     （插补至工件上表面）
#10=0                                      （加工深度 h 赋初值）
WHILE #10LT#4                              （加工深度条件判断）
#10=#10+#6                                 （加工深度递增）
IF #10GE#4                                 （如果加工深度大于或等于孔深度）
#10=#4                                     （将#4 的值赋给#10）
ENDIF                                      （条件结束）
    IF #5GT[2*#1]                          （刀具直径判断，若刀具直径大于孔宽）
    M30                                    （程序结束）
```

```
    ENDIF                                （条件结束）
    IF #5EQ[2*#1]                        （刀具直径判断，若刀具直径等于孔宽）
    G17 G03 X[#0*COS[[#2+#3]*PI/180]] Y[#0*SIN[[#2+#3]*PI/180]] R[#0]
    Z[-#10]
                                         （螺旋插补加工）
    G02 X[#0*COS[#2*PI/180]] Y[#0*SIN[#2*PI/180]] R[#0]
                                         （加工返回）
    ELSE                                 （否则，若刀具直径小于孔宽）
    G01 X[[#0+#1-#5*0.5]*COS[#2*PI/180]] Y[[#0+#1-#5*0.5]*SIN[#2*
    PI/180]]
                                         （直线插补）
    G17 G03 X[[#0+#1-#5*0.5]*COS[[#2+#3]*PI/180]] Y[[#0+#1-#5*0.5]*
    SIN[[#2+#3]*PI/180]] R[#0+#1-#5*0.5] Z[-#10] （螺旋插补加工）
    X[[#0-#1+#5*0.5]*COS[[#2+#3]*PI/180]] Y[[#0-#1+#5*0.5]*SIN[[#2+
    #3]*PI/180]] R[#1-#5*0.5]
                                         （圆弧插补）
    G02 X[[#0-#1+#5*0.5]*COS[#2*PI/180]] Y[[#0-#1+#5*0.5]*SIN[#2*PI/
    180]] R[#0-#1+#5*0.5]
                                         （圆弧插补）
    G03 X[[#0+#1-#5*0.5]*COS[#2*PI/180]] Y[[#0+#1-#5*0.5]*SIN[#2*PI/
    180]] R[#1-#5*0.5]
                                         （圆弧插补）
    X[[#0+#1-#5*0.5]*COS[[#2+#3]*PI/180]] Y[[#0+#1-#5*0.5]*SIN[[#2+
    #3]*PI/180]] R[#0+#1-#5*0.5]
                                         （圆弧插补）
    G02 X[[#0+#1-#5*0.5]*COS[#2*PI/180]] Y[[#0+#1-#5*0.5]*SIN[#2*PI/
    180]] R[#0+#1-#5*0.5]
                                         （圆弧插补）
    ENDIF                                （条件结束）
    ENDW                                 （循环结束）
    G00 Z2                               （抬刀）
    M99                                  （子程序结束）
```

**3.7.1**

1. 设工件坐标系原点在球顶，采用直径为 $\phi 8mm$ 的立铣刀从上往下精加工该球冠，编制加工程序如下。

```
%3177
#1=30                                   （球半径 R 赋值）
#2=8                                    （立铣刀刀具直径 D 赋值）
#3=20                                   （球冠高度赋值）
#10=0                                   （加工深度赋初值）
G54 G00 X100 Y100 Z50                   （选择 G54 工件坐标系）
M03 S1000 F300                          （加工参数设定）
```

```
WHILE #10LT#3                              （条件判断）
#20=SQRT[#1*#1-[#1-#10]*[#1-#10]]          （计算 X 坐标值）
G01 X[#20+#2/2] Y0                         （刀具定位）
Z[-#10]                                    （刀具下降到切削起点）
G02 I[-#20-#2/2]                           （圆弧插补）
#10=#10+0.2                                （加工深度递增）
ENDW                                       （循环结束）
G00 Z50                                    （抬刀）
X100 Y100                                  （返回起刀点）
M30                                        （程序结束）
```

2．可行，但加工效率较低。

3．设工件坐标原点在球心，采用行切法加工该零件，编制加工程序如下（未考虑刀具半径补偿）。

```
%3178
#1=20                                      （球半径 R 赋值）
#2=70                                      （方形毛坯长 L 赋值）
#3=60                                      （方形毛坯宽 B 赋值）
#10=#2/2                                   （加工 x 坐标值赋初值）
#11=-#10                                   （值取反）
G54 G00 X100 Y100 Z50                      （工件坐标系设定）
M03 S1000 F300                             （加工参数设定）
G00 X[#10] Y[#3/2+10]                      （刀具定位）
Z0                                         （刀具下降到加工平面）
G01 Y[#3/2]                                （直线插补至切削起点）
WHILE #10GE#11                             （加工条件判断）
  IF ABS[#10]LT#1                          （加工 x 坐标值界线判断）
  #12=SQRT[#1*#1-#10*#10]                  （计算半球加工 y 坐标值界线）
  G01 Y[#12]                               （直线插补到半球加工边界）
  G19 G03 Y[-#12] Z0 R[#12]                （圆弧插补行切半球表面）
  ENDIF                                     （条件结束）
G01 Y[-#3/2]                               （直线插补）
#10=#10-2                                  （加工 x 坐标值递减）
G01 X[#10]                                 （刀具移动一个步距）
  IF ABS[#10]LT#1                          （加工 x 坐标值界线判断）
  #12=SQRT[#1*#1-#10*#10]                  （计算半球加工 y 坐标值界线）
  G01 Y[-#12]                              （直线插补到半球加工边界）
  G19 G02 Y[#12] Z0 R[#12]                 （圆弧插补行切半球表面）
  ENDIF                                     （条件结束）
G01 Y[#3/2]                                （直线插补）
#10=#10-2                                  （加工 x 坐标值递减）
G01 X[#10]                                 （刀具移动一个步距）
ENDW                                       （循环结束）
```

```
G00 Z50                              （抬刀）
X100 Y100                            （返回起刀点）
M30                                  （程序结束）
```

**3.7.2**

1. 设工件坐标原点在球心，选用直径为 $\phi$8mm 的球头刀螺旋铣削加工该凹球面，编制加工宏程序如下（注意本程序仅在 3001 号宏程序基础上修改凹球半径 $R$ 的赋值，因此有部分空刀）。

```
%3181
#1=40                               （凹球半径 R 赋值）
#2=8                                （球头刀直径 D 赋值）
#3=#1-#2/2                           （计算 R-D/2）
#10=0                               （加工角度赋初值）
G54 G00 X0 Y0 Z50                    （工件坐标系设定）
M03 S1000 F300                      （加工参数设定）
Z0                                  （下刀）
G02 X[#3] Y0 R[#3/2]                （圆弧切入）
WHILE #10LT90                        （加工循环条件判断）
  #20=#3*COS[#10*PI/180]            （计算 r 值，亦即 X 坐标值）
  #21=#3*SIN[#10*PI/180]            （计算加工深度 h 值）
  G17 G02 X[#20] I[-#20] Z[-#21]    （螺旋插补加工凹球面）
  #10=#10+0.5                       （加工角度递增）
ENDW                                （循环结束）
G00 Z50                             （抬刀）
M30                                 （程序结束）
```

选用直径为 $\phi$8mm 的球头刀螺旋铣削加工该凹球面，在如上程序基础上适当修改减少空刀量编制加工宏程序如下。

```
%3182
#0=10                               （球心距工件上表面距离赋值）
#1=40                               （凹球半径 R 赋值）
#2=8                                （球头刀直径 D 赋值）
#3=#1-#2/2                           （计算 R-D/2）
#10=ATAN[#0/SQRT[#1*#1-#0*#0]]       （计算加工角度初值）
G54 G00 X0 Y0 Z50                    （工件坐标系设定）
M03 S1000 F300                      （加工参数设定）
Z[-#3*SIN[#10*PI/180]]              （下刀）
G01 X[#3*COS[#10*PI/180]] Y0        （快进到切削起点）
WHILE #10LT90                        （加工循环条件判断）
  #20=#3*COS[#10*PI/180]            （计算 r 值，亦即 X 坐标值）
  #21=#3*SIN[#10*PI/180]            （计算加工深度 h 值）
  G17 G02 X[#20] I[-#20] Z[-#21]    （螺旋插补加工凹球面）
  #10=#10+0.5                       （加工角度递增）
```

```
ENDW                                        （循环结束）
G00 Z50                                     （抬刀）
M30                                         （程序结束）
```

2. 设工件坐标原点在球心，选用直径为 $\phi 8mm$ 的立铣刀等高铣削加工该凹球面，编制加工宏程序如下。

```
%3183
#1=25                                       （凹球半径 R 赋值）
#2=20                                       （球底距工件上表面距离赋值）
#3=8                                        （立铣刀直径 D 赋值）
#10=0                                       （加工深度赋初值）
G54 G00 X0 Y0 Z50                           （工件坐标系设定）
M03 S1000 F300                              （加工参数设定）
WHILE #10LT#2                               （加工循环条件判断）
  #20= SQRT[#1*#1-#10*#10]-#3/2            （计算截圆半径）
  G00 X[#20] Y0                            （刀具定位）
  G01 Z[-#10]                              （下刀）
  G03 I[-#20]                              （圆弧插补加工凹球面）
  #10=#10+0.2                              （加工深度递增）
ENDW                                        （循环结束）
G00 Z50                                     （抬刀）
M30                                         （程序结束）
```

下面是选用直径为 $\phi 8mm$ 的立铣刀螺旋铣削加工该凹球面的宏程序。

```
%3184
#1=25                                       （凹球半径 R 赋值）
#2=20                                       （球底距工件上表面距离赋值）
#3=8                                        （立铣刀直径 D 赋值）
#10=0                                       （加工深度赋初值）
G54 G00 X0 Y0 Z50                           （工件坐标系设定）
M03 S1000 F300                              （加工参数设定）
G00 X[#1-#3/2] Y0                          （刀具定位）
Z2                                          （刀具下降到安全平面）
G01 Z0                                      （下刀到加工平面）
WHILE #10LT#2                               （加工循环条件判断）
  #20=SQRT[#1*#1-#10*#10]-#3/2             （计算截圆半径）
  G17 G03 X[#20] I[-#20] Z[-#10]           （螺旋插补加工凹球面）
  #10=#10+0.2                              （加工深度递增）
ENDW                                        （循环结束）
G00 Z50                                     （抬刀）
M30                                         （程序结束）
```

3. 设工件坐标原点在凸台上表面圆心，选用 $\phi 8mm$ 球头刀加工，编制宏程序如下。

```
%3185
#0=15                              （圆弧半径赋值）
#1=30                              （上圆直径赋值）
#2=8                               （刀具直径赋值）
G54 G00 X100 Y0 Z50                （工件坐标设定）
M03 S1000 F300                     （加工参数设定）
  #10=0                            （角度赋初值）
  WHILE #10LE90                    （加工条件判断）
  #11=[#0-#2/2]*SIN[#10*PI/180]    （计算加工深度）
  #12=[#0-#2/2]*COS[#10*PI/180]    （计算 X 方向距离）
  G01 X[#1/2+#0-#12] Z[-#11]       （直线插补）
  G02 I[-[#1/2+#0-#12]]            （圆弧插补）
  #10=#10+0.5                      （角度递增）
  ENDW                             （循环结束）
G00 Z50                            （抬刀）
X100 Y0                            （返回）
M30                                （程序结束）
```

### 3.7.3

1. 设工件坐标系原点在椭球中心，若选用直径为 $\phi 10mm$ 的立铣刀铣削加工，编制加工程序如下。

```
%3193
#0=25                              （椭圆长半轴 a 赋值）
#1=15                              （椭圆中半轴 b 赋值）
#2=10                              （椭圆短半轴 c 赋值）
#10=0                              （XZ 平面椭圆离心角 t 赋初值）
G54 G00 X100 Y100 Z50              （工件坐标系设定）
M03 S100 F300                      （加工参数设定）
Z0                                 （刀具下降到加工底平面）
G42 G00 X[#0] Y-10 D01             （建立刀具半径补偿）
G01 Y0                             （直线插补至切削起点）
WHILE #10LE90                      （加工条件判断）
#11=#0*COS[#10*PI/180]             （计算 a'值）
#12=#1*COS[#10*PI/180]             （计算 b'值）
#13=#2*SIN[#10*PI/180]             （计算 z 坐标值）
G01 X[#11] Z[#13]                  （直线插补至加工截平面）
  #20=0                            （XY 截平面椭圆离心角 t 赋初值）
  WHILE #20LE360                   （截平面椭圆截交线加工条件判断）
  #21=#11*COS[#20*PI/180]          （计算 x 坐标值）
  #22=#12*SIN[#20*PI/180]          （计算 y 坐标值）
  G01 X[#21] Y[#22]                （直线插补逼近椭圆截交线）
  #20=#20+0.5                      （XY 截平面椭圆离心角 t 递增）
  ENDW                             （循环结束）
```

```
#10=#10+0.5                                （XZ平面椭圆离心角 t 递增）
ENDW                                       （循环结束）
G00 Z50                                    （抬刀）
G40 X100 Y100                              （返回起刀点）
M30                                        （程序结束）
```

2. 设工件坐标原点在椭球中心，选用直径为 $\phi$6mm 的球头刀铣削加工椭球面，编制加工程序如下。

```
%3194
#0=30                                      （椭球长半轴 a 赋值）
#1=20                                      （椭球中半轴 b 赋值）
#2=15                                      （椭球短半轴 c 赋值）
#3=3                                       （球头刀刀具半径 r 赋值）
G54 G00 X100 Y100 Z50                      （工件坐标系设定）
M03 S1000 F300                             （加工参数设定）
X0 Y0                                      （刀具定位）
Z0                                         （下刀到加工平面）
G01 X[#0-#3]                               （直线插补到切削起点）
#10=ATAN[7/26.533]                         （XZ平面内椭圆离心角 t 赋初值）
WHILE #10LT90                              （XZ平面椭圆曲线加工判断）
#11=#2*#3*COS[#10*PI/180]/SQRT[#0*#0*SIN[#10*PI/180]*SIN[#10*PI/
180]+#2*#2*COS[#10*PI/180]*COS[#10*PI/180]]          （计算 m 值）
#12=#0*#3*SIN[#10*PI/180]/SQRT[#0*#0*SIN[#10*PI/180]*SIN[#10*PI/
180]+#2*#2*COS[#10*PI/180]*COS[#10*PI/180]]          （计算 n 值）
#13=#0*COS[#10*PI/180]                               （计算 a' 值）
#14=#1*COS[#10*PI/180]                               （计算 b' 值）
#15=#2*SIN[#10*PI/180]+#12                 （计算加工平面 z 坐标值）
G01 X[#13-#11] Z[-#15] Y0                  （XZ平面直线插补逼近椭圆曲线）
  #20=360                                  （XY平面内椭圆离心角 t' 赋初值）
  WHILE #20GE0                             （XY平面截平面椭圆曲线加工判断）
#21=#13*COS[#20*PI/180]-#14*#11*COS[#20*PI/180]/SQRT[#13*#13*SIN
[#20*PI/180]*SIN[#20*PI/180]+#14*#14*COS[#20*PI/180]*COS[#20*PI/
180]]                                               （计算 x 坐标值）
#22=#14*SIN[#20*PI/180]-#13*#11*SIN[#20*PI/180]/SQRT[#13*#13*SIN
[#20*PI/180]*SIN[#20*PI/180]+#14*#14*COS[#20*PI/180]*COS[#20*PI/
180]]                                               （计算 y 坐标值）
  G01 X[#21] Y[#22]                        （直线插补逼近 XY平面截椭圆曲线）
  #20=#20-2                                （离心角 t' 递减）
  ENDW                                     （循环结束）
#10=#10+2                                  （离心角 t 递增）
ENDW                                       （循环结束）
G00 Z50                                    （抬刀）
X100 Y100                                  （返回起刀点）
```

```
                         M30                                    （程序结束）
```

## 3.8.1

1. 若选择直径$\phi 8mm$的立铣刀从下往上螺旋上升的方法铣削加工圆锥台面，编制加工宏程序如下。

```
%3204
#1=50                                          （圆锥台大径A赋值）
#2=40                                          （圆锥台小径B赋值）
#3=15                                          （圆锥台高度H赋值）
#4=8                                           （立铣刀刀具直径D赋值）
#10=#3                                         （加工深度h赋初值）
G54 G00 X0 Y0 Z50                              （工件坐标系设定）
M03 S1000 F300                                 （加工参数设定）
G00 Z[-#3]                                     （刀具定位到底平面）
G01 X[#2*0.5-#4*0.5] Y0                        （刀具直线插补底平面切削起点位置）
WHILE #10GT0                                   （循环条件判断）
  #20=[#1-#10*[#1-#2]/#3]*0.5-#4*0.5           （计算立铣刀刀位点与圆锥台轴线的距离）
  G17 G03 X[#20] I[-#20] Z[-#10]               （螺旋插补加工圆锥台面）
  #10=#10-0.2                                  （加工深度递减）
ENDW                                           （循环结束）
G00 Z50                                        （抬刀）
M30                                            （程序结束）
```

2. 若选择直径$\phi 8mm$的球头刀从下往上螺旋上升的方法铣削加工圆锥台面，编制加工宏程序如下。

```
%3205
#1=30                                          （圆锥台大径A赋值）
#2=20                                          （圆锥台小径B赋值）
#3=25                                          （圆锥台高度H赋值）
#4=8                                           （球头刀刀具直径D赋值）
#10=#3                                         （加工深度h赋初值）
#11=#4*0.5*COS[[ATAN[[#1-#2]*0.5/#3]]*PI/180]
```
$$\left(计算\frac{D}{2}\cos\left(a\tan\frac{A-B}{2H}\right)的值\right)$$

```
#12=#4*0.5*SIN[[ATAN[[#1-#2]*0.5/#3]]*PI/180]
```
$$\left(计算\frac{D}{2}\sin\left(a\tan\frac{A-B}{2H}\right)的值\right)$$

```
G54 G00 X100 Y100 Z50                          （工件坐标系设定）
M03 S1000 F300                                 （加工参数设定）
G00 Z[-[#3-#12]]                               （刀具定位到底平面）
G01 X[#1*0.5+#11] Y0                           （刀具直线插补底平面切削起点位置）
WHILE #10GT0                                   （循环条件判断）
  #20=[#2+#10*[#1-#2]/#3]*0.5+#11              （计算球头刀刀位点与圆锥台轴线的距离）
  #21=#10-#12                                  （计算球头刀刀位点与圆锥台上表面的距离）
```

```
        G17 G02 X[#20] I[-#20] Z[-#21]      （螺旋插补加工圆锥台面）
        #10=#10-0.2                          （加工深度递减）
    ENDW                                      （循环结束）
    G00 Z50                                   （抬刀）
    X100 Y100                                 （返回起刀点）
    M30                                       （程序结束）
```

**3.8.2**

1. 将上顶圆看作特殊的椭圆，将 3210 号宏程序重新赋值即可。设工件坐标系原点在工件上表面圆心，选择直径为 $\phi$10mm 的立铣刀从下往上逐层上升铣削加工该锥面，编制加工程序如下。

```
    %3211
    #0=10                                     （上顶面椭圆长半轴 A 赋值）
    #1=10                                     （上顶面椭圆短半轴 B 赋值）
    #2=22                                     （下底面椭圆长半轴 a 赋值）
    #3=15                                     （下底面椭圆短半轴 b 赋值）
    #4=15                                     （椭圆锥台高度 H 赋值）
    #10=#4                                    （加工深度 h 赋初值）
    G54 G00 X100 Y100 Z50                     （工件坐标系设定）
    M03 S1000 F300                            （加工参数设定）
    Z[-#4]                                    （刀具下降到锥台底面）
    G00 G42 X[#2] Y-10 D01                    （建立刀具半径补偿）
    G01 Y0                                    （直线插补到切削起点）
      WHILE #10GE0                            （加工深度循环条件判断）
      G01 Z[-#10]                             （刀具定位到加工平面）
        #20=#0+#10*[#2-#0]/#4                 （计算长轴对应锥面的斜率 $k_1$）
        #21=#1+#10*[#3-#1]/#4                 （计算短轴对应锥面的斜率 $k_2$）
        #22=0                                 （离心角 t 赋初值）
          WHILE #22LT360                      （椭圆加工循环条件判断）
          #30=#20*COS[#22*PI/180]             （计算截椭圆长半轴 a'）
          #31=#21*SIN[#22*PI/180]             （计算截椭圆短半轴 b'）
          G01 X[#30] Y[#31]                   （直线插补逼近椭圆）
          #22=#22+0.5                         （离心角 t 递增）
          ENDW                                （循环结束）
        #10=#10-0.2                           （加工深度 h 递减）
      ENDW                                    （循环结束）
    G00 Z50                                   （抬刀）
    G40 X100 Y100                             （返回起刀点）
    M30                                       （程序结束）
```

2. 设工件坐标系原点在工件上表面的椭圆中心，选择直径为 $\phi$10mm 的立铣刀从下往上逐层上升铣削加工该内锥面，编制加工程序如下。

```
%3212
#0=30                              （上顶面椭圆长半轴 A 赋值）
#1=20                              （上顶面椭圆短半轴 B 赋值）
#2=25                              （下底面椭圆长半轴 a 赋值）
#3=15                              （下底面椭圆短半轴 b 赋值）
#4=10                              （椭圆锥台高度 H 赋值）
#10=#4                             （加工深度 h 赋初值）
G54 G00 X100 Y100 Z50              （工件坐标系设定）
M03 S1000 F300                     （加工参数设定）
G00 G41 X0 Y0 D01                  （建立刀具半径补偿）
Z[-#4]                             （刀具下降到锥台底面）
G01 X[#2]                          （直线插补到切削起点）
  WHILE #10GE0                     （加工深度循环条件判断）
  G01 Z[-#10]                      （刀具定位到加工平面）
    #20=#0+#10*[#2-#0]/#4          （计算长轴对应锥面的斜率 $k_1$）
    #21=#1+#10*[#3-#1]/#4          （计算短轴对应锥面的斜率 $k_2$）
    #22=0                          （离心角 t 赋初值）
    WHILE #22LT360                 （椭圆加工循环条件判断）
    #30=#20*COS[#22*PI/180]        （计算截椭圆长半轴 a'）
    #31=#21*SIN[#22*PI/180]        （计算截椭圆短半轴 b'）
    G01 X[#30] Y[#31]              （直线插补逼近椭圆）
    #22=#22+0.5                    （离心角 t 递增）
    ENDW                           （循环结束）
  #10=#10-0.2                      （加工深度 h 递减）
  ENDW                             （循环结束）
G00 Z50                            （抬刀）
G40 X100 Y100                      （返回起刀点）
M30                                （程序结束）
```

**3.8.3**

设工件坐标系原点在工件上表面中心，采用 $\phi6mm$ 的立铣刀从上往下等高逐层加工，每层沿顺时针方向加工，编制加工程序如下。

```
%3222
#1=20                              （上方边长赋值）
#2=50                              （下圆直径赋值）
#3=30                              （渐变体高度赋值）
#4=6                               （刀具直径赋值）
#5=0                               （加工深度赋初值，从 Z0 开始向下加工）
G54 G00 X100 Y100 Z50              （工件坐标系设定）
M03 S800 F300                      （加工参数设定）
WHILE #5LE#3                       （循环条件判断）
  #10=[[#2*0.5-#1*0.5]*#5]/#3+#1*0.5    （计算 l 值）
```

```
#11=[#1*0.5*[#3-#5]]/#3                                    （计算 b 值）
#12=#10-#11                                                （计算 r 值）
G00 X[#10+#4*0.5] Y[#10+#4]   （快进到工件外侧，考虑了刀具半径和安全距离）
G00 Z[-#5]                                                 （下刀到加工平面）
G01 Y[-#11]                                                （直线插补到 P₁ 点）
G02 X[#11] Y[-[#10+#4*0.5]] R[#12+#4*0.5]                 （圆弧插补到 P₂ 点）
G01 X[-#11]                                                （直线插补到 P₃ 点）
G02 X[-[#10+#4*0.5]] Y[-#11] R[#12+#4*0.5]                （圆弧插补到 P₄ 点）
G01 Y[#11]                                                 （直线插补到 P₅ 点）
G02 X[-#11] Y[#10+#4*0.5] R[#12+#4*0.5]                   （圆弧插补到 P₆ 点）
G01 X[#11]                                                 （直线插补到 P₇ 点）
G02 X[#10+#4*0.5] Y[#11] R[#12+#4*0.5]                    （圆弧插补到 P₈ 点）
#5=#5+0.1                                                  （深度递增）
ENDW                                                       （循环结束）
G00 Z50                                                    （抬刀）
X100 Y100                                                  （返回起刀点）
M30                                                        （程序结束）
```

### 3.8.4

1. 设工件原点在工件上表面的前端面 $R15$ 圆弧中心，选用刀具直径为 $\phi6\text{mm}$ 的球头刀铣削加工，编制加工宏程序如下。

```
%3233
#0=15                                                      （圆弧半径 R 赋值）
#1=12                                                      （工件宽度 B 赋值）
#2=6                                                       （球头刀具直径 D 赋值）
G54 G00 X100 Y100 Z50                                      （工件坐标系设定）
M03 S1200 F250                                             （加工参数设定）
#10=0                                                    （角度赋初值）
WHILE #10LE90                                            （加工条件判断）
#11=[#0-#2/2]*COS[#10*PI/180]                            （计算 X 坐标值）
#12=[#0-#2/2]*SIN[#10*PI/180]                            （计算加工深度值）
G00 X[#11] Y[#1+#2] Z[-#12]                              （刀具定位到右后角）
G01 Y[-#2]                                               （直线插补到右前角）
G00 X[-#11]                                              （刀具定位到左前角）
G01 Y[#1+#2]                                             （直线插补到左后角）
#10=#10+0.5                                              （角度递增）
ENDW                                                    （循环结束）
G00 Z50                                                    （抬刀）
X100 Y100                                                  （返回起刀点）
M30                                                        （程序结束）
```

2. 设工件原点在工件底平面前端面中点，选择刀具直径为 $\phi10\text{mm}$ 的球头刀沿弧形面圆周方向走刀，编制加工宏程序如下。

```
%3234
```

```
#0=25                                              （圆弧半径赋值）
#1=40                                              （连接圆弧半径赋值）
#2=40                                              （圆心中心距赋值）
#3=30                                              （工件宽度赋值）
#4=10                                              （球头刀铣刀直径赋值）
#5=ATAN[SQRT[[#0+#1]*[#0+#1]-#2*#2/4]/[#2/2]]      （计算角度）
#6=[#1-#4/2]*COS[#5*PI/180]                        （计算圆弧相切点的 X 坐标值）
#7=[#0+#4/2]*SIN[#5*PI/180]                        （计算圆弧相切点的 Z 坐标值）
G54 G00 X100 Y100 Z50                              （工件坐标系设定）
M03 S1000 F300                                     （加工参数设定）
G00 X[#2/2+#0+#3] Y0 Z30                           （刀具定位）
  #10=0                                            （加工宽度赋初值）
  WHILE #10LE#3                                    （加工条件判断）
  G01 X[#2/2+#0+#4/2] Y[#10] Z30                   （刀具定位）
  G18 G02 X[#6] Z[#7+30] R[#0+#4/2]                （圆弧插补）
  G03 X[-#6] Z[#7+30] R[#1-#4/2]                   （圆弧插补）
  G02 X[-#2/2-#0-#4/2] Z30 R[#0+#4/2]              （圆弧插补）
  #10=#10+0.1                                      （加工宽度递增）
  G01 Y[#10]                                       （进刀）
  G18 G03 X[-#6] Z[#7+30] R[#0+#4/2]               （圆弧插补）
  G02 X[#6] Z[#7+30] R[#1-#4/2]                    （圆弧插补）
  G03 X[#2/2+#0+#4/2] Z30 R[#0+#4/2]               （圆弧插补）
  #10=#10+0.1                                      （加工宽度递增）
  ENDW                                             （循环结束）
G00 Z50                                            （抬刀）
X100 Y100                                          （返回起刀点）
M30                                                （程序结束）
```

3. 如图所示圆柱体和球的相贯线为一半圆。设工件原点在球心，选择$\phi$6mm 立铣刀加工该十字球铰表面，编制加工宏程序如下（转角部分按 R3 的圆角过渡处理）。

```
%3235
#0=15                                              （圆柱半径赋值）
#1=25                                              （球半径赋值）
#2=80                                              （圆柱体长度赋值）
#3=6                                               （立铣刀刀具直径赋值）
G54 G00 X0 Y0 Z50                                  （工件坐标设定）
M03 S1200 F200                                     （加工参数设定）
G01 Z[#1]                                          （刀具定位到球顶点）
  #10=#1                                           （加工高度赋初值）
  WHILE #10GE#0                                    （球头上部加工条件判断）
  #11=SQRT[#1*#1-#10*#10]                          （计算加工球的截圆半径值）
  G18 G03 X[#11+#3/2] Z[#10] R[#1]                 （圆弧插补到切削起点）
  G17 G02 I[-#11-#3/2]                             （圆弧插补加工球头上部）
```

```
     #10=#10-0.1                          （加工高度递减）
     ENDW                                 （球头上部加工循环结束）
  G00 Z[#1+10]                            （抬刀）
    #20=0                                 （坐标旋转角度赋初值）
    WHILE #20LT360                        （加工条件判断）
    G17 G68 X0 Y0 P[#20]                  （坐标旋转设定）
    G00 X0 Y[#2/2+#3]                     （刀具定位）
      #10=#0                              （加工高度赋初值）
      WHILE #10GE0                        （加工条件判断）
      #21=SQRT[#1*#1-#10*#10]+#3/2        （计算加工球的截圆半径值加刀具半径值）
      #22=SQRT[#0*#0-#10*#10]+#3/2        （计算加工圆柱截平面矩形半宽加刀具半径值）
      #23=SQRT[#21*#21-#22*#22]           （计算加工交点至圆心的距离）
      G00 X[#22] Y[#2/2+#3] Z[#10]        （刀具定位）
      IF #22LE[#21*SIN[45*PI/180]]        （条件判断）
      G01 Y[#23]                          （直线插补加工圆柱面）
      G17 G02 X[#23] Y[#22] R[#21]        （圆弧插补加工球面）
      ELSE                                （否则）
      G01 Y[#22]                          （直线插补加工圆柱面）
      ENDIF                               （条件结束）
      G01 X[#2/2+#3]                      （直线插补加工圆柱面）
      #10=#10-0.1                         （加工高度递减）
      ENDW                                （循环结束）
    G00 Z[#1+10]                          （抬刀）
    G69                                   （取消坐标旋转）
    #20=#20+90                            （旋转角度递增）
    ENDW                                  （循环结束）
  G00 Z50                                 （抬刀）
  X100 Y100                               （返回起刀点）
  M30                                     （程序结束）
```

### 3.8.5

1. 编制加工宏程序如下。

```
%3241
#1=60                                     （圆锥大径赋值）
#2=50                                     （圆锥小径赋值）
#3=30                                     （圆锥长度赋值）
#4=8                                      （刀具直径赋值）
#5=0                                      （角度赋初值）
G54 G00 X100 Y100 Z50                     （工件坐标系设定）
M03 S800 F300                            （加工参数设定）
Z0                                        （刀具下降到Z0平面）
  WHILE #5LE90                            （循环条件判断）
  #10=[#1+#4*0.5*[#1-#2]/#3]*0.5*COS[#5*PI/180]
```

（计算圆锥大端圆弧上点的 $X$ 坐标值）

```
#11=[#1+#4*0.5*[#1-#2]/#3]*0.5*SIN[#5*PI/180]
```

（计算圆锥大端圆弧上点的 $Z$ 坐标值）

```
#20=[#2-#4*0.5*[#1-#2]/#3]*0.5*COS[#5*PI/180]
```

（计算圆锥小端圆弧上点的 $X$ 坐标值）

```
#21=[#2-#4*0.5*[#1-#2]/#3]*0.5*SIN[#5*PI/180]
```

（计算圆锥小端圆弧上点的 $Z$ 坐标值）

```
G01 X[#10+#4*0.5] Y[#3+#4*0.5] Z[#11]
```

（插补到 $P_1$ 点，考虑刀具半径补偿值）

| | |
|---|---|
| `X[-#10-#4*0.5]` | （插补到 $P_2$ 点） |
| `X[-#20-#4*0.5] Y[-#4*0.5] Z[#21]` | （插补到 $P_3$ 点） |
| `X[#20+#4*0.5]` | （插补到 $P_4$ 点） |
| `X[#10+#4*0.5] Y[#3+#4*0.5] Z[#11]` | （插补回 $P_1$ 点） |
| `#5=#5+0.2` | （角度递增） |
| `ENDW` | （循环结束） |
| `G00 Z50` | （抬刀） |
| `X100 Y100` | （返回起刀点） |
| `M30` | （程序结束） |

2. 编制加工宏程序如下。

| | |
|---|---|
| `%3242` | |
| `#0=30` | （圆锥体大径赋值） |
| `#1=25` | （圆锥体小径赋值） |
| `#2=30` | （圆锥体长度赋值） |
| `#3=10` | （台阶高度赋值） |
| `#4=0.2` | （加工高度增量赋值） |
| `G54 G00 X100 Y100 Z50` | （工件坐标系设定） |
| `M03 S1000 F300` | （加工参数设定） |
| `Z[#3]` | （下刀到加工平面） |
| `G00 G41 X[#0] Y[#2+10] D01` | （刀具快进） |
| `G01 Y[#2]` | （直线插补到切削起点） |
| `#10=#3` | （圆锥大端加工高度赋初值） |
| `#11=#3` | （圆锥小端加工高度赋初值） |
| `WHILE #10LT#0` | （加工条件判断） |
| `#12=SQRT[#0*#0-#10*#10]` | （计算圆锥大端加工 $X$ 坐标值） |
| `#13=SQRT[#1*#1-#11*#11]` | （计算圆锥小端加工 $X$ 坐标值） |
| `G01 X[#12] Y[#2] Z[#10]` | （直线插补） |
| `X[#13] Y0 Z[#11]` | （直线插补） |
| `X[-#13]` | （直线插补） |
| `X[-#12] Y[#2] Z[#10]` | （直线插补） |
| `#10=#10+#4` | （大端加工高度递增） |
| `#11=#11+[#1-#3]*#4/[#0-#3]` | （小端加工高度递增） |
| `ENDW` | （循环结束） |

```
G00 G40 X100 Y100                          （刀具返回）
Z50                                         （抬刀）
M30                                         （程序结束）
```

### 3.8.6

仅需将例题宏程序中#3 赋值为 30 即可。设工件坐标原点在五角星顶点，选用直径为 φ3mm 的立铣刀由下至上等高环绕铣削加工该五角星外表面，编制加工宏程序如下。

```
%3252
#1=10                                       （五角星高度 H 赋值）
#2=60                                       （外角点所在圆直径 D 赋值）
#3=30                                       （五角星内角点所在圆直径 d 赋值）
#10=#1                                      （加工深度 h 赋初值）
G54 G00 X100 Y100 Z50                       （工件坐标系设定）
M03 S1000 F300                             （加工参数设定）
Z[-#10]                                     （刀具下降到底平面）
G00 G41 X[#2*0.5+10] Y0 D01                 （刀具半径补偿建立）
G01 X[#2*0.5]                               （直线插补到切削起点）
WHILE #10GT0                                （加工深度条件判断）
#11=#2*0.5*#10/#1                           （计算截平面中五角星截交线外角点所在圆半径）
#12=#3*0.5*#10/#1                           （计算截平面中五角星截交线内角点所在圆半径）
G01 X[#11] Z[-#10]                          （直线插补到切削起点）
X[#12*COS[36*PI/180]] Y[-#12*SIN[36*PI/180]]    （直线插补加工平面五角星）
X[#11*COS[72*PI/180]] Y[-#11*SIN[72*PI/180]]    （直线插补加工平面五角星）
X[#12*COS[108*PI/180]] Y[-#12*SIN[108*PI/180]]  （直线插补加工平面五角星）
X[#11*COS[144*PI/180]] Y[-#11*SIN[144*PI/180]]  （直线插补加工平面五角星）
X[-#12] Y0                                  （直线插补加工平面五角星）
X[#11*COS[144*PI/180]] Y[#11*SIN[144*PI/180]]   （直线插补加工平面五角星）
X[#12*COS[108*PI/180]] Y[#12*SIN[108*PI/180]]   （直线插补加工平面五角星）
X[#11*COS[72*PI/180]] Y[#11*SIN[72*PI/180]]     （直线插补加工平面五角星）
X[#12*COS[36*PI/180]] Y[#12*SIN[36*PI/180]]     （直线插补加工平面五角星）
X[#11] Y0                                   （直线插补加工平面五角星）
#10=#10-0.2                                 （加工深度递减）
ENDW                                        （循环结束）
G00 Z50                                     （抬刀）
G40 X100 Y100                               （返回起刀点）
M30                                         （程序结束）
```

### 3.9.2

1．D101 的作用是调用刀具半径补偿值，不能写成 D[#101]。

2．不一定。刀具半径补偿值应理解为刀具中心轨迹与编程工件轮廓之间的距离，因此该距离（即刀具半径补偿值）从粗加工到精加工会越来越小。

3．能够实现。

### 3.9.3

刀具半径右补偿、G42、刀具半径左补偿、G41、刀具半径左补偿、G41、刀具半径右

补偿、G42、刀具半径左补偿、G41、刀具半径右补偿、G42、刀具半径右补偿、G42、刀具半径左补偿、G41

**3.9.4**

1. 编制加工宏程序如下。

```
%3284
G54 G17 G90                  （选择 G54 工件坐标系、XY 平面和绝对坐标值编程）
M03 S1000 F300               （主轴正转）
G00 X100 Y100 Z50            （快进到起刀点）
#3=8                         （球头刀直径 D 赋值）
#17=4                        （凸圆角半径 R 赋值）
#20=0                        （角度 θ 计数器置零）
#21=#3/2+#17                 （计算球刀中心与倒圆中心连线距离）
WHILE #20LE90                （循环条件判断）
#22=#21*SIN[#20*PI/180]-#17  （计算球头刀的 Z 轴动态值）
#100=#21*COS[#20*PI/180]-#17 （计算动态变化的刀具半径 r 补偿值）
G00 Z[#22]                   （刀具下降至初始加工平面）
G42 X39 Y0 D100              （建立刀具半径补偿）
  #40=0                      （#40 赋初值）
  WHILE #40LT360             （当#40 小于 360° 时执行循环）
  #40=#40+0.5                （#40 递增 0.5°）
  #24=35*COS[#40*PI/180]     （计算 X 坐标值）
  #25=20*SIN[#40*PI/180]     （计算 Y 坐标值）
  G01 X[#24] Y[#25]          （直线插补逼近椭圆曲线）
  ENDW                       （循环结束）
G40 G00 X50                  （取消刀具半径补偿）
#20=#20+0.5                  （角度计数器加增量）
ENDW                         （循环结束）
G00 Z50                      （抬刀）
X100 Y100                    （返回起刀点）
M30                          （程序结束）
```

2. 能。

3. 能，利用刀具半径补偿倒斜角的编程方法编制的外圆锥面加工宏程序参见 3.8.1 节"圆锥台面铣削加工"。

# 附录

## 附录 1　华中数控系统变量一览

### （1）子程序嵌套局部变量

主程序的局部变量为 0 层，没有对应的系统变量。

| 宏变量号 | 变量含义 |
|---|---|
| #200～#249 | 0 层局部变量（对应 0 层子程序#0～#49） |
| #250～#299 | 1 层局部变量（对应 1 层子程序#0～#49） |
| #300～#349 | 2 层局部变量（对应 2 层子程序#0～#49） |
| #350～#399 | 3 层局部变量（对应 3 层子程序#0～#49） |
| #400～#449 | 4 层局部变量（对应 4 层子程序#0～#49） |
| #450～#499 | 5 层局部变量（对应 5 层子程序#0～#49） |
| #500～#549 | 6 层局部变量（对应 6 层子程序#0～#49） |
| #550～#599 | 7 层局部变量（对应 7 层子程序#0～#49） |

### （2）刀具相关系统变量

| 宏变量号 | 变量含义 |
|---|---|
| #600～#699 | 刀具长度寄存器 H0～H99 |
| #700～#799 | 刀具半径寄存器 D0～D99 |
| #800～#899 | 刀具寿命寄存器 |

### （3）坐标相关系统变量

| 宏变量号 | 变量含义 | 宏变量号 | 变量含义 | 宏变量号 | 变量含义 |
|---|---|---|---|---|---|
| #1000 | 机床当前位置 X | #1001 | 机床当前位置 Y | #1002 | 机床当前位置 Z |
| #1003 | 机床当前位置 A | #1004 | 机床当前位置 B | #1005 | 机床当前位置 C |
| #1006 | 机床当前位置 U | #1007 | 机床当前位置 V | #1008 | 机床当前位置 W |
| #1009 | 直径编程（*保留） | #1010 | 程编机床位置 X | #1011 | 程编机床位置 Y |
| #1012 | 程编机床位置 Z | #1013 | 程编机床位置 A | #1014 | 程编机床位置 B |
| #1015 | 程编机床位置 C | #1016 | 程编机床位置 U | #1017 | 程编机床位置 V |
| #1018 | 程编机床位置 W | #1019 | 保留 | #1020 | 程编工件位置 X |
| #1021 | 程编工件位置 Y | #1022 | 程编工件位置 Z | #1023 | 程编工件位置 A |
| #1024 | 程编工件位置 B | #1025 | 程编工件位置 C | #1026 | 程编工件位置 U |
| #1027 | 程编工件位置 V | #1028 | 程编工件位置 W | #1029 | 保留 |
| #1030 | 当前工件零点 X | #1031 | 当前工件零点 Y | #1032 | 当前工件零点 Z |
| #1033 | 当前工件零点 A | #1034 | 当前工件零点 B | #1035 | 当前工件零点 C |
| #1036 | 当前工件零点 U | #1037 | 当前工件零点 V | #1038 | 当前工件零点 W |
| #1039 | 坐标系建立轴（*保留） | | | | |

# （4）参考点相关系统变量

| 宏变量号 | 变量含义 | 宏变量号 | 变量含义 | 宏变量号 | 变量含义 |
|---|---|---|---|---|---|
| #1040 | G54 零点 $X$ | #1041 | G54 零点 $Y$ | #1042 | G54 零点 $Z$ |
| #1043 | G54 零点 $A$ | #1044 | G54 零点 $B$ | #1045 | G54 零点 $C$ |
| #1046 | G54 零点 $U$ | #1047 | G54 零点 $V$ | #1048 | G54 零点 $W$ |
| #1049 | 保留 | | | | |
| #1050 | G55 零点 $X$ | #1051 | G55 零点 $Y$ | #1052 | G55 零点 $Z$ |
| #1053 | G55 零点 $A$ | #1054 | G55 零点 $B$ | #1055 | G55 零点 $C$ |
| #1056 | G55 零点 $U$ | #1057 | G55 零点 $V$ | #1058 | G55 零点 $W$ |
| #1059 | 保留 | | | | |
| #1060 | G56 零点 $X$ | #1061 | G56 零点 $Y$ | #1062 | G56 零点 $Z$ |
| #1063 | G56 零点 $A$ | #1064 | G56 零点 $B$ | #1065 | G56 零点 $C$ |
| #1066 | G56 零点 $U$ | #1067 | G56 零点 $V$ | #1068 | G56 零点 $W$ |
| #1069 | 保留 | | | | |
| #1070 | G57 零点 $X$ | #1071 | G57 零点 $Y$ | #1072 | G57 零点 $Z$ |
| #1073 | G57 零点 $A$ | #1074 | G57 零点 $B$ | #1075 | G57 零点 $C$ |
| #1076 | G57 零点 $U$ | #1077 | G57 零点 $V$ | #1078 | G57 零点 $W$ |
| #1079 | 保留 | | | | |
| #1080 | G58 零点 $X$ | #1081 | G58 零点 $Y$ | #1082 | G58 零点 $Z$ |
| #1083 | G58 零点 $A$ | #1084 | G58 零点 $B$ | #1085 | G58 零点 $C$ |
| #1086 | G58 零点 $U$ | #1087 | G58 零点 $V$ | #1088 | G58 零点 $W$ |
| #1089 | 保留 | | | | |
| #1090 | G59 零点 $X$ | #1091 | G59 零点 $Y$ | #1092 | G59 零点 $Z$ |
| #1093 | G59 零点 $A$ | #1094 | G59 零点 $B$ | #1095 | G59 零点 $C$ |
| #1096 | G59 零点 $U$ | #1097 | G59 零点 $V$ | #1098 | G59 零点 $W$ |
| #1099 | 保留 | | | | |
| #1100 | 中断点位置 $X$ | #1101 | 中断点位置 $Y$ | #1102 | 中断点位置 $Z$ |
| #1103 | 中断点位置 $A$ | #1104 | 中断点位置 $B$ | #1105 | 中断点位置 $C$ |
| #1106 | 中断点位置 $U$ | #1107 | 中断点位置 $V$ | #1108 | 中断点位置 $W$ |
| #1109 | 坐标系建立轴 | | | | |
| #1110 | G28 中间点位置 $X$ | #1111 | G28 中间点位置 $Y$ | #1112 | G28 中间点位置 $Z$ |
| #1113 | G28 中间点位置 $A$ | #1114 | G28 中间点位置 $B$ | #1115 | G28 中间点位置 $C$ |
| #1116 | G28 中间点位置 $U$ | #1117 | G28 中间点位置 $V$ | #1118 | G28 中间点位置 $W$ |
| #1119 | G28 屏蔽字 | | | | |
| #1120 | 镜像点位置 $X$ | #1121 | 镜像点位置 $Y$ | #1122 | 镜像点位置 $Z$ |
| #1123 | 镜像点位置 $A$ | #1124 | 镜像点位置 $B$ | #1125 | 镜像点位置 $C$ |
| #1126 | 镜像点位置 $U$ | #1127 | 镜像点位置 $V$ | #1128 | 镜像点位置 $W$ |
| #1129 | 镜像屏蔽字 | #1130 | 旋转中心（轴 1） | #1131 | 旋转中心（轴 2） |
| #1132 | 旋转角度 | #1133 | 旋转轴屏蔽字 | #1134 | 保留 |
| #1135 | 缩放中心（轴 1） | #1136 | 缩放中心（轴 2） | #1137 | 缩放中心（轴 3） |
| #1138 | 缩放比例 | #1139 | 缩放轴屏蔽字 | #1140 | 坐标变换代码 1 |
| #1141 | 坐标变换代码 2 | #1142 | 坐标变换代码 3 | #1143 | 保留 |

## （5）系统状态变量

| 宏变量号 | 变量含义 | 宏变量号 | 变量含义 | 宏变量号 | 变量含义 |
|---|---|---|---|---|---|
| #1144 | 刀具长度补偿号 | #1145 | 刀具半径补偿号 | #1146 | 当前平面轴 1 |
| #1147 | 当前平面轴 2 | #1148 | 虚拟轴屏蔽字 | #1149 | 进给速度指定 |
| #1150 | G 代码模态值 0 | #1151 | G 代码模态值 1 | #1152 | G 代码模态值 2 |
| #1153 | G 代码模态值 3 | #1154 | G 代码模态值 4 | #1155 | G 代码模态值 5 |
| #1156 | G 代码模态值 6 | #1157 | G 代码模态值 7 | #1158 | G 代码模态值 8 |
| #1159 | G 代码模态值 9 | #1160 | G 代码模态值 10 | #1161 | G 代码模态值 11 |
| #1162 | G 代码模态值 12 | #1163 | G 代码模态值 13 | #1164 | G 代码模态值 14 |
| #1165 | G 代码模态值 15 | #1166 | G 代码模态值 16 | #1167 | G 代码模态值 17 |
| #1168 | G 代码模态值 18 | #1169 | G 代码模态值 19 | #1170 | 剩余 CACHE |
| #1171 | 备用 CACHE | #1172 | 剩余缓冲区 | #1173 | 备用缓冲区 |
| #1174 | 保留 | #1175 | 保留 | #1176 | 保留 |
| #1177 | 保留 | #1178 | 保留 | #1179 | 保留 |
| #1180 | 保留 | #1181 | 保留 | #1182 | 保留 |
| #1183 | 保留 | #1184 | 保留 | #1185 | 保留 |
| #1186 | 保留 | #1187 | 保留 | #1188 | 保留 |
| #1189 | 保留 | #1190 | 用户自定义输入 | #1191 | 用户自定义输出 |
| #1192 | 自定义输出屏蔽 | #1193 | 保留 | #1194 | 保留 |

## （6）复合循环数据相关系统变量

| 宏变量号 | 变量含义 |
|---|---|
| #2000 | 轮廓点数 |
| #2001～#2100 | 轮廓线类型（0：G00，1：G01，2：G02，3：G03） |
| #2101～#2200 | 轮廓点的 X 值（直径方式编程时为直径值，半径方式时为半径值） |
| #2201～#2300 | 轮廓点的 Z 值 |
| #2301～#2400 | 轮廓点的 R 值 |
| #2401～#2500 | 轮廓点的 I 值 |
| #2501～#2600 | 轮廓点的 J 值 |

# 附录 2　HNC-21T/22T 固定循环宏程序源代码

```
%0000
;固定循环宏程序定义 G73，G74，G76，G80，G81，G82；
;
%0080
;内（外）径切削循环 G80 宏程序实现源代码
;调用本程序之前必须调用 M03 或 M04 指令使主轴转动
#40=#1152
IF[AR[#25]EQ0]OR[AR[#23]EQ0]        ;如果没有定义 Z 和 X 值
M99                                 ;则返回
ENDIF
N10  G90                            ;用绝对方式编写宏程序
IF AR[#23]EQ91                      ;如果 X 值是增量方式 G91
```

```
#23=#23+#30                                  ;则将 X 值转换为绝对方式
                                             ;#30 为调用本程序时 X 的绝对坐标

ENDIF
IF AR[#25]EQ91                               ;如果 Z 值是增量方式 G91
#25=#25+#32                                  ;则将 Z 值转换为绝对方式
                                             ;#32 为调用本程序时 Z 的绝对坐标

ENDIF
IF AR[#8]EQ0                                 ;如果 I 值没有定义
#8=0                                         ;I=0
ENDIF
IF #1009EQ0
#41=2                                        ;半径编程
ELSE
#41=1                                        ;直径编程
ENDIF
G01 X[#30*2/#41] Z[#32]
#42=[#23+#8]*2/[#41]
N20  G00 X[#42] Z[#32]                       ;移动到加工点
#42=[#23]*2/[#41]
N30  G01 Z[#25] X[#42]
#42=[#30]*2/[#41]
N40  G01 X[#42]                             ;加工
N50  G00 Z[#32]                             ;返回初始点
G[#40]
M99
;_____
%0081
;端面切削循环 G81 宏程序实现源代码
;调用本程序之前必须调用 M03 或 M04 指令使主轴转动
#40=#1152
IF [AR[#25]EQ0]OR[AR[#23]EQ0]              ;如果没有定义 X 和 Z 值
M99                                         ;则返回
ENDIF
N10  G90                                     ;用绝对方式编写宏程序
IF AR[#23]EQ91                               ;如果 X 值是增量方式 G91
#23=#23+#30                                  ;则将 X 值转换为绝对方式
                                             ;#30 为调用本程序时 X 的绝对坐标

ENDIF
IF AR[#25]EQ91                               ;如果 Z 值是增量方式 G91
#25=#25+#32                                  ;则将 Z 值转换为绝对方式
                                             ;#32 为调用本程序时 Z 的绝对坐标

ENDIF
```

```
        IF AR[#10]EQ0                          ;如果 K 值没有定义
        #10=0                                  ;K=0
        ENDIF
        IF #1009EQ0
        #41=2                                  ;半径编程
        ELSE
        #41=1                                  ;直径编程
        ENDIF
        G90 G01 X[#30*2/#41] Z[#32]
N20     G00 X[#30*2/#41] Z[#25+#10]            ;移到加工点
        #42=[#23]*2/[#41]
N30     G01 X[#42] Z[#25]
N40     G01 Z[#32]
        #42=[#30]*2/[#41]
N50     G00 X[#42]                             ;返回初始点
        G[#40]
        M99
        ;_____

%0082
;螺纹切削循环 G82 宏程序实现源代码
;调用本程序之前必须调用 M03 或 M04 指令使主轴转动
#40=#1152
IF [AR[#25]EQ0]OR[AR[#23]EQ0]                  ;如果没有定义 X 和 Z 值
M99                                            ;则返回
ENDIF
IF AR[#5]EQ0                                    ;如果螺距 F 值没有定义
M99                                            ;返回
ENDIF
N10     G90                                     ;用绝对方式编写宏程序
IF AR[#23]EQ91                                  ;如果 X 值是增量方式 G91
#23=#23+#30                                     ;则将 X 转换为绝对方式
                                               ;#30 为 X 的绝对坐标

ENDIF
IF AR[#25]EQ91                                  ;如果 Z 值是增量方式 G91
#25=#25+#32                                     ;则将 Z 转换为绝对方式
                                               ;#32 为 Z 的绝对坐标

ENDIF
IF AR[#8]EQ0                                    ;如果 I 值没有定义
#8=0
ENDIF
IF AR[#4]EQ0                                    ;如果 X 向退尾量 E 值没有定义
#4=0
```

```
ENDIF
IF AR[#17]EQ0                              ;如果 Z 向退尾量 R 值没有定义
#17=0
ENDIF
IF AR[#2]EQ0                               ;如果螺纹头数没有定义
#2=1                                       ;则为单头螺纹
ENDIF
IF [[#2LT2]OR[#2GT99]]
#2=1
ENDIF
IF AR[#15]EQ0                              ;如果多头螺纹间距角没有定义
#15=0                                      ;则为 0
ENDIF
#28=0
IF [#2EQ1]
#28=#15                                    ;起始角度
#15=0
ENDIF
IF #1009EQ0
#41=2                                      ;半径编程
ELSE
#41=1                                      ;直径编程
ENDIF
G90 G01 X[#30*2/#41] Z[#32]
WHILE [#2GE1]
#42=[#23+#28]*2/[#41]
N20  G00 X[#42] Z[#32]                      ;刀具移动到加工点
#42=[#23]*2/[#41]
N30  G32 X[#42] Z[#25] E[#4] R[#17] P[#28] F[#5]
#42=[#30]*2/[#41]
N40  G01 X[#42] Z[#25+#17]                  ;加工
N50  G00 Z[#32]                             ;返回初始点
#2=#2-1
#28=#28+#15
ENDW
G[#40]
M99
;_____
%0071
;内（外）径粗车削复合循环 G71 宏程序实现源代码
;调用本程序之前必须调用 M03 或 M04 指令使主轴转动
IF [AR[#20]EQ0]OR[AR[#17]EQ0]              ;若没有定义切削深度 U 和退刀量 R
```

```
M99                                    ;则返回
ENDIF
IF [AR[#23]EQ0]OR[AR[#25]EQ0]          ;如果没有定义 X 和 Z 值
M99                                    ;则返回
ENDIF
IF [#20LE0]OR[#17LE0]                  ;如果 U、R 小于 0
M99                                    ;则返回
ENDIF
#49=#1152                              ;保存 G 值
IF #1009EQ0
#41=2                                  ;半径编程
ELSE
#41=1                                  ;直径编程
ENDIF
G90 G01 X[#30*2/#41] Z[#32]
#0=0
#1=#2000                               ;点数
IF #1LE1                               ;点数小于或等于 1，直接返回
M99
ENDIF
#2=[#20+#17]*2/[#41]                   ;每次的进刀量 U+R
IF [#30*2/#41]GT#2101                  ;进刀方向判断：X>0 时
#2=-#2
ENDIF
#3=[#17]*2/[#41]                       ;X 方向每次的退刀量 R
IF[#23LT0]                             ;退刀方向判断：X<0 时
#3=-#17                                ;退刀方向为负
ENDIF
#4=#17                                 ;Z 方向每次的退刀量
IF #25LT0                              ;退刀方向判断：Z<0 时
#4=-#17                                ;退刀方向为负
ENDIF
#5=[#30+#23]*2/[#41]                   ;当前 X 的绝对坐标
#12=#32+#25                            ;当前 Z 的绝对坐标
N20  G00 G90 X[#5] Z[#12]              ;移动到 C 点
#5=#5+#2                               ;下一步要移动到的 X 位置
#40=1
IF [#[2100+#1]GE#[2101]]
#40=-1                                 ;X 递减
ELSE
#40=1                                  ;X 递增
ENDIF
```

```
IF [#5GT[#[2100+#1]+[#23]*2/#41]]AND[#40EQ[-1]]
                               ;第一点的 X 值和当前的 X 值相差较远
#5=#[2100+#1]+[#23]*2/#41
ELSE
IF [#5LT[#[2100+#1]+[#23]*2/#41]]AND[#40EQ1]
#5=#[2100+#1]+[#23]*2/#41
ENDIF
ENDIF
WHILE [#1]GT1
#6=#[2100+#1]+[#23]*2/#41          ;前一点 X 的绝对坐标
#7=#[2200+#1]+#25                  ;前一点 Z 的绝对坐标
#8=#[2100+#1-1]+[#23]*2/#41        ;下一点 X 的绝对坐标
#9=#[2200+#1-1]+#25                ;下一点 Z 的绝对坐标
WHILE[[[#5GE#8]AND[#5LE#6]]OR[[#5LE#8]AND[#5GE#6]]];X 在两点之间，有交点
#10=#[2000+#1]
IF #10LT2                          ;直线
IF#6EQ#8
#11=#7
ELSE
#11=#7+[#9-#7]*[#5-#6]/[#8-#6]     ;交点 Z
ENDIF
ELSE                              ;圆弧
#43=#8*#41/2+#[2400+#1]
#44=#9+#[2500+#1]
#45=#[2300+#1]                     ;R 值
#47=[#5*#41/2]-#43
#46=[#45*#45]-[#47*#47]
IF [#46LT0]
#46=0
ENDIF                             ;x0=x2+i
                                  ;z0=z2+k
                                  ;*result=z0-sqrt(r*r-(y-x0)*(y-x0))

IF #10EQ2                          ;顺时针
#11=#44+[#40*SQRT[#46]]            ;交点 Z
ELSE
                                  ;*result=z0+sqrt(r*r-(y-x0)*(y-x0))

#11=#44-[#40*SQRT[#46]]
ENDIF
ENDIF
G00 X[#5]                          ;移到加工点
G01 Z[#11]                         ;加工到交点
#5=#5+#3                           ;下一步要移到的 X 位置
```

```
#11=#11+#4                      ;下一步要移动的 Z 位置
G00 X[#5] Z[#11]                ;退刀
G00 Z[#12]                      ;返回
#5=#5+#2                        ;下移 X 值
ENDW
#1=#1-1
ENDW
                     ;采用绝对方式沿轨迹（留有精加工余量）加工最后一次
#0=1
WHILE#0LE#2000
#10=#[2000+#0]
#11=#[2100+#0]+[#23]*2/[#41]    ;加 X 方向的精加工余量必须考虑直径编程问题
#12=#[2200+#0]+#25              ;加 Z 方向的精加工余量
#13=#[2300+#0]
IF #10LT2                       ;直线
G[#10] X[#11] Z[#12]
ELSE                            ;圆弧
G[#10] X[#11] Z[#12] R[#13]
ENDIF
#0=#0+1
ENDW
#5=[#30]*2/[#41]                ;初始点 X 值必须考虑直径编程问题
G00 X[#5] Z[#32]                ;回到初始点
G[#49]                          ;G90G91 模态恢复
M99
;_____
%0072
;端面粗车复合循环 G72 宏程序实现源代码
;调用本程序之前必须调用 M03 或 M04 指令使主轴转动
IF [AR[#22]EQ0]OR[AR[#17]EQ0]            ;若没有定义切削深度和退刀量
M99                                      ;则返回
ENDIF
IF [AR[#23]EQ0]OR[AR[#25]EQ0]            ;如果没有定义 X 和 Z 值
M99                                      ;则返回
ENDIF
IF [#22LE0]OR[#17LE0]                    ;如果 W、R 小于 0
M99                                      ;则返回
ENDIF
#49=#1152                                ;保存 G 值
IF #1009EQ0
#41=2                                    ;半径编程
ELSE
```

```
#41=1                                            ;直径编程
ENDIF
G90 G01 X[#30*2/#41] Z[#32]
#0=0
#1=#2000                                         ;点数
IF #1LE1                                         ;点数小于或等于1，直接返回
M99
ENDIF
#2=#22+#17                                       ;每次的进刀量 W+R
IF #32GT#2201                                    ;进刀方向判断：Z>0 时
#2=-#2
ENDIF
#3=[#17]*2/[#41]                                 ;X方向每次的退刀量 R
IF[#23LT0]                                       ;退刀方向判断：X<0 时
#3=-#17                                          ;退刀方向为负
ENDIF
#4=#17                                           ;Z方向每次的退刀量
IF #25LT0                                        ;退刀方向判断：Z<0 时
#4=-#17                                          ;退刀方向为负
ENDIF
#5=[#30+#23]*2/[#41]                             ;当前 X 的绝对坐标
#12=#32+#25                                      ;当前 Z 的绝对坐标
N20  G00 G90 X[#5] Z[#12]                        ;移动到 C 点
#12=#12+#2                                       ;下一步要移动到的 Z 位置
#40=1
IF [#[2200+#1]GE#[2201]]
#40=-1                                           ;Z 递减
ELSE
#40=1                                            ;Z 递增
ENDIF
IF [#12GT[#[2200+#1]+[#25]]]AND[#40EQ[-1]]
                                                 ;第一点的 Z 值和当前的 Z 值相差较远
#12=#[2200+#1]+[#25]
ELSE
IF [#12LT[#[2200+#1]+[#25]]]AND[#40EQ1]
#12=#[2200+#1]+[#25]
ENDIF
ENDIF
WHILE [#1]GT1
#6=#[2100+#1]+[#23]*2/#41                        ;前一点 X 的绝对坐标
#7=#[2200+#1]+#25                                ;前一点 Z 的绝对坐标
#8=#[2100+#1-1]+[#23]*2/#41                      ;下一点 X 的绝对坐标
```

```
#9=#[2200+#1-1]+#25                 ;下一点 Z 的绝对坐标
WHILE[[[#12GE#9]AND[#12LE#7]]OR[[#12LE#9]AND[#12GE#7]]]
                                    ;Z 在两点之间，有交点
#10=#[2000+#1]
IF #10LT2                           ;直线
IF#7EQ#9
#11=#6
ELSE
                                    ;*result=x1+(x2-x1)*(y-z1)/(z2-z1)
#11=#6+[#8-#6]*[#12-#7]/[#9-#7]
ENDIF                               ;交点 X
ELSE                                ;圆弧
#43=#8+[#[2400+#1]*2/#41]
#44=#9+#[2500+#1]
#45=#[2300+#1]                      ;R 值
#46=[#45*#45]-[[#12-#44]*[#12-#44]]
IF [#46LT0]
#46=0
ENDIF
                                    ;x0=x2+i
                                    ;z0=z2+k
                                    ;*result=x0+sqrt(r*r-(y-z0)*(y-z0))
IF #10EQ2                           ;顺时针，交点 X
#11=#43-[#40*SQRT[#46]*2/#41]
ELSE
                                    ;*result=x0-sqrt(r*r-(y-z0)*(y-z0))
#11=#43+[#40*SQRT[#46]*2/#41]
ENDIF
ENDIF
G00 Z[#12]                          ;移到加工点
G01 X[#11]                          ;加工到交点
#12=#12+#4                          ;下一步要移到的 Z 位置
#11=#11+#3                          ;下一步要移动的 X 位置
G00 X[#11] Z[#12]                   ;退刀
G00 Z[#5]                           ;返回
#12=#12+#2                          ;下移 X 值
ENDW
#1=#1-1
ENDW

                                    ;采用绝对方式沿轨迹加工最后一次
#0=1
WHILE #0LE#2000
```

```
#10=#[2000+#0]
#11=#[2100+#0]+[#23]*2/[#41]
#12=#[2200+#0]+#25
#13=#[2300+#0]
IF #10LT2                                ;直线
G[#10] X[#11] Z[#12]
ELSE                                     ;圆弧
G[#10] X[#11] Z[#12] R[#13]
ENDIF
#0=#0+1
ENDW
#5=[#30]*2/[#41]                         ;初始点 X 值必须考虑直径编程问题
G00 X[#5] Z[#32]                         ;回到初始点
G[#49]                                   ;G90G91 模态恢复
M99
;_____
%0073
;封闭轮廓循环 G73 宏程序实现源代码
;调用本程序之前必须调用 M03 或 M04 指令使主轴转动
IF [AR[#22]EQ0]OR[AR[#17]EQ0]OR[AR[#20]EQ0]
                                         ;如果没有定义切削深度 U、W 和循环次数 R
M99                                      ;则返回
ENDIF
IF [AR[#23]EQ0]OR[AR[#25]EQ0]            ;如果没有定义 X 和 Z 值
M99                                      ;则返回
ENDIF
IF #17LE0                                ;如果 R 小于或等于 0
M99                                      ;则返回
ENDIF
#49=#1152
IF #1009EQ0
#41=2                                    ;半径编程
ELSE
#41=1                                    ;直径编程
ENDIF
G90 G01 X[#30*2/#41] Z[#32]
#0=#17
#1=1
#2=[#30+#23+#20]*2/#41                   ;当前 X 坐标，即 A₁ 点 X 值
#3=#32+#25+#22                           ;当前 Z 坐标，即 A₁ 点 Z 值
G90
G00 X[#2] Z[#3]                          ;移到 A₁ 点
```

```
WHILE #0GT0
WHILE #1LE#2000
#4=[[#20*2/#41]/#17]                      ;X方向的进给量
#5=[#22/#17]                              ;Z方向的进给量
#6=#[2100+#1]+[#23]*2/[#41]+[#4*#0]       ;下一点 X 的坐标
#7=#[2200+#1]+#25+[#5*#0]                 ;下一点 Z 的坐标
#8=#[2000+#1]                             ;G 值
#9=#[2300+#1]                             ;R 值
IF #8LT2                                  ;直线
G[#8] X[#6] Z[#7]
ELSE
G[#8] X[#6] Z[#7] R[#9]
ENDIF
#1=#1+1
ENDW
#2=#2-[[#20*2/#41]/#17]
#3=#3-[#22/#17]
G00 X[#2] Z[#3]                           ;移到下一个起始点
#1=1
#0=#0-1
ENDW
#0=1
WHILE #0LE#2000                           ;最后一次
#9=#[2000+#0]
#10=#[2300+#0]
#6=#[2100+#0]+[#23]*2/[#41]               ;有精加工余量的下一点 X
#7=#[2200+#0]+[#25]                       ;有精加工余量的下一点 Z
IF #9LT2                                  ;直线
G[#9] X[#6] Z[#7]
ELSE
G[#9] X[#6] Z[#7] R[#10]
ENDIF
#0=#0+1
ENDW
#5=[#30]*2/[#41]                          ;初始点 X 值必须考虑直径编程
G00 X[#5] Z[#32]                          ;回到初始点
G[#49]
M99
;
```

%0076
;螺纹切削复合循环 G76 宏程序实现源代码
;调用本程序之前必须调用 M03 或 M04 指令使主轴转动

```
IF AR[#0]EQ0                              ;如果没有定义刀尖角度 A 值
M99                                       ;则返回
ENDIF
IF [AR[#23]EQ0]OR[AR[#25]EQ0]            ;如果没有定义 X 和 Z 值
M99                                       ;则返回
ENDIF
IF [AR[#10]EQ0]                          ;如果没有定义 K 值
M99                                       ;则返回
ENDIF
IF [AR[#20]EQ0]OR[AR[#21]EQ0]OR[AR[#16]EQ0]
                                          ;如果没有定义 U、V 和 Q 值
M99                                       ;则返回
ENDIF
IF [AR[#5]EQ0]                           ;如果没有定义 F 值
M99                                       ;则返回
ENDIF
IF [AR[#17]EQ0]                          ;如果没有定义退尾长度 R 值
#17=0                                     ;退尾长度为 0
ENDIF
IF [#17GT99]OR[#17LT0]                   ;如果退尾长度大于 99 或小于 0
M99                                       ;则返回
ENDIF
IF [AR[#2]EQ0]                           ;如果没有定义精整次数 C 值
#2=1                                      ;精整次数为 0
ENDIF
IF [#2GT99]OR[#2LE0]                     ;若精整次数 R 大于 99 或小于 0
M99                                       ;则返回
ENDIF
IF [AR[#8]EQ0]                           ;如果没有定义螺纹锥度 I 值
#8=0                                      ;则 I=0
ENDIF
IF [#0LT10]OR[#0GT80]                    ;若刀尖角度 A 小于 10 或大于 80
M99                                       ;则返回
ENDIF
IF AR[#4]EQ0                             ;如果 X 向退尾量 E 值没有定义
#4=#10
ENDIF
IF AR[#15]EQ0                            ;如果多头螺纹间距角没有定义
#15=0                                     ;则为 0
ENDIF
IF [#1009EQ0]
#39=2                                     ;半径编程
```

```
ELSE
#39=1                                      ;直径编程
ENDIF
G90 G01 X[#30*2/#39] Z[#32]
N10 G90                                    ;用绝对方式编写宏程序
IF AR[#23]EQ91                             ;如果 X 值是增量方式 G91
#23=#23+#30                                ;则将 X 值转换为绝对方式
                                           ;#30 为调用本程序时 X 的绝对坐标

ENDIF
IF AR[#25]EQ91                             ;如果 Z 值是增量方式 G91
#25=#25+#32                                ;则将 Z 值转换为绝对方式
                                           ;#32 为调用本程序时 Z 的绝对坐标

ENDIF
IF #30GT#23                                ;进给方向确定
#27=-1
ELSE
#27=1
ENDIF
IF #32GT#25
#28=-1
ELSE
#28=1
ENDIF
#47=INT[[#10/#16]*[#10/16]]                ;算出 N 值
#48=1
#49=#47
#1=#0/2*PI/180                             ;K<Q*sqrt(n)
WHILE #49GT1
#40=#16*[SQRT[#48]]                        ;X 方向切削深度
#40=#16*[SQRT[#48-1]]
IF [#40-#41]LT#21                          ;如果一次切削深度小于 V 值
#40=#41+#21                                ;则设定为 V 值
#47=0
#42=#40*[TAN[#1]]                          ;Z 方向切削深度
WHILE #40LT#10
#38=[#30+[#27]*[#40]]*2/#39
G90 G00 X[#38] Z[#32+[#28]*#42]            ;沿牙坡移动
#38=[#23+#8+#10+#20+[#27]*[#40]]*2/#39
G00 X[#38]                                 ;移到螺纹起点
#38=[#23+#10+#20+[#27]*[#40]]*2/#39
G32 X[#38] Z[#25+[#28]*#42] E[#4] P[#15] R[#17] F[#5]
                                           ;加工螺纹
```

```
G00  X[[#30]*2/#39]  Z[#32]              ;回到 A 点
#40=#40+#21
#42=#40*[TAN[#1]]                        ;Z 方向切削深度
ENDW
#40=#10
#47=0
#42=#40*[TAN[#1]]                        ;Z 方向切削深度
WHILE #47LT#2                            ;精加工
#38=[#30+[#27]*[#40]]*2/#39
G90  G00  X[#38]  Z[#32+[#28]**#42]      ;沿牙坡移动
#38=[#23+#8+#10+#20+[#27]*[#40]]*2/#39
G00  X[#38]                              ;移到螺纹起点
#38=[#23+#10+#20+[#27]*[#40]]*2/#39
G32  X[#38]  Z[#25+[#28]**#42]  E[#4]  P[#15]  R[#17]  F[#5]
                                         ;加工螺纹
G00  X[[#30]*2/#39]  Z[#32]              ;回到 A 点
#47=#47+1
ENDW
M99
ENDIF
#42=#40*[TAN[#1]]                        ;Z 方向切削深度
#38=[#30+[#27]*[#40]]*2/#39
G90  G00  X[#38]  Z[#32+[#28]**#42]      ;沿牙坡移动
#38=[#23+#8+#10+#20+[#27]*[#40]]*2/#39
G00  X[#38]                              ;移动到螺纹起点
#38=[#23+#10+#20+[#27]*[#40]]*2/#39
G32  X[#38]  Z[#25+[#28]**#42]  E[#4]  P[#15]  R[#17]  F[#5]
                                         ;加工螺纹
G00  X[[#30]*2/#39]  Z[#32]              ;回到 A 点
#48=#48+1
#49=#49-1
ENDW
M99
```

# 附录3  HNC-21M/22M 固定循环宏程序源代码

```
%0000
G73，G74，G76，G80，G81，G82 G83，G84，G85，G86，G87，G88，G89 宏程序
定义
;_____
G73
%0073
```

```
;G73 宏程序实现源代码调用本程序之前必须转动主轴 M03 或 M04
IF [AR[#25] EQ 0] OR [AR[#16] EQ 0] OR [AR[#10] EQ 0]
M99                      ;如果没有定义孔底 Z 值、每次进给深度 Q 值或退刀量 K 则返回
ENDIF
N10 G91                  ;用增量方式编写宏程序
IF AR[#23] EQ 90         ;如果 X 值是绝对方式 G90
#23=#23-#30              ;将 X 转换为增量，#30 为调用本程序时 X 的绝对坐标
ENDIF
IF AR[#24] EQ 90         ;如果 Y 值是绝对方式 G90
#24=#24-#31              ;将 Y 转换为增量，#31 为调用本程序时 Y 的绝对坐标
ENDIF
IF AR[#17] EQ 90         ;如果参考点平面 R 值是绝对方式 G90
#17=#17-#32              ;将 R 转换为增量，#32 为调用本程序时 Z 的绝对坐标
ELSE
IF AR[#26] NE 0          ;初始 Z 平面模态值存在
#17=#17+#26-#32          ;则将 R 值转换为增量方式
ENDIF
ENDIF
IF AR[#25] EQ 90         ;如果孔底 Z 值是绝对方式 G90
#25=#25-#32-#17          ;将 Z 值转换为增量
ENDIF
IF [#25 GE 0] OR [#16 GE 0] OR [#10 LE 0] OR [#10 GE [-#16]]
                         ;如果增量方式的 Z、Q≥0 或退刀量 K≤0 或 K>Q 的绝对值
M99                      ;则返回
ENDIF
N20 X[#23] Y[#24]        ;移到 XY 孔加工位
N30 Z[#17]               ;移到参考点 R
#40=-#25                 ;循环变量#40，初始值为参考点到孔底的位移量
#41=0                    ;循环变量#41，为退刀量
WHILE #40 GT [-#16]      ;如果还可以进刀一次
N50 G01 Z[#16-#41]       ;进刀
N55 G04 P0.1             ;暂停
N60 G00 Z[#10]           ;退刀
N65 G04 P0.1             ;暂停
#41=#10                  ;退刀量
#40=#40+#16              ;进刀量为负数，#40 将减少
ENDW
N70 G01 Z[-#40-#41]      ;最后一刀到孔底
N80 G04 P[#15]           ;在孔底暂停
IF #1165 EQ 99           ;如果第 15 组 G 代码模态值为 G99
N90 G00 Z[-#25]          ;即返回参考点 R 平面
ELSE                     ;否则
```

```
        IF AR[#26] EQ 0
        N90 G00 Z[-#25-#17]          ;返回初始平面，注意#25 及#17 均为负数
        ELSE
        N90 G90 G00 Z[#26]           ;否则返回初始平面
        ENDIF
        ENDIF
        M99
        ;_____
        G74
        %0074
        ;反攻螺纹循环 G74 的宏程序实现源代码调用本程序后主轴反转
        IF AR[#25] EQ 0              ;没有定义孔底 Z 坐标
        M99
        ENDIF
        N10 G91                      ;用增量方式编写宏程序
        IF AR[#23] EQ 90             ;如果 X 值是绝对方式 G90
        #23=#23-#30                  ;将 X 值转换为增量方式，#30 为 X 的绝对坐标
        ENDIF
        IF AR[#24] EQ 90             ;如果 Y 值是绝对方式 G90
        #24=#24-#31                  ;将 Y 值转换为增量方式，#31 为 Y 的绝对坐标
        ENDIF
        IF AR[#17] EQ 90             ;如果参考点 R 值是绝对方式 G90
        #17=#17-#32                  ;将 R 值转换为增量方式，#32 为 Z 的绝对坐标
        ELSE
        IF AR[#26] NE 0              ;初始 Z 平面模态值存在
        #17=#17+#26-#32              ;将 R 值转换为增量，#32 为 Z 的绝对坐标
        ENDIF
        ENDIF
        IF AR[#25] EQ 90             ;如果孔底 Z 值是绝对方式 G90
        #25=#25-#32-#17              ;将 Z 值转换为增量方式，#32 为 Z 的绝对坐标
        ENDIF
        IF #25 GE 0                  ;如果增量方式的 Z 大于或等于 0
        M99 ;则返回
        ENDIF
        N20 X[#23] Y[#24] M04        ;移到孔加工位 XY 并且主轴反转
        N30 Z[#17]                   ;移到参考点 R
        N50 G34 Z[#25]               ;反攻螺纹到孔底，攻螺纹时进给保持将不起作用
        N60 G04 P[#15]               ;暂停
        N70 M03                      ;主轴正转
        IF #1165 EQ 99               ;如果为 G99 即返回参考点 R 平面
        N90 G34 Z[-#25]              ;正向攻螺纹时进给保持将不起作用
        ELSE
```

```
N90 G34 Z[-#25]                    ;正向攻螺纹时进给保持将不起作用
IF AR[#26] EQ 0
N95 G00 Z[-#17]                    ;返回初始平面，注意#25 及#17 均为负数
ELSE
N95 G90 G00 Z[#26]                 ;否则返回初始平面
ENDIF
ENDIF
N100 M04                           ;主轴反转
M99
;_____
G76
%0076
;精镗循环 G76 宏程序源代码
;调用本程序前必须调用 M03 或 M04 指令让主轴转动
IF [AR[#25] EQ 0] OR [[AR[#8] OR AR[#9]] EQ 0]
                                   ;如果没有定义孔底 Z 值、I 或 J 退刀量
M99                                ;则返回
ENDIF
N10 G91                            ;用增量方式编写宏程序
IF AR[#23] EQ 90                   ;如果 X 值是绝对方式 G90
#23=#23-#30                        ;将 X 值转换为增量方式，#30 为 X 的绝对坐标
ENDIF
IF AR[#24] EQ 90                   ;如果 Y 值是绝对方式 G90
#24=#24-#31                        ;将 Y 值转换为增量方式，#31 为 Y 的绝对坐标
ENDIF
IF AR[#17] EQ 90                   ;如果参考点 R 值是绝对方式 G90
#17=#17-#32                        ;将 R 值转换为增量方式，#32 为 Z 的绝对坐标
ELSE
IF AR[#26] NE 0                    ;初始 Z 平面模态值存在
#17=#17+#26-#32                    ;将 R 值转换为增量，#32 为 Z 的绝对坐标
ENDIF
ENDIF
IF AR[#25] EQ 90                   ;如果孔底 Z 值是绝对方式 G90
#25=#25-#32-#17                    ;将 Z 值转换为增量方式，#32 为 Z 的绝对坐标
ENDIF
IF #25 GE 0                        ;如果增量方式的 Z 大于或等于零
M99
ENDIF
N20 X[#23] Y[#24]                  ;移到孔加工位 XY
N30 Z[#17]                         ;移到参考点 R
N50 G01 Z[#25]                     ;镗孔在此之前必须让主轴转动
N55 M05                            ;主轴停
```

```
N60 M19                              ;主轴定向
N70 G04 P[#15]                       ;暂停
N80 G00 X[#8] Y[#9]                  ;让刀
IF #1165 EQ 99                       ;如果第 15 组 G 代码模态值为 G99
N90 G00 Z[-#25]                      ;即返回参考点 R 平面
ELSE
IF AR[#26] EQ 0
N90 G00 Z[-#25-#17]                  ;否则返回初始平面
ELSE
N90 G90 G00 Z[#26]                   ;否则返回初始平面
ENDIF
ENDIF
M99
;_____
G81
%0081
;钻孔循环(中心钻)G81 宏程序实现源代码
;调用本程序之前必须让主轴转动起来
IF AR[#25] EQ 0                      ;如果没有指定 Z 值
M99                                  ;则返回
ENDIF
N10 G91                              ;宏程序用增量编程 G91
IF AR[#23] EQ 90                     ;如果 X 值是绝对编程 G90
#23=#23-#30                          ;则改为相对编程 G91
ENDIF
IF AR[#24] EQ 90                     ;如果 Y 值是绝对编程 G90
#24=#24-#31                          ;则改为相对编程 G91
ENDIF
IF AR[#17] EQ 90                     ;如果 R 值是绝对编程 G90
#17=#17-#32                          ;则改为相对编程 G91
ELSE
IF AR[#26] NE 0                      ;初始 Z 平面模态值存在
#17=#17+#26-#32                      ;则将 R 值转换为增量方式
ENDIF
ENDIF
IF AR[#25] EQ 90                     ;如果 Z 值是绝对编程 G90
#25=#25-#32-#17                      ;则改为相对编程 G91
ENDIF
IF #25 GE 0                          ;如果 Z 值相对当前点不下降
M99                                  ;则返回
ENDIF
N20 X[#23] Y[#24]                    ;移到 XY 起始点
```

```
N30 Z[#17]                      ;移到参考点 R
N50 G01 Z[#25]                  ;钻孔到孔底 Z 点
IF #1165 EQ 99                  ;如果第 15 组 G 代码模态值为 G99
N90 G00 Z[-#25]                 ;则返回参考点 R 平面
ELSE
IF AR[#26] EQ 0
N90 G00 Z[-#25-#17]             ;否则返回初始平面
ELSE
N90 G90 G00 Z[#26]             ;否则返回初始平面
ENDIF
ENDIF
M99
;_____
G82
%0082
;带停顿的钻孔循环(中心钻)G82 宏程序实现源代码
;调用本程序之前必须让主轴转动起来
IF AR[#25] EQ 0                 ;如果没有指定 Z 值
M99                             ;则返回
ENDIF
N10 G91                         ;宏程序用增量编程 G91
IF AR[#23] EQ 90               ;如果 X 值是绝对编程 G90
#23=#23-#30                     ;则改为相对编程 G91
ENDIF
IF AR[#24] EQ 90               ;如果 Y 值是绝对编程 G90
#24=#24-#31                     ;则改为相对编程 G91
ENDIF
IF AR[#17] EQ 90               ;如果 R 值是绝对编程 G90
#17=#17-#32                     ;则改为相对编程 G91
ELSE
IF AR[#26] NE 0                ;初始 Z 平面模态值存在
#17=#17+#26-#32                 ;则将 R 值转换为增量方式
ENDIF
ENDIF
IF AR[#25] EQ 90               ;如果 Z 值是绝对编程 G90
#25=#25-#32-#17                 ;则改为相对编程 G91
ENDIF
IF #25 GE 0                     ;如果 Z 值相对当前点不下降
M99                             ;则返回
ENDIF
N20 X[#23] Y[#24]               ;移到 XY 起始点
N30 Z[#17]                      ;移到参考点 R
```

```
N50 G01 Z[#25]              ;钻孔到孔底 Z 点
N60 G04 P[#15]              ;在孔底暂停
IF #1165 EQ 99              ;如果第 15 组 G 代码模态值为 G99
N90 G00 Z[-#25]            ;则返回参考点 R 平面
ELSE
IF AR[#26] EQ 0
N90 G00 Z[-#25-#17]        ;否则返回初始平面
ELSE
N90 G90 G00 Z[#26]        ;否则返回初始平面
ENDIF
ENDIF
M99
;_____
G83
%0083
;深孔加工循环 G83 宏程序实现源代码, 调用本程序前必须让主轴转起来
IF [AR[#25] EQ 0] OR [AR[#16] EQ 0] OR [AR[#10] EQ 0]
                            ;如果没有定义孔底 Z 值、每次进给深度 Q 值或退刀量 K
M99                         ;则返回
ENDIF
N10 G91                     ;用增量方式编写宏程序
IF AR[#23] EQ 90            ;如果 X 值是绝对方式 G90
#23=#23-#30                ;则将 X 值转换为增量方式
ENDIF
IF AR[#24] EQ 90            ;如果 Y 值是绝对方式 G90
#24=#24-#31                ;则将 Y 值转换为增量方式
ENDIF
IF AR[#17] EQ 90            ;如果参考点平面 R 值是绝对方式 G90
#17=#17-#32                ;则将 R 值转换为增量方式
ELSE
IF AR[#26] NE 0            ;初始 Z 平面模态值存在
#17=#17+#26-#32            ;则将 R 值转换为增量方式
ENDIF
ENDIF
IF AR[#25] EQ 90            ;如果孔底 Z 值是绝对方式 G90
#25=#25-#32-#17            ;则将 Z 值转换为增量方式
ENDIF
IF [#25 GE 0] OR [#16 GE 0] OR [#10 LE 0] OR [#10 GE [-#16]]
                            ;如果增量方式的 Z、Q≥0 或退刀量 K≤0 或 K >Q 的绝对值
M99                         ;则返回
ENDIF
N20 X[#23] Y[#24]          ;移到 XY 起始点
```

```
N30 Z[#17]                    ;移到参考点 R
#40=-#25
#41=0
#42=0
WHILE #40 GT [-#16]           ;如果还可以进刀一次
N40 G01 Z[#16-#42]            ;进刀
N50 G04 P0.1                  ;暂停
N55 G00 Z[-#16-#41]           ;退刀
N60 Z[#16+#41+#10]            ;快速回到已加工面
N65 G04 P0.1                  ;暂停
#42=#10
#41=#41+#16
#40=#40+#16
ENDW
N70 G01 Z[-#40-#42]           ;最后一次进刀
N80 G04 P[#15]                ;暂停
IF #1165 EQ 99                ;如果第 15 组 G 代码模态值为 G99
N90 G00 Z[-#25]               ;即返回参考点 R 平面
ELSE
IF AR[#26] EQ 0
N90 G00 Z[-#25-#17]           ;否则返回初始平面
ELSE
N90 G90 G00 Z[#26]            ;否则返回初始平面
ENDIF
ENDIF
M99
;_____

G84
%0084
;攻螺纹循环 G84 宏程序实现源代码调用本程序之后主轴将保持正转
IF AR[#25] EQ 0               ;没有定义孔底 Z 平面
M99                           ;则返回
ENDIF
N10 G91                       ;用增量方式编写宏程序
IF AR[#23] EQ 90              ;如果 X 值是绝对方式 G90
#23=#23-#30                   ;则将 X 值转换为增量方式
ENDIF
IF AR[#24] EQ 90              ;如果 Y 值是绝对方式 G90
#24=#24-#31                   ;则将 Y 值转换为增量方式
ENDIF
IF AR[#17] EQ 90              ;如果参考点平面 R 值是绝对方式 G90
```

```
#17=#17-#32                          ;则将 R 值转换为增量方式
ELSE
IF AR[#26] NE 0                      ;初始 Z 平面模态值存在
#17=#17+#26-#32                      ;则将 R 值转换为增量方式
ENDIF
ENDIF
IF AR[#25] EQ 90                     ;如果孔底 Z 值是绝对方式 G90
#25=#25-#32-#17                      ;则将 Z 值转换为增量方式
ENDIF
IF #25 GE 0                          ;如果 Z 值相对当前点不下降
M99                                  ;则返回
ENDIF
N20 X[#23] Y[#24] M03                ;移到定位点 XY 且主轴正转
N30 Z[#17]                           ;移到参考点 R
N50 G34 Z[#25]                       ;正向攻螺纹，进给保持和进给修调将不起作用
N60 G04 P[#15]                       ;在孔底暂停
N70 M04                              ;主轴反转
IF #1165 EQ 99                       ;如果为 G99 则返回参考点 R 平面
N90 G34 Z[-#25]                      ;反向攻螺纹回到 R 点
ELSE
N90 G34 Z[-#25]                      ;先反向攻螺纹回到 R 点
IF AR[#26] EQ 0
N95 G00 Z[-#17]                      ;再返回初始平面
ELSE
N90 G90 G00 Z[#26]                   ;返回初始平面
ENDIF
ENDIF
N100 M03                             ;主轴正转
M99
;_____
G85
%0085
;镗孔循环 G85 宏程序实现源代码调用本程序前必须让主轴转动
IF AR[#25] EQ 0                      ;没有定义孔底 Z 平面
M99                                  ;则返回
ENDIF
N10 G91                              ;用增量方式编写宏程序
IF AR[#23] EQ 90                     ;如果 X 值是绝对方式 G90
#23=#23-#30                          ;则将 X 值转换为增量方式
ENDIF
IF AR[#24] EQ 90                     ;如果 Y 值是绝对方式 G90
```

```
#24=#24-#31                          ;则将 Y 值转换为增量方式
ENDIF
IF AR[#17] EQ 90                     ;如果参考点平面 R 值是绝对方式 G90
#17=#17-#32                          ;则将 R 值转换为增量方式
ELSE
IF AR[#26] NE 0                      ;初始 Z 平面模态值存在
#17=#17+#26-#32                      ;则将 R 值转换为增量方式
ENDIF
ENDIF
IF AR[#25] EQ 90                     ;如果孔底 Z 值是绝对方式 G90
#25=#25-#32-#17                      ;则将 Z 值转换为增量方式
ENDIF
IF #25 GE 0                          ;如果 Z 值相对当前点不下降
M99                                  ;则返回
ENDIF
N20 X[#23] Y[#24]                    ;移到定位点 XY
N30 Z[#17]                           ;移到参考点 R
N50 G01 Z[#25]                       ;孔加工
N60 G04 P[#15]                       ;在孔底暂停
IF #1165 EQ 99                       ;如果第 15 组 G 代码模态值为 G99
N90 G01 Z[-#25]                      ;则返回参考点 R 平面
ELSE
N90 G01 Z[-#25]                      ;否则先回到初始点
IF AR[#26] EQ 0
N95 G00 z[-#17]                      ;再返回初始平面
ELSE
N90 G90 G00 Z[#26]                   ;返回初始平面
ENDIF
ENDIF
M99
;_____
G86
%0086
;镗孔循环 G86 宏程序实现源代码调用本程序之后主轴将保持正转
IF AR[#25] EQ 0                      ;没有定义孔底 Z 平面
M99                                  ;则返回
ENDIF
N10 G91                              ;用增量方式编写宏程序
IF AR[#23] EQ 90                     ;如果 X 值是绝对方式 G90
#23=#23-#30                          ;则将 X 值转换为增量方式
ENDIF
IF AR[#24] EQ 90                     ;如果 Y 值是绝对方式 G90
```

```
#24=#24-#31                              ;则将 Y 值转换为增量方式
ENDIF
IF AR[#17] EQ 90                         ;如果参考点平面 R 值是绝对方式 G90
#17=#17-#32                              ;则将 R 值转换为增量方式
ELSE
IF AR[#26] NE 0                          ;初始 Z 平面模态值存在
#17=#17+#26-#32                          ;则将 R 值转换为增量方式
ENDIF
ENDIF
IF AR[#25] EQ 90                         ;如果孔底 Z 值是绝对方式 G90
#25=#25-#32-#17                          ;则将 Z 值转换为增量方式
ENDIF
IF #25 GE 0                              ;如果 Z 值相对当前点不下降
M99                                      ;则返回
ENDIF
N20 X[#23] Y[#24] M03                    ;移到孔位 XY
N30 Z[#17]                               ;移到参考点 R
N50 G01 Z[#25]                           ;孔加工
N60 M05                                  ;主轴停
IF #1165 EQ 99                           ;如果第 15 组 G 代码模态值为 G99
N90 G00 Z[-#25]                          ;则快速返回参考点 R 平面
ELSE
IF AR[#26] EQ 0
N90 G00 Z[-#25-#17]                      ;否则返回初始平面
ELSE
N90 G90 G00 Z[#26]                       ;否则返回初始平面
ENDIF
ENDIF
N95 M03                                  ;主轴正转
M99
;_____

G87
%0087
;反镗孔循环 G87 宏程序实现源代码
;调用本程序之后主轴将保持正转（G99）或停（G98）
IF [AR[#25] EQ 0] OR [[AR[#8] OR AR[#9]] EQ 0]
                                         ;如果没有定义孔底 Z 值、I 或 J 退刀量
M99                                      ;则返回
ENDIF
N10 G91                                  ;用增量方式编写宏程序
IF AR[#23] EQ 90                         ;如果 X 值是绝对方式 G90
#23=#23-#30                              ;则将 X 值转换为增量方式
```

```
            ENDIF
            IF AR[#24] EQ 90                    ;如果 Y 值是绝对方式 G90
            #24=#24-#31                          ;则将 Y 值转换为增量方式
            ENDIF
            IF AR[#17] EQ 90                     ;如果参考点平面 R 值是绝对方式 G90
            #17=#17-#32                          ;则将 R 值转换为增量方式
            ELSE
            IF AR[#26] NE 0                      ;初始 Z 平面模态值存在
            #17=#17+#26-#32                      ;则将 R 值转换为增量方式
            ENDIF
            ENDIF
            IF AR[#25] EQ 90                     ;如果孔底 Z 值是绝对方式 G90
            #25=#25-#32-#17                      ;则将 Z 值转换为增量方式
            ENDIF
            IF #25 LE 0                          ;如果 Z 值相对当前点不上升
            M99                                  ;返回
            ENDIF
            N20 X[#23] Y[#24]                    ;移到孔位 XY
            N22 M05                              ;主轴停
            N25 M19                              ;主轴定向停止
            N30 X[#8] Y[#9]                      ;朝刀尖反向移动
            N40 Z[#17]                           ;定位到加工面
            N45 G04 P[#15]                       ;暂停
            N50 G01 X[-#8] Y[-#9] M03            ;朝刀尖正向移动且主轴正转
            N55 Z[#25]                           ;加工
            N58 M05                              ;主轴停
            N60 M19                              ;主轴定向停止
            N80 X[#8] Y[#9]                      ;朝刀尖反向移动
            IF #1165 EQ 98                       ;如果要求返回初始平面 G98
            IF AR[#26] EQ 0
            N90 G00 Z[-#25-#17]                  ;返回初始平面
            ELSE
            N90 G90 G00 Z[#26]                   ;返回初始平面
            ENDIF
            ELSE
            N100 X[-#8] Y[-#9] M03               ;返回 R 点主轴正转
            ENDIF
            M99
            ;_____
            G88
            %0088
            ;镗孔循环 G88 宏程序实现源代码调用本程序之后主轴将保持正转
```

```
IF AR[#25] EQ 0                      ;没有定义孔底 Z 平面
M99                                  ;则返回
ENDIF
N10 G91                              ;用增量方式编写宏程序
IF AR[#23] EQ 90                     ;如果 X 值是绝对方式 G90
#23=#23-#30                          ;则将 X 值转换为增量方式
ENDIF
IF AR[#24] EQ 90                     ;如果 Y 值是绝对方式 G90
#24=#24-#31                          ;则将 Y 值转换为增量方式
ENDIF
IF AR[#17] EQ 90                     ;如果参考点平面 R 值是绝对方式 G90
#17=#17-#32                          ;则将 R 值转换为增量方式
ELSE
IF AR[#26] NE 0                      ;初始 Z 平面模态值存在
#17=#17+#26-#32                      ;则将 R 值转换为增量方式
ENDIF
ENDIF
IF AR[#25] EQ 90                     ;如果孔底 Z 值是绝对方式 G90
#25=#25-#32-#17                      ;则将 Z 值转换为增量方式
ENDIF
IF #25 GE 0                          ;如果 Z 值相对当前点不下降
M99                                  ;则返回
ENDIF
N20 X[#23] Y[#24] M03                ;移到 XY 孔位且主轴正转
N30 Z[#17]                           ;移到参考点平面 R
N50 G01 Z[#25]                       ;镗孔
N60 G04 P[#15]                       ;在孔底暂停
N70 M05                              ;主轴停
N80 M92                              ;等待用户干预(等待循环启动)
IF #1165 EQ 99                       ;如果为 G99 即返回参考点 R 平面
#40=#32+#17                          ;定义返回点为参考点平面 R
ELSE
IF AR[#26] EQ 0
#40=#32                              ;定义返回点为初始平面 Z
ELSE
#40=#26                              ;定义返回点为初始平面 Z
ENDIF
ENDIF
```

```
WHILE  #1022 LT #40                    ;如果程编工件位置 Z 小于返回点
M92                                    ;等待用户干预(等待循环启动)
ENDW
N90 M03                                ;主轴正转
M99
;_____
G89
%0089
;镗孔循环 G89 宏程序实现源代码调用本程序之后主轴将保持正转
IF AR[#25] EQ 0                        ;没有定义孔底 Z 平面
M99                                    ;则返回
ENDIF
N10 G91                                ;用增量方式编写宏程序
IF AR[#23] EQ 90                       ;如果 X 值是绝对方式 G90
#23=#23-#30                            ;则将 X 值转换为增量方式
ENDIF
IF AR[#24] EQ 90                       ;如果 Y 值是绝对方式 G90
#24=#24-#31                            ;则将 Y 值转换为增量方式
ENDIF
IF AR[#17] EQ 90                       ;如果参考点平面 R 值是绝对方式 G90
#17=#17-#32                            ;则将 R 值转换为增量方式
ELSE
IF AR[#26] NE 0                        ;初始 Z 平面模态值存在
#17=#17+#26-#32                        ;则将 R 值转换为增量方式
ENDIF
ENDIF
IF AR[#25] EQ 90                       ;如果孔底 Z 值是绝对方式 G90
#25=#25-#32-#17                        ;则将 Z 值转换为增量方式
ENDIF
IF #25 GE 0                            ;如果 Z 值相对当前点不下降
M99                                    ;则返回
ENDIF
N20 X[#23] Y[#24] M03                  ;移到 XY 孔位且主轴正转
N30 Z[#17]                             ;移到参考点平面 R
N50 G01 Z[#25]                         ;孔加工
N60 M05                                ;在孔底主轴停
N70 G04 P[#15]                         ;暂停
IF #1165 EQ 99                         ;如果第 15 组 G 代码模态值为 G99
```

```
N90 G00 Z[-#25]                    ;则返回参考点R平面
ELSE
IF AR[#26] EQ 0
N90 G00 Z[-#25-#17]                ;否则返回初始平面
ELSE
N90 G90 G00 Z[#26]                 ;否则返回初始平面
ENDIF
ENDIF
N95 M03                            ;主轴正转
M99
```

# 参 考 文 献

[1] 冯志刚. 数控宏程序编程方法、技巧与实例. 北京：机械工业出版社，2007.

[2] 张超英. 数控编程技术——手工编程. 北京：化学工业出版社，2008.

[3] 韩鸿鸾. 数控编程. 北京：中国劳动社会保障出版社，2004.

[4] 杨琳. 数控车床加工工艺与编程. 北京：中国劳动社会保障出版社，2005.

[5] 杜军. 数控编程习题精讲与练. 北京：清华大学出版社，2008.

[6] 杜军. 数控编程培训教程. 北京：清华大学出版社，2010.

[7] 杜军. 轻松掌握 FANUC 宏程序——编程技巧与实例精解. 北京：化学工业出版社，2011.